高等学校"十三五"规划教材

面向对象分析设计与编程

主 编 王 燕 庞淑侠 胡文瑾

西安电子科技大学出版社

内 容 简 介

  本书从实用的角度出发,全面、详细地介绍了面向对象开发语言 C++的基本知识以及利用 UML 进行面向对象分析和设计的方法,并利用一个综合性的案例,展示了利用 UML 进行软件建模的过程和步骤。

  本书既可以作为计算机专业本科、研究生的面向对象技术教材,也可以作为软件技术培训教师、计算机软件领域的研究人员和工程技术人员的参考书。

图书在版编目(CIP)数据

  面向对象分析设计与编程 / 王燕,庞淑侠,胡文瑾主编. —西安:西安电子科技大学出版社,2018.6

  ISBN 978-7-5606-4938-2

  Ⅰ. ① 面…   Ⅱ. ① 王…   ② 庞…   ③ 胡…   Ⅲ. ① 面向对象语言—程序设计   Ⅳ. ① TP312.8

中国版本图书馆 CIP 数据核字(2018)第 105850 号

策　　划	秦志峰	
责任编辑	祝婷婷　秦志峰	
出版发行	西安电子科技大学出版社(西安市太白南路 2 号)	
电　　话	(029)88242885　88201467	邮　　编　710071
网　　址	www.xduph.com	电子邮箱　xdupfxb001@163.com
经　　销	新华书店	
印刷单位	陕西天意印务有限责任公司	
版　　次	2018 年 6 月第 1 版　　2018 年 6 月第 1 次印刷	
开　　本	787 毫米×1092 毫米　1/16　　印　张　21	
字　　数	499 千字	
印　　数	1～2000 册	
定　　价	49.00 元	

ISBN 978-7-5606-4938-2/TP

XDUP　5240001-1

如有印装问题可调换

前　言

在 20 世纪 90 年代，面向对象技术以其显著的优势成为计算机软件领域的主流技术，随后该技术在大多数领域得到了广泛的应用。

面向对象方法与技术起源于面向对象的编程语言，但面向对象开发技术的焦点不仅仅是编程阶段，还应该包括面向对象的其他阶段，即面向对象的分析和设计阶段。

为了体现面向对象分析设计与编程的全过程，本书全面介绍了面向对象分析设计的方法与面向对象程序设计的基本理论和技术，并且运用实例加深读者对理论知识的掌握和学习。全书思路清晰，结构严谨，在内容的叙述上按照软件设计的流程，由分析设计到编程再到实例，循序渐进，用语规范，在结构上特别注重前后内容的连贯性，做到了抓住关键、突出重点，体现了"理论性、技术性、实用性"的特色。

本书共分为三篇 11 章。第一篇为面向对象分析与设计，包括第 1 章到第 4 章，主要介绍面向对象分析和设计的方法和统一建模语言 UML；第二篇为面向对象程序设计，包括第 5 章到第 10 章，主要介绍面向对象编程语言的基本概念、方法和面向对象编程的机制和思想。第三篇为面向对象建模实例，包括第 11 章，主要以图书管理系统为例，详细阐述了使用统一建模语言进行分析和设计以及编程的全过程。

本书由王燕、庞淑侠、胡文瑾主编，其中第 1～4 章由王燕老师编写，第 5～10 章由庞淑侠老师编写，第 11 章由胡文瑾老师编写。本书的最终出版得到了许多老师和同学的帮助，在此一并表示由衷的感谢。

尽管作者在写作过程中投入了大量的时间和精力，但由于水平有限，书中不足之处在所难免，恳请广大读者批评指正。

编　者
2018 年 2 月

目　　录

第一篇　面向对象分析与设计

第三篇　面向对象建模实例

第一篇

面向对象分析与设计

第1章

面向对象方法概述

　　面向对象是软件工程学的一个重要分支，也是当今软件开发的主流方法。自 20 世纪 40 年代计算机问世以来，计算机在各个领域得到了广泛的应用，使得计算机技术蓬勃发展。然而，长期以来计算机软件开发的低效率制约了计算机软件行业的发展。计算机业界努力探索和研究解决软件危机的途径，并提出了软件工程的思想和方法，极大地提高了软件开发的效率和软件的质量。当前软件工程的发展正面临着从传统的结构化范型到面向对象范型的转变，这需要有新的语言、新的系统和新的方法的支持，面向对象技术就是这种新范型的核心技术，在这一核心技术的支持下，面向对象的分析和设计方法已逐渐取代传统的方法，成为当今计算机软件工程学的主流方法。

1.1　软件生命周期和过程模型

　　软件是计算机系统中与硬件相互依存的部分，它包括程序、相关数据及其说明文档。其中程序是按照事先设计的算法要求执行的指令序列，数据是程序能正常操作的信息，文档是与程序开发、维护和使用有关的各种图文资料。人们对软件的认识经历了一个由浅到深的过程，从追求编程技巧到崇尚清晰好用、易于修改和扩充，其过程实际上就是软件设计方法的发展历史。

　　计算机科学的不断发展，使得软件的需求量不断增大，它的要求、复杂度、开发成本也越来越高，但软件的开发方法和技术却还停留在"小程序"、"个体化"的操作上面，致使软件设计犹如泥潭，大批的设计者深陷其中，人们称其为软件危机。虽然，"软件危机"的概念在 1968 年 NATO(北大西洋公约组织)的计算机科学家在联邦德国召开的国家学术会议上才第一次被提出，但其实它在计算机产生的那一天起就出现了，它是计算机科学发展进程的必然产物，只不过到后来这种现象日渐严重，已经影响到计算机产业的发展，因此才引起各界的关注。

　　软件危机产生的原因主要有两个：一是与软件本身的特点有关，二是与软件开发和维护的方法不正确有关。通过分析软件危机的表现和原因，再加上不断地实践和总结，人们终于认识到：按照工程化的原则和方法组织软件开发工作，是摆脱软件危机的一个主要出路，这就是软件工程的概念。

　　软件工程是指导计算机软件开发和维护的工程学科，它采用工程的概念、原理、技术和方法来开发与维护软件，把经过时间考验而证明正确的管理技术和当前能够得到的技术方法结合起来。在经历了几十年的不懈努力后，软件工程的理论已得到极大的丰富和完善，各种软件设计方法层出不穷，软件行业一片繁荣，从而也促进了计算机科学不断向前发展。

1.1.1　软件生命周期

　　软件生命周期(Software Life Cycle)是指软件产品从考虑其概念开始，到该软件产品不再使用为止的整个时期，一般包括概念阶段、分析与设计阶段、构造阶段、移交阶段等不同时期。通常在整个软件生命周期中贯穿了软件工程过程的六个基本活动，具体介绍如下。

1．制定计划(Planning)

　　确定待开发软件系统的总目标，给出它的功能、性能、可靠性以及接口等方面的要求；由系统分析员和用户合作，完成该项软件系统任务的可行性研究，探讨解决问题的可能方案，并对可利用的资源(计算机硬件、软件、人力等)、成本、可取得的效益、开发的进度做出估计，制定出完成开发任务的实施计划，连同可行性研究报告，提交管理部门审查。

2．需求分析和定义(Requirement Analysis and Definition)

　　对待开发软件提出的需求进行分析并给出详细的定义。软件人员和用户共同讨论决定哪些需求是可以满足的，并对其加以确切的描述，然后编写出软件需求说明书或系统功能说明书，以及初步的系统用户手册，提交管理机构评审。

3．软件设计(Software Design)

　　设计是软件工程的技术核心。在设计阶段，设计人员把已确定了的各项需求转换成一个相应的体系结构。体系结构中的每一个组成部分都是意义明确的模块，每个模块都和某些需求相对应，即概要设计；进而对每个模块要完成的工作进行具体的描述，即进行详细设计，为源程序编写打下基础。所有设计中的考虑都应以设计说明书的形式加以描述，以供后续工作使用并提交评审。

4．程序编写(Coding Programming)

　　把软件设计转换成计算机可以接受的程序代码，即写成以某一种特定程序设计语言表示的"源程序清单"，即程序编写。这一步工作也称为编码。自然，写出的程序应当是结构良好、清晰易读的，且与设计说明书相一致。

5．软件测试(Testing)

　　测试是保证软件质量的重要手段，其主要方式是在设计测试用例的基础上检验软件的各个组成部分。首先是进行单元测试，查找各模块在功能和结构上存在的问题并加以纠正；其次是进行组装测试，将已测试过的模块按一定顺序组装起来；最后按规定的各项需求，逐项进行有效性测试(或称确认测试)，确定已开发的软件是否合格，能否交付用户使用。

6．运行/维护(Running/Maintenance)

　　交付用户的软件投入正式使用，即进入运行/维护阶段。这一阶段持续到用户不再使用该软件为止。软件在运行中可能由于多方面的原因需要进行修改，原因可能有：运行中软件出现错误需要修正；为了适应软件运行环境的变化需做适当变更；为了增强软件的功能需做变更。

1.1.2 软件过程模型

模型是实际事物、实际系统的抽象。它是针对所需要了解和解决的问题，抽取其主要因素和主要矛盾，忽略一些不影响基本性质的次要因素，形成的对实际系统的表示方法。模型的表示形式可以多种多样，可以是数学表达式、物理模型或图形文字描述等。总之，只要能回答所需研究问题的实际事物或系统的抽象表达式，都可以称为模型。由于模型省略了一些不必要的细节，所以对模型操作要比对原始系统操作更加容易。

软件过程模型是从一个特定角度提出的对软件过程的简化描述，是对软件开发实际过程的抽象，它包括构成软件过程的各种活动、软件工件(Artifact)以及参与角色等。从软件过程的三个组成成分可以将软件过程模型划分为以下三种类型。

(1) 工作流(Workflow)模型。工作流模型描述软件过程中各种活动的序列、输入和输出，以及各种活动之间的相互依赖性。它强调软件过程中活动的组织控制策略。

(2) 数据流(Dataflow)模型。数据流模型描述将软件需求变换成软件产品的整个过程中的活动，这些活动完成将输入工件变换成输出工件的功能。它强调软件过程中的工件的变换关系，对工件变换的具体实现措施并未加以限定。

(3) 角色/动作模型。角色/动作模型描述了参与软件过程的不同角色及其各自负责完成的动作，即根据参与角色的不同将软件过程应该完成的任务划分成不同的职能域(Function area)。它强调软件过程中角色的划分、角色之间的协作关系，并对角色的职责进行了具体的确定。

软件过程模型有时也称软件生命周期模型，即描述从软件需求定义开始直至软件使用后废弃为止，跨越整个生存期的软件开发、运行和维护所实施的全部过程、活动和任务的结构框架，同时描述生命周期不同阶段产生的软件工件，明确活动的执行角色等。

几十年来，软件生命周期模型得到了很大的发展，提出了一系列具体的模型以适应软件开发的需要，其中既有以瀑布模型为代表的传统软件生命周期模型，又有以敏捷建模为代表的新型软件生命周期模型。下面介绍几个经典的软件开发模型。

1. 瀑布模型

在软件开发早期，开发被简单地分成编写程序代码和修改程序代码两个阶段。在拿到项目后就根据需求开始编写程序，经调试通过后就拿给用户使用，这样项目就算结束了，而当应用中出现错误或者有新的要求时，则重新修改代码。这种小作坊式的软件开发方式有着明显的弊端，如缺乏统一的项目规划、不太重视需求的获取和分析、对软件的测试和维护考虑不周等，这些都会导致软件项目的失败，这种情况在软件项目规模增大时表现得特别明显。

汲取早期软件开发的教训，人们开始按照工程的管理方式将软件开发过程划分成不同的阶段，即制定计划、需求分析和定义、软件设计、程序编写、软件测试、运行/维护等。1970 年，W. Royce 在软件生命周期概念的基础上，提出了著名的"瀑布模型(Waterfall Model)"，它是最早出现的软件开发模型，直到 20 世纪 80 年代早期一直是唯一被广泛采用的软件开发模型。顾名思义，瀑布模型就是将软件开发过程中的各项活动规定为按固定顺序连接的若干阶段工作，换句话说，它将软件开发过程划分为若干个互相区别又彼此联系的阶段，每个阶段中的工作都以上一个阶段工作的结果为依据，同时为下一个阶段的工作提供了前提。

简单地说，瀑布模型规定了软件按生命周期提出的六个基本工程活动，并且规定了它们自上而下、相互衔接的固定次序，如瀑布流水逐级下落，如图 1-1 所示。

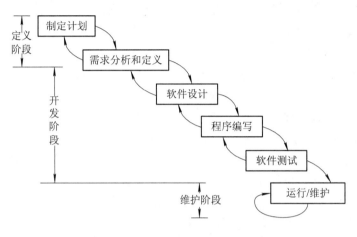

图 1-1　瀑布模型

1) 瀑布模型的特征

瀑布模型中的每一个开发活动都具有下列特征：

(1) 本活动的工作对象来自于上一项活动的输出，这些输出一般是代表本阶段活动结束的里程碑式的文档。一个阶段的输出文档能够成为该阶段的里程碑，必须经过严格的文档评审，以保证该阶段软件工件的质量。上一活动的阶段性文档输出到本阶段活动之前，必须进行"冻结"，防止文档的随意改动而造成对随后活动执行的影响。

(2) 根据本阶段的活动规程执行相应的任务。

(3) 产生本阶段活动的相关产出——软件工件，作为下一活动的输入。

(4) 对本阶段活动执行情况进行评审。如果活动执行得到确认，则继续进行下一项活动；否则返回前项，甚至更前项的活动进行返工。由于需要重新更改返工阶段在此前活动的产出文档，因此，需要对之前"冻结"的某些文档执行"解冻"操作，以便返工时进行修改。

2) 瀑布模型的优点

我国曾在 1988 年依据该开发模型制定并公布了"软件开发规范"国家标准，这对我国软件开发起到了较大的促进作用。瀑布模型为软件开发和软件维护提供了一种有效的管理图式，它在软件开发早期为消除非结构化软件、降低软件复杂度、促进软件开发工程化起到了显著的作用，其优点体现在以下几点：

(1) 软件生命周期的阶段划分不仅降低了软件开发的复杂程度，而且提高了软件开发过程的透明性，便于将软件工程过程和软件管理过程有机地融合在一起，从而提高软件开发过程的可管理性。

(2) 推迟了软件实现，强调在软件实现前必须进行分析和设计工作。早期的软件开发人员，或者没有软件工程实践经验的软件开发人员，接手软件项目时往往急于编写代码，缺乏分析与设计的基础性工作，最后导致代码被频繁、重复地改动，代码结构变得不清晰，甚至是混乱，不仅降低了工作效率，而且直接影响到软件的质量。

(3) 瀑布模型以项目的阶段评审和文档控制为手段，有效地对整个开发过程进行指导，保证了阶段之间的正确衔接，能够及时发现并纠正开发过程中存在的缺陷，从而能够使产品达到预期的质量要求。由于是通过文档控制软件开发阶段进度的，所以，在正常情况下也能够保证软件产品的及时交付。当然，频繁出现的缺陷，特别是前期存在但潜伏到后期才被发现的缺陷，会导致不断的返工，从而导致进度拖延。

3) 瀑布模型的缺点

瀑布模型在软件工程实践应用中也逐渐暴露出一些严重的缺点：

(1) 模型缺乏灵活性，特别是无法解决软件需求不明确或不准确的问题，这是瀑布模型最突出的缺点。因此，瀑布模型只适合于需求明确的软件项目。

(2) 模型的风险控制能力较弱。一方面是指只有当软件通过测试后才能可见、用户无法在开发过程中间看到软件半成品，增加了用户不满意的风险；而且软件开发人员只有到后期才能看到开发成果，降低了开发人员的信心。另一方面是指软件体系结构级别的风险只有在整体组装测试之后才能发现，同样，前期潜伏下来的错误也只能在固定的测试阶段才能被发现，这个时候的返工极有可能导致项目延期。

(3) 瀑布模型中的软件活动是文档驱动的，当各个阶段规定了过多的文档时，会极大地增加系统的工作量；而且当管理人员以文档的完成情况来评估项目完成进度时，往往会产生错误的结论，因为后期测试阶段发现的问题会导致返工，前期完成的文档只不过是一个未经返工修改的初稿而已，而一个瀑布模型应用不需返工的项目是很少见的。

随着软件项目规模和复杂性的不断扩大，项目需求的不稳定性变成司空见惯的情形，瀑布模型的上述缺点变得越来越严重，为了弥补瀑布模型的不足，后期又提出了多种其他的生命周期模型。

2. V 模型和 W 模型

瀑布模型将测试作为软件实现之后的一个独立阶段，使得在分析和设计阶段潜伏下来的错误得到纠正的时间大为推迟，造成较大的返工成本；而且体系结构级别的缺陷也只是在测试阶段才能被发现，使得瀑布模型驾驭风险的能力较低。

针对瀑布模型这个缺点，20 世纪 80 年代后期 Paul Rook 提出了 V 模型，如图 1-2 所示。

从图 1-2 中可以看出，V 模型的左半部分就是在测试阶段之前的瀑布模型，即 V 模型的开发阶段，右半部分是测试阶段。V 模型明确地划分了测试的级别，并将其与开发阶段的活动对应起来。

V 模型各测试部分的作用如下：

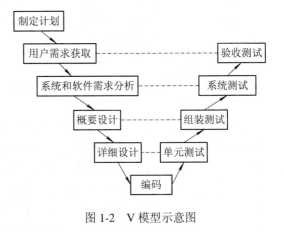

图 1-2 V 模型示意图

(1) 单元测试(Unit Test)。用来发现编码过程中可能存在的各种错误，并且验证编码是否和详细设计的要求相一致。单元测试与开发阶段的详细设计相对应。

(2) 组装测试(Integration Test)。用来检查软件各组成单元之间的接口是否存在缺陷，同时检查每个组成单元完成的功能是否和接口一致。组装测试与开发阶段的概要设计相对应。

(3) 系统测试(System Test)。检查系统功能、性能的质量特性是否达到系统要求的指标，同时检查软件系统和外围系统之间的接口是否存在缺陷。系统测试与开发阶段的系统需求分析相对应。

(4) 验收测试(Acceptance Test)。确认计算机系统是否满足用户需求或合同要求，它主要与开发阶段的用户需求获取相对应。

由于 V 模型只是在测试阶段对瀑布模型进行了改动，所以在美国很难被接受，但是在欧洲，特别是在英国却得到了广泛的认同和理解。V 模型虽然强调了测试阶段的重要性(对测试进行分级，并与开发阶段相对应)，但它却继承了瀑布模型的缺点，即将测试作为一个独立的阶段，所以并没有提高模型抵抗风险的能力。为了尽早发现分析与设计的缺陷，必须将测试广义化，即扩充确认(Validation)和验证(Verification)内容，并将广义的测试作为一个过程贯穿整个软件生命周期。基于这个出发点，Evolutif 公司在 V 模型的基础上提出了 W 模型，如图 1-3 所示。

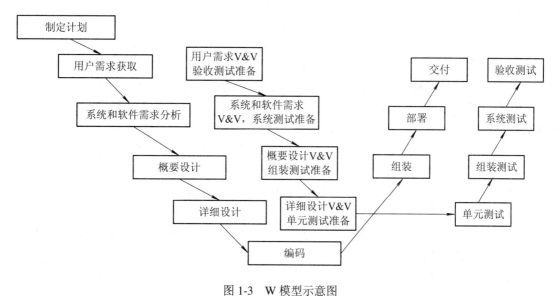

图 1-3　W 模型示意图

W 模型由两个 V 模型组成，分别代表测试与开发过程。图 1-3 明确表示出了测试与开发的并行关系。

W 模型强调，测试伴随着整个软件开发周期，而且测试的对象不仅仅是程序，需求和设计同样需要测试，也就是说，测试与开发是同步进行的。由于 W 模型扩展了测试的内容，增加了确认和验证活动，所以它有利于尽早地全面发现问题。例如，需求分析完成后，测试人员就应该参与到对需求的确认和验证活动中，以尽早找出分析中的缺陷；同时，对需求的测试也有利于及时了解项目的难度和测试风险，及早制定应对措施，这也会减少总体测试时间，加快项目进度。W 模型也存在局限性，它并没有改变瀑布模型中需求、设计和编码等活动的串行关系，同时测试和开发活动也保持着一种线性的前后关系，上一阶段完全结束，才可正式开始下一阶段的工作，因此，W 模型仍然只适合于需求比较稳定的软件项目。

3. 原型方法

瀑布模型以阶段划分评审、文档控制等手段来保障软件项目的进度和质量，整个过程是文档驱动的，即上一个阶段没有完成不能进入下一个阶段，因此，当用户需求获取困难，很难一次性准确进行需求分析的时候，软件项目将无法进入到设计阶段，工期也会遥遥无期。尽管在瀑布模型及随后的 V 模型和 W 模型中通过加强评审和测试能够缓解上述问题，但仍然没有从根本上解决问题。

为了解决这些问题，逐渐形成了软件系统的原型建设思想。

原型通常是指模拟某种最终产品的原始模型，它在工程领域中被广泛应用。例如，一座大桥在开工建设之前需要建立很多原型，如风洞实验原型、抗震实验原型等，以检验大桥设计方案的可行性。在软件开发过程中，原型是软件的一个早期可运行的版本，它反映了最终系统的部分重要特性。

由于现实世界是不断变化的，而且变化的速度越来越快，因此，软件开发在需求获取、技术实现手段选择、应用环境适应等方面都出现了前所未有的困难，特别是对变化需求的控制和技术实现尤为突出。为了应对早期需求获取困难以及后期需求的变化，人们采取了原型方法构造软件系统。当获得一组基本需求后，通过快速分析构造出一个小型的软件系统原型，满足用户的基本要求。用户可在试用原型系统的过程中得到亲身感受和受到启发，做出反应和评价，然后开发人员根据用户的反馈意见对原型加以改进。随着不断构造、交付、使用、评价、反馈和修改，一轮一轮产生新的原型版本，如此周而复始，逐步减少分析过程中用户和开发人员之间的沟通误解，逐步使原本模糊的各种需求细节清晰起来。对于需求的变更，也可以在变更后的原型版本中做出适应性调整，从而提高最终产品的质量。

软件原型方法是在分析阶段为了明确需求而研究的方法和技术中产生的，但它也可面向软件开发的其他阶段，比如用在概要设计阶段以选择不同的软件体系结构，用在详细设计阶段以试验不同算法的实现性能等。

根据软件项目特点和运行原型的目的不同，原型主要分为以下三种不同的作用类型：

(1) 探索型。这种原型的目的是要弄清用户对目标系统的要求，确定所期望的特性，并探讨多种技术实现方案的可行性。它主要针对需求模糊、用户和开发者对项目开发都缺乏经验的情况。

(2) 实验型。这种原型用于大规模开发和实现之前，考核技术实现方案是否合适、分析和设计的规格说明是否可靠。

(3) 进化型。这种原型的目的是在构造系统的过程中能够适应需求的变化，通过不断地改进原型，逐步将原型进化成最终的系统。它将原型方法的思想扩展到软件开发的全过程，适用于需求变动的软件项目。

根据运用原型的目的和方式不同，在使用原型时可采取以下两种不同的策略：

(1) 废弃策略。先构造一个功能简单而且性能要求不高的原型系统，针对用户使用这个原型系统后的评价和反馈，反复进行分析和改进，形成比较好的设计思想，据此设计出较完整、准确、一致、可靠的最终系统。系统构造完成后，原来的原型系统就被废弃不用。探索型和实验型原型属于这种策略。

(2) 追加策略。先构造一个功能简单而且性能要求不高的原型系统，作为最终系统的核心，然后通过不断地扩充修改，逐步追加新要求，最后发展成为最终系统。它对应于进化型原型。

具体采用什么形式、什么策略的原型主要取决于软件项目的特点和开发者的素质，以及支持原型开发的工具和技术，要根据实际情况的特点加以决策。

在实际中，应用原型方法进行系统的分析和构造将带来以下好处：

(1) 原型方法有助于增进软件人员和用户对系统服务需求的理解，使比较含糊的具有不确定性的软件需求(主要是功能)明确化。对于系统用户来说，要他们想象最终系统是什么样的，或者描述当前有什么要求，都是很困难的。但是对他们来说，评价一个系统的原型要比写出规格说明容易很多。当用户看到原型的执行不是他们原来所想象的那样时，原型化方法允许并鼓励他们改变原来的要求。由于这种方法能在早期就明确用户的要求，因此可防止以后由于不能满足用户要求而造成的返工，从而避免了不必要的经济损失，缩短了开发周期。

(2) 原型方法提供了一种有力的学习手段。通过原型演示，用户可以亲身体验早期的开发过程，获得关于计算机和所开发系统的专门知识，对使用者培训有积极作用。软件开发者也可以获得用户对系统的确切要求，学习到应用领域的专业知识，使开发工作做得更好。

(3) 使用原型方法，可以容易地确定系统的性能，确认各项主要系统服务的可应用性，确认系统设计的可行性，确认系统作为产品的结果。因此，它可以作为理解和确认软件需求规格说明的工具。

(4) 软件原型的最终版本，有的可以原封不动地成为产品，有的略加修改就可以成为最终系统的一个组成部分，这样有利于建成最终系统。

当然，原型法也有一定的适用范围和局限性，主要表现在以下几个方面：

(1) 对于一个大型系统，如果不经过系统分析，则得到系统的整体划分模拟系统部件是很困难的。

(2) 对于大量运算的、逻辑性较强的程序模块，原型方法很难构造出该模块的原型来供人评价。

(3) 对于原有应用的业务流程、信息流程混乱的情况，原型构造与使用有一定的困难，即使构造出来了，也是对旧系统的模拟，很难达到新系统的目标。这种情况下需要先对业务流程和信息流程进行再造(Reengineering)，然后再考虑新系统的需求目标，利用原型逐步演进系统。

(4) 对于一个批处理系统，由于大部分活动是由内部处理的，因此应用原则方法会有一定的困难。

由于原型方法的应用具有一定的局限性，所以要根据软件项目的特点和应用原型的目的选择不同类型的原型方法。

1984 年 Boar 提出一系列影响原型方法选择的因素。如果是在需求分析阶段要使用原型方法，则必须从系统结构、逻辑结构、用户特征、应用约束、项目管理和项目环境等多方面来考虑，以决定是否采用原型化方法。

(1) 系统结构：联机事务处理系统、相互关联的应用系统适合于应用原型方法，而批处理系统不适宜应用原型方法。

(2) 逻辑结构：有结构的系统(如运行支持系统、管理信息系统等)适合于应用原型方法，而基于大量算法和逻辑结构的系统不适宜应用原型方法。

(3) 用户特征：不满足于预先做系统定义说明，愿意为定义和修改原型投资，难于明确详细需求，愿意承担决策的责任，准备积极参与的用户是适合于使用原型的用户。

(4) 应用约束：对在线运行系统的补充，不能用原型方法。

(5) 项目管理：只有项目负责人愿意使用原型方法，才适合用原型的方法。

(6) 项目环境：需求说明技术应当根据每个项目的实际环境来选择。

当系统规模很大、要求复杂、系统服务不清晰时，在需求分析阶段先开发一个系统原型是很值得的。特别是当性能要求比较高时，在系统原型上先做一些试验也是很必要的。

4．演化模型

演化模型(Evolutional Model)有时也译做进化模型，它是基于软件开发人员在应用瀑布模型的软件工程实践中体会出来的一种认识：在项目开发的初始阶段人们对软件需求的认识常常不够清晰，使得项目难于做到一次开发成功，出现返工在所难免。有人说，往往要"干两次"后开发出的软件才能较好地令用户满意。第一次只是试验开发，得到试验性的模型产品，其目标只是在于探索可行性，弄清软件需求；第二次则在此基础上获得较为满意的软件产品。

演化模型主要是针对需求不是很明确的软件项目，希望通过原型来逐步探索和理解用户需求。

按照原型应用策略的不同，演化模型也可以分为两类：

(1) 探索式演化模型。探索式演化模型的目标是与用户一起工作，共同探索系统需求，直到最后交付系统。这类开发是从需求较清楚的部分开始，根据用户的建议逐渐向系统中添加功能的。

探索式的演化模型也是"演化"本身的含义，它不强调按照瀑布模型那样严格划分阶段界限，即上一阶段没有结束不能进入下一阶段，而是针对部分明确的需求可以进行瀑布模型的过程活动，建立一个系统原型，对不明确的需求，希望用户在已经建立起来的原型基础上进行评价和反馈，逐步明晰需求。因此，最终的系统是在探索需求的原型上一步一步添加功能完成的。

(2) 抛弃式演化模型。抛弃式演化模型的目标是理解用户需求，然后给系统一个较好的需求定义。建立原型是为了帮助客户进一步明确原本含糊不清的需求，帮助开发人员理解客户需求的真实含义，帮助澄清客户和开发人员之间的沟通误解，从而得到一个正确、完整和一致的需求规格说明。这个时候的原型并不涉及系统核心功能的开发，更多的只是界面的模拟或者功能菜单的描述，甚至是拿同类产品运行作为原型演示。

相对于瀑布模型而言，演化模型的一个明显的好处就是可以处理需求不明确的软件项目，对于探索式的演化模型，能够在开发过程中逐步向用户展示软件"半成品"，降低系统的开发风险。另外，演化模型将用户的参与始终贯穿在开发过程中，使最终的软件系统能够真实地实现用户需求，保障系统质量。

然而，从工程学和管理学的角度来看，使用演化模型也存在以下三个问题：

(1) 可能会抛弃瀑布模型的文档控制优点，从而使得开发过程对管理人员不透明。由于原型开发要求快速完成，所以在实际应用演化模型时，经常省略了开发活动之间的衔接文档，从而导致项目管理人员无法透视开发过程，严重时会使得开发过程失控。

(2) 使用探索式演化模型，可能会导致最后的软件系统的系统结构较差。这是因为在原型基础上进行连续的变更可能损坏系统结构，越往最终系统靠近，变更越困难，而且变更成本也逐渐上升，进而导致系统的可维护性较差。因此，在应用探索式演化模型时，要注意保持系统体系结构的一致性，必要的时候要对系统进行重构。

(3) 为了达到快速开发原型的目的，可能会用到一些特殊的工具和技术，而这些特殊的工具和技术往往与主流方向不相容，或者不符合项目要求，甚至是不成熟的技术和工具。因此，在应用演化模型时，尽量采用成熟的、符合项目要求的技术和工具来构造原型。

由于存在上述问题，所以，在很小的规模系统或者中小型系统且生存期较短时，采用演化模型不失为一种好的选择。然而，对于大型的、生命周期很长的系统，演化模型给项目管理带来的问题就显得尤为突出，纯粹使用演化模型是不合适的，需要综合运行多种模型。

5. 增量模型

瀑布模型利用阶段评审和文档控制保证软件项目的进度和质量，但却缺乏适应变化需求的灵活性；演化模型能够适应变化的需求，但却会导致系统体系结构的混乱、管理不透明等问题，失去了瀑布模型的优点。增量模型(Incremental Model)结合了瀑布模型和演化模型的优点。

增量模型首先是由 Mills 等人于 1980 年提出的，它可以让客户得到一些机会延迟对详细需求的决策，即客户的需求可以逐步提出来；另外，每一次"增量"需求的划分与"增量"实现的集成是以不影响系统体系结构为前提的。

在增量模型中，客户大概地提出系统需要提供的服务，即给出系统的需求框架，同时确定这些服务的重要性，从而确定系统需求实现的优先级。为了避免多个增量集成时导致不一致的系统体系结构，增量模型在获取系统框架性需求后，针对核心需求以及系统的性能要求确定系统的体系结构，并以此体系结构指导增量的集成，保证在整个开发过程中体系结构的稳定性。

待开发增量的选择是依照优先级确定的，核心需求的优先级较高，一般在最初的增量中就需要解决。例如，使用增量模型开发字处理软件时，可以考虑第一个增量实现基本的文件管理、编辑和文档生成功能；第二个增量实现更加完善的编辑和文档生成功能；第三个增量实现拼写和文法检查功能；第四个增量完成高级的页面布局功能。一旦待开发增量确定下来，就需要采用合适的模型组织增量的开发。如果该增量需求比较明确，可以直接采用瀑布模型，否则需要采用演化模型。因此，不同的增量要根据内容的特点来选择合适的开发模型。在增量开发过程中一般不接受对本增量的需求变更，但对其他增量的需求探索一直在并行进行。

(1) 增量模型的优点：

① 客户可以在第一次增量后就使用到系统的核心功能，增强了客户使用系统的信心；同时客户可以在此核心功能产品的基础上逐步提出对后续增量的需求。

② 项目总体失败的风险较低，因为核心功能先开发出来，即使某一次增量失败，核心功能的产品客户仍然可以使用。另外，为了竞争的需要，当对手推出类似产品时，可以在尚未完成整体功能的情况下提前推出包含核心功能的产品，降低市场风险。

③ 由于增量是按照从高到低的优先级确定的，因此最高优先级的功能得到最多次的测试，从而保障了系统重要功能部分的可靠性。

④ 所有增量都是在同一个体系结构指导下进行集成的，提高了系统的稳定性和可维护性。

(2) 增量模型的缺点：

① 增量的粒度选择问题。增量应该相对较小，而且每个增量应该包含一定的系统功能，然而，很难把客户的需求映射到适当规模的增量上。

② 大多数系统都需要一组基本业务服务，但是增量需求却是逐步明确的，要确定所有的基本业务服务比较困难。一般来讲，基本的业务服务可以安排在初期的增量中完成，因为包含核心功能的增量可能需要用到这些基本业务服务。

6．螺旋模型

螺旋模型(Spiral Model)于 1988 年由 B.Boehm 提出，通常用来指导大型软件项目的开发。螺旋模型结合了瀑布模型与演化模型的优点，并增加了风险分析。该模型将其活动划分为制定计划、风险分析、实施开发和客户评估四类，它也采用循环往复、逐渐完善的方式工作。每循环往复一次，就表示开发出一个更完善的新的软件版本。一般情况下，开发过程会沿着螺旋线继续下去，自内向外逐步延伸，最终得到满意的软件产品。如果在某个循环过程中的任意环节上发现开发风险过大，致使开发机构或客户无法接受，则项目有可能就此终止。

螺旋模型和其他软件过程模型的最大区别就是：螺旋模型中的风险考虑是明确的。当每一个螺旋回路开始时，需要明确软件项目的功能和性能目标、实现方式以及实现约束等，并且对每个目标的所有可选实现方式进行评估。在根据项目目标和约束对实现方式进行评估的过程中，引起风险的因素就开始逐步被识别出来，下一步就是对这些风险进行详细分析，并通过原型方法对风险进行评估，制定风险规避措施。一旦风险管理方案集成到项目管理计划中，就可以采取适当的开发模型进行项目开发了。

螺旋模型适合于大型软件的开发，它吸收了演化模型的"演化"概念，要求开发人员和客户对每个演化过程中出现的风险进行分析，并采取相应的规避措施。然而，风险分析需要相当丰富的评估经验，风险的规避又需要深厚的专业知识，这给螺旋模型的应用增加了难度。

7．喷泉模型

喷泉模型(Fountain Model)，也称迭代模型。喷泉模型认为软件开发过程具有以下两个固有的本质特征：

(1) 迭代性。该特征从瀑布模型开始就已经体现出来，当后阶段发现前阶段潜伏下来的错误时，应该返回到前阶段纠错。之后的演化模型、增量模型、螺旋模型都体现了软件开发迭代性的特征。

(2) 无间隙性。为了克服"软件危机"，人们从"手工作坊"式的无规范开发过程中总结出规范的过程模型，将软件开发过程分解为多个开发阶段，并对每个阶段的活动以及阶段之间的衔接进行规范管理，提高了开发效率和质量。但是严格的阶段划分，特别是活动间的严格划分，破坏了开发活动本身的无间隙性(无间隙性即后一阶段的活动能够自然复用前一阶段活动的成果，如设计能够复用分析的结果、实现能够复用设计的结果)。

喷泉模型认为软件开发过程的各个阶段是相互重叠和多次反复的，就像喷泉一样，水喷上去又可以落下来，既可以落在中间，又可以落到底部。各个开发阶段没有特定的次序要求，完全可以并行进行，可以在某个开发阶段中随时补充其他任何开发阶段中遗漏的需求。

喷泉模型是以对象驱动的模型，主要用于描述面向对象的软件开发过程。软件的某个需求部分通常被重复开发多次，实现需求的相关对象在每次迭代中加入渐进的软件产品。由于对象概念的引入，对象及对象关系在分析、设计和实现阶段的表达方式的统一，使得开发活动之间的迭代和无间隙性能够容易地实现。

8．智能模型

智能模型(Intelligent Model)也称为基于知识库和专家系统的软件开发模型，是知识工程与软件工程在开发模型上相结合的人工智能产物。它与上述的几种开发模型有着根本的不同，不仅是能够指导人们进行软件开发的规范，还可自动协助软件开发人员高质量、高效率地以最优的方式完成软件开发工作。

智能模型把系统维护功能放在规约一级，使开发人员把精力更加集中于具体描述的表达上。这样做可能会增加一定的难度和复杂性，但却可以将系统维护的具体描述规范化、知识化，使其形成功能知识规约。当然也可以使用知识处理语言进行描述，这样就必须将规则和推理机制应用到开发模型中，所以必须建立知识库(专家库)，将模型本身的规约、软件工程知识和特定领域的专家知识分别存入知识库，由此构成某一领域的具有人工智能的软件开发系统。

1.2　软件开发方法

软件开发方法就是软件开发所遵循的办法和步骤，它可以保证所得到的运行系统和支持文档满足软件质量要求。软件开发方法有很多种，其中，针对系统分析和设计活动的软件开发方法和针对系统全局的软件开发方法尤为重要。

1.2.1　结构化软件开发方法

结构指系统内各组成要素之间的相互联系、相互作用的框架。结构化软件开发方法强调系统结构的合理性以及所开发的软件的结构合理性，因此提出了一组提高软件结构合理性的准则，如分解和抽象、模块的独立性、信息隐蔽等。结构化技术包括结构化分析、结构化设计、结构化程序设计三方面内容。结构化方法主要是面向数据流的，一般采用结构化分析和设计工具来完成。

1．结构化分析的步骤

结构化分析(Structured Analysis，SA)与所有的软件分析方法一样，也是一种确立模型的活动。SA方法就是使用独有的符号，建立描绘信息(数据和控制)流和内容的模型，划分系统的功能和行为，以及给出其他确立模型不可缺少的描述。结构化分析的基本步骤介绍如下：

(1) 构造数据流模型。根据用户当前需求，在创建实体—关系图的基础上，依据数据流图(DFD)构造数据流模型。

(2) 构建控制流模型。一些应用系统除了要求用数据流建模外，还通过构造控制流图(CFD)来构建控制流模型。

(3) 生成数据字典(DD)。对所有数据元素的输入、输出、存储结构，甚至中间计算结果进行有组织的列表。

(4) 生成可选方案，建立需求规格说明。确定各种方案的成本和风险等级，据此对各种方案进行分析，然后从中选择一种方案，建立完整的需求规格说明。

2．结构化设计步骤

结构化设计是一种面向数据流的设计方法，也就是采用最佳的可能方法设计系统的各个组成部分以及各组成部分之间的内部联系的技术，目的在于提出满足系统需求的最佳软件结构，完成软件层次图或软件结构图。

(1) 研究、分析和审查数据流图。从软件的需求规格说明中弄清数据流加工的过程。

(2) 根据数据流图决定问题的类型。数据处理问题有两种典型的类型：变换型和事务型，应针对两种不同的类型分别进行处理。

(3) 由数据流图推导出系统的初始结构图，也就是把数据流图映射到软件模块结构，设计出模块结构的上层。

(4) 改进系统的初始结构图。在数据流图的基础上逐步分解高层模块，设计中下层模块，并对软件模块结构进行优化，以便得到更为合理的软件结构。

(5) 描述模块接口。

(6) 修改和补充数据词典。

(7) 制定测试计划。

结构化设计可以很方便地将数据流图表示的信息转换成程序结构的设计描述。

1.2.2 模块化软件开发方法

模块化软件开发方法是把一个待开发的软件系统分解成较为简单的部分——称为模块(Module)，每个模块分别独立地开发、测试，最后再组装出整个软件系统。这种开发方法是对复杂的系统"分而治之"、"各个击破"，这样不仅可以将软件系统开发的复杂性在分解过程中降低，便于修改、维护，而且还容易实现一个系统不同部分的并行开发，从而提高了软件的生产效率。

一般将用一个名字就可调用的一段程序称为"模块"，类似于高级语言中的Procedure(过程)、Function(函数)等。它具有功能、逻辑和状态三个基本属性。在描述一个模块时，还需按模块的外部特性(如模块名、参数表、外部的影响因素等)与内部特性(如程序代码、内部使用的数据等)分别进行描述。

下面介绍定义模块的大小和模块设计规则。

(1) 模块分解性。如果一种设计方法提供将问题分解成子问题的系统化机制，它就能降低整个系统的复杂性，从而实现一种有效的模块化解决方案。

(2) 模块可组装性。如果一种设计方法使现有的(可复用的)设计构件能够被组装成新系统，它就能提供一种不用一切从头开始的模块化解决方案。

(3) 模块可理解性。如果一个模块可以作为一个独立的单位(不用参考其他模块)被理解，那么它就易于构造和修改。

(4) 模块连续性。如果对系统需求的微小修改只导致对单个模块而不是整个系统的修改，则修改引起的副作用就会被最小化。

(5) 模块保护。如果模块内出现异常情况，并且异常情况的影响限制在模块内部，则错误引起的副作用就会被最小化。

另外，如果一个模块只具有单一的功能且与其他模块没有太多的联系，那么该模块具有独立性，这种情况一般采用模块间的低耦合度和模块内的高内聚度两个准则来度量。

1.2.3　面向数据结构软件开发方法

面向数据结构软件开发方法就是根据问题的数据结构定义一组映射，把问题的数据结构转换为问题的程序结构。面向数据结构方法有很多，它实际上是结构化方法的变形，着重数据结构而不是数据流，把程序结构设计成与问题的数据结构一样，不强调模块定义。Jackson 系统开发(Jackson System Development，JSD)方法是一种典型的面向数据结构的分析和设计方法。早期 Jackson 方法用于小系统的设计，称为 Jackson 结构程序设计方法，简称 JSP 方法。当把 JSP 方法用于大系统设计时，就会出现大量复杂的难以对付的结构冲突。因此演化到了 JSD 方法，即 Jackson 系统开发方法。JSD 方法以活动(事件)为中心，一连串活动的顺序组合构成进程，这时系统模型抽象为一组以通信方式互相联系的进程。

1.2.4　面向对象软件开发方法

面向对象软件开发方法起源于面向对象的编程语言，它包括面向对象分析(OOA)、面向对象设计(OOD)、面向对象实现(OOI)、面向对象测试(OOT)和面向对象系统维护(OOSM)。

面向对象软件开发方法的基本思想是从现实世界中客观存在的事物(即对象)出发来构造软件系统，并在系统构造中尽可能地运用人类的自然思维方式。开发一个软件是为了解决某些问题，这些问题所涉及的业务范围称作该软件的问题域。面向对象软件开发方法强调直接以问题域(客观世界)中的事物为中心来思考问题、认识问题，并根据这些事物的本质特征，把它们抽象地表示为系统中的对象，作为系统的基本构成单位。这可以使系统直接地映射问题域，保持问题域中的事物及其相互关系的本来面貌。

面向对象方法的主要特点如下：

(1) 从问题域中客观存在的事物出发来构造软件系统，用对象作为对这些事物的抽象表示，并以此作为系统的基本构成单位。

(2) 事物的静态特征(即可能用一些数据来表达的特征)用对象的属性表示，事物的动态特征(即事物的行为)用对象的操作表示。

(3) 对象的属性与操作结合为一体，成为一个独立的实体，对外屏蔽其内部细节(称作封装)。

(4) 对事物进行分类。把具有相同属性和操作的对象归为一类，类是这些对象的抽象描述，每个对象是它的类的一个实例。

(5) 通过在不同程度上运用抽象的原则(较多或较少地忽略事物之间的差异)，可以得到较一般的类和较特殊的类。特殊类继承一般类的属性和操作，面向对象软件开发方法支持对这种继承关系的描述与实现，从而简化系统的构造过程及其文档。

(6) 复杂的对象可以用简单的对象作为其构成部分(称作聚合)。

(7) 对象之间通过消息进行通信，以实现对象之间的动态联系。

(8) 通过关联表达对象之间的静态关系。

从以上可以看出，在使用面向对象软件开发方法的系统中，以类的形式进行描述并通过对类的引用而创建的对象是系统的基本构成单位。这些对象对应着问题域中的各个事物，它们内部的属性与操作刻画了事物的静态特征和动态特征。对象类之间的继承关系、聚合关系、消息和关联如实地表达了问题域中事物之间实际存在的各种关系。

1.3   面向对象软件开发方法简介

一般认为，面向对象语言起源于 20 世纪 60 年代末出现的 Simula 语言，该语言引入了数据抽象和类的概念。但真正为面向对象程序设计奠定基础的是 Smalltalk 语言，它首先采用了"面向对象"一词。在 Smalltalk 语言中一切都是对象，Smalltalk 的目标是软件尽可能以"自治"的单元来设计。直到今天，Smalltalk 还被认为是最纯粹的面向对象语言之一。

Smalltalk 的发布引起了人们的广泛关注，使得在 20 世纪 80 年代出现了各种面向对象语言蓬勃发展的局面。其中，有的是对传统语言的扩充，使之支持面向对象，如 Object-C (1986 年)、C++ (1986 年)等；有的是新开发的完全支持面向对象的语言，如 Self(1987 年)、Eiffel(1987 年)等。

各种面向对象语言的出现和应用直接导致了面向对象的广泛应用。1986 年，Grady Booch 首先提出了"面向对象设计"这个概念。之后，投入到面向对象研究的人越来越多，一方面，面向对象方法向软件开发的前期阶段发展，包括面向对象设计、面向对象分析；另一方面，面向对象技术在越来越广泛的软硬件领域得以发展，如面向对象数据库、面向对象操作系统、面向对象开发环境、面向对象计算机体系结构等。

20 世纪 90 年代以后，面向对象分析和面向对象设计方法逐渐走向实用，一些专家按照面向对象思想，对系统分析和设计工作的步骤、方法、图形工具等进行了详细的研究，提出了许多不同的实施方案。其中有 P. Coad 和 E.Y ourdon 方法、Booch 方法、J. Rambough 的 OMT 方法和 Ivar Jacobson 的 OOSE 方法，以及集 Booch、OMT 和 OOSE 三者优点于一身的统一建模语言 UML。

面向对象之所以能够如此迅速地发展，走向实用，并渗透到软硬件各个领域，绝不是人们吹捧的结果。关键在于面向对象看待现实世界的方式和现实世界的组织方式是一致的，它能够直接将问题域的结构映射到系统模型中。同时，面向对象从一开始就支持重用，这一点也为它的发展奠定了基础，因为重用能降低软件开发和维护的成本，提高软件质量。另外，由于面向对象语言所具有的"自治"特点，使得面向对象系统的可扩展性和维护性大大提高。正因为如此，人们相信在 21 世纪，面向对象方法和编程将占据支配地位。

1.3.1　面向对象的基本概念

要深入理解面向对象的原理和技术，必须首先了解面向对象的基本概念，包括对象、类、继承、封装、多态性、消息通信等。

1．对象

可以从两个角度来理解对象。一个角度是现实世界，另一个角度是所建立的软件系统。

在现实世界中，客观存在的任何事物都可以被看成是对象。这些对象可以是有形的，如一个人或一件物品；也可以是无形的，如一项计划或者一个事件。对象是一个独立单位，它具有自己的静态特征和动态特征。例如，学生张三是一个对象，它具有诸如姓名、学号、年龄、身高和体重这些静态特征(属性)，也有诸如吃饭、睡觉、上课和借阅图书这些动态特征(操作)。对象之间可以相互区分，如学生张三和学生李四是不同的对象，因为他们具有不同的属性值。

软件系统要模拟现实世界(或现实世界的一部分)，因此就要能模拟现实世界中的对象。在面向对象的软件系统中，对象是用来描述现实世界客观事物的一个实体，它是构成系统的一个基本单位。对象由一组属性和对这组属性进行操纵的一组操作组成。属性是用来描述对象静态特征的一个数据项(如身高和年龄是学生对象的属性)，操作是用来描述对象动态特征的一个动作序列(如听课和考试是学生对象的操作、开和关是窗口对象的操作)。对象、对象的属性和操作都有自己的名字。

2．类

类是具有相同属性、操作、关系和语义的对象集合的描述。类为属于该类的全部对象提供了统一的抽象描述，它由类名、属性和操作三个主要组成部分，如图 1-4 所示。对象是类的实例。

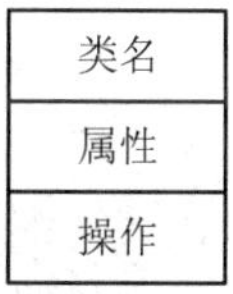

一个类的所有对象具有相同的属性，是指所有对象的属性的个数、名称、数据类型都相同，但各个对象的属性值可以互不相同，并且随着程序的执行而变化。操作对于一个类的所有对象都是一样的，即所有的对象共同使用它们的类定义中给出的操作方法。

图 1-4　类的图示

类与对象的关系，如同一个模具和由这个模具铸造出来的铸件之间的关系。根据实际需要，通过对具有相同性质的事物的抽象，构造出模具，再用模具生产出具有这种性质的铸件。在面向对象方法中，通过对具有相同性质的对象的抽象，构造出类，进而使用类构造出系统模型；在系统运行时，又由类创建出对象。正是所创建的这些对象在计算机中的运行，完成了用户所要求的功能。

3．关联和链

现实世界的各个对象往往不是彼此孤立的，而是存在着某些联系。类用来描述和创建对象，那么具体对象之间的关系可以进一步抽象为类之间的关系。关联描述了类之间的静态联系。

关联具有一定的属性，如关联的名称、关联的方向和多重性等。可以给关联命名，关联的名称有助于理解类之间的关系。例如"学生"类和"图书"类之间存在着关联"借阅"，关联的名称是"借阅"，表明学生和图书之间是一种借阅关系，而不是拥有关系、预约关系等。关联可以有方向，关联的方向包括单向和双向。学生和图书之间的"借阅"关联就是一种单向的关联，而丈夫和妻子之间就有一种双向的关联——"is married to"。有时，光知道学生能借阅图书是不够的，还应该知道一个学生同时最多能借阅多少本图书，以及一本图书同时能被几个学生借阅。关联的多重性表示这种"多少"的概念，指有多少个对象与另外一个对象具有这种关联关系。

链是关联的实例，用于描述具体对象之间的某种联系。在实例化后，由类产生对象，由关联产生连接对象的链。对象之间的链可以通过对象的属性表达出来。例如，用类"学生"的对象的属性来记录该对象具有借阅的"图书"对象。

4．继承

继承也称泛化，是面向对象描述类之间相似性的一种重要机制。在现实世界中，大量的事物之间都存在一定程度的相似性。这种相似性可能表现在事物的外形上，也可能表现在事物的行为和内在特性上。面向对象使用继承来表达事物之间的这种相似性，这使得在定义一个与以前定义的类相似的类时能重用以前的定义，从而简化新类的定义工作，并减轻后期的维护工作。

例如，学生都有姓名、电话号码和电子邮件地址。同时，教师也同样拥有这些属性。一种做法是先开发类"学生"，一旦它运行起来，再制作一份拷贝，并进行一些适当的修改，从而得到类"教师"。这样做很容易，但会有一些问题。如果类"学生"中源码出现错误，就需要在两个类中分别进行修改。

而如果使用继承，就只需要在一个类中进行修改。可以先定义一个类"人"，该类描述了学生和教师之间的共有属性和操作。类"人"有属性：姓名、电话号码和电子邮件地址，以及操作：接/打电话、接收电子邮件等。一旦定义了类"人"，就可以从它继承出类"学生"和类"教师"。

在类的继承层次结构中，位于较高层次的类叫做一般类/超类/父类(如"人")，而位于较低层次的类叫做特殊类/子类(如"学生"和"教师")。继承使得特殊类自动地拥有或隐含地复制一般类的全部属性、操作和关联。这样，由于"人"有姓名、电话号码和电子邮件等属性，因此"学生"和"教师"也有这些属性，一旦姓名的长度发生了变化，只需要在类"人"中进行修改；由于"人"能接/打电话、接收电子邮件，因此"学生"和"教师"也能做这些操作；由于"人"和"大学"有关联，因此"教授"、"学生"和"大学"也有关联。同时，每个子类在继承超类的属性、操作和关联的基础上，还可以根据需要添加专属于自己的属性、操作和关联。如教师类可以增加工作证号和工龄这两个属性，增加授课这个操作，而学生类则可以增加学号和班级这两个属性，增加考试这个操作。

继承可分为单继承和多重继承。如果一个子类继承了超过一个以上的父类的属性、操作和关联，那么这种继承就是多重继承，否则就是单继承。

5. 聚合

人们认识客观世界时，有时会以分解的方式进行，即先抓住事物总的框架，再分析它的细节组成；也可能会以组合的方式进行，即先明确单元个体的特性，再分析单元个体的组合体。如在认识飞机这个事物时，可以先分析作为整体的飞机的行为和工作机制，然后再进一步分析飞机的各组成部分(如机身、机翼、发动机、起落架、副翼等)；也可以先分析清楚飞机的各组成部分，再分析作为整体的飞机。

面向对象方法解决问题的思路是从现实世界中的客观对象出发，尽量运用人类的自然思维方式来构造软件系统。这就要求一方面类要具有被分解的能力(实质上是类的结构可分解能力)，另一方面类要具有组合的能力。聚合这种机制就使类具有了这两种能力。

聚合刻画了现实世界事物的构成关系，如发动机和汽车的关系，计算机和键盘的关系。这种关系的语义是"有一个"或"是一部分"。聚合是一种具有整体—部分语义的关联，也就是说，聚合是关联的一种，只是普通关联的语义没有聚合那么强。例如，学生和图书之间存在着关联，但不能说谁是谁的一部分。

6. 封装和信息隐藏

封装是指将属于对象的各种信息(属性)和对象的行为(操作)组织起来，形成一个实体——对象，目的在于能够更有效地应用对象。

为了理解封装和信息隐藏的目的，先来看现实世界中的一个例子。人们在驾驶汽车时，通过汽车提供的方向盘、刹车、油门、喇叭、挡位等就能操纵汽车，而不需要了解汽车内部结构和工作原理。汽车向驾驶者隐藏了其内部的复杂构造，因为就驾驶这个目标而言，是没有必要知道这些细节的，从而方便人们学习驾驶。

汽车(对象)所提供的关于如何使用它的操作被称为汽车(对象)的接口，接口是使用汽车(对象)提供的一种或多种行为的唯一渠道，例如，踩下刹车是告诉汽车停止前进。通过接口也可以获知对象的一些信息，例如，刻度表上的刻度可以指示油箱里还剩多少油。由此可见，如果要使用一个对象，必须定义它的接口。

注意：接口这个名词在面向对象里有不同的应用，它可以是访问对象某种行为的操作，也可以是对象提供的多个行为的集合，如接口类。此处指的是第一种含义，即指一个单独的操作。

同时，可以想象，如果面对的是一辆报废的汽车，那么无论如何去踩油门或者动方向盘，它都不会有反应。由此可见，如果只有对象的接口而没有实现，接口就毫无用处。要想使对象工作起来，就需要提供对接口进行响应的机制。接口(操作)的实现称为方法。

而对象为了对接口进行响应，就需要知道一些信息。当踩下油门时，为了对这个接口做出正确的响应，汽车对象就必须知道如何将自己的各种部件结合起来进行应对。如果不知道油箱怎么和发动机相连，也不知道如何将气体推向发动机，那么就不能达到加速的目的。

因此，为了实现接口，需要将对象的行为和行为所依赖的属性放在一起，这样，在需要的时候，行为就可以直接访问这些信息；同时，我们不希望有人错误地改变行为所依赖的信息，因此需要对这些信息进行保护。这就是信息隐藏。

信息隐藏一方面是指对象不允许系统中的其他对象直接存取对象的内部信息(属性)，

而是向外界提供一些操作(接口)，其他对象只能通过这些接口来访问对象的属性，从而可以防止对象的属性不被其他对象破坏、影响对象行为的正确实现。另一方面是指对象只告诉其他对象哪些接口可以被调用，但对其他对象隐藏了操作(接口)的实现细节，这样一是可以降低软件复杂性，让其他对象不用关心它们不必关心的细节；二是可以减少修改对象引起的"波动效应"：对象内部的修改对外部的影响很小，只要接口不变，里面怎么变都没有关系；第三个优点是接口和实现的分离。由于实现是独立于接口的，因此当程序环境发生变化时，可以方便地用新的实现替代旧的实现，而同时，接口都保持不变，这样其他和该接口交互的对象就不用做什么改动。

所以，对对象进行封装之后，一方面对象需要对外公布接口，只有知道了接口才能懂得怎么使用对象；另一方面对象对外隐藏了信息：对于接口的行为实现、用于支持对象行为的内部信息结构以及跟踪对象内部状态的内部数据。

7．消息通信

客观世界中的实体之间存在着大量的交互行为。交互行为的实现依赖于实体之间的通信联系。如果对象之间不能够相互通信，那么对象就无法在一起有效地描述问题域，特别是无法描述动态行为。消息是对象间实现通信的手段。

前面指出操作是对象与外界的接口，当系统中的其他对象或其他系统成分请求这个对象执行某个操作时，该对象就响应这个请求，执行该操作的实现。在面向对象系统中，把向对象发出的操作请求称为消息。

对象之间通过消息进行通信，实现了对象之间的动态联系。消息的用途有多种，例如：请求读取或设置对象本身的某个(些)属性，请求对象的操作等。

目前，在大部分面向对象的编程语言中，消息其实就是函数调用，但函数调用只是实现消息的方式之一。

消息必须发给特定的对象，消息中包含所请求操作的必要信息，且遵守所要求的操作的型构(Signature)。一条消息应包括：消息名、入口参数和返回参数。一个对象可以是消息的发送者，也可以是消息的接收者，还可以作为消息中的参数。

对象接收到消息后先分析消息的合法性，然后为请求者提供服务，具体该如何服务则封装在对象的内部，不为外界所知。

8．多态性

多态性(Polymorphism)是一种方法，使得在多个不同的类中可以定义相同的操作，而这些操作在这些类中可以有不同的实现(方法是类中操作的实现)。例如，一个显示操作Display，作用于 Polygon 对象是在屏幕上显示一个多边形；而同样的显示操作作用于 Circle 对象，则是在屏幕上显示一个圆；作用于 Text 对象，则是在屏幕上显示一段正文。这就是说，同样一个操作请求发送给不同类的对象，每个对象将根据自己所属的类中定义的该操作的执行方式进行动作，从而产生不同的结果。

多态的实现受到继承性的支持，利用类的继承的层次关系，把具有通用功能的消息存放在高层次，而把不同的实现这一功能的行为放在低层次，在这些低层次上生成的对象能够给通用消息以不同的响应。

1.3.2　几种典型的面向对象方法

1. Booch 的方法

Grady Booch 于 1986 年提出了"面向对象分析与设计"(OOAD)方法。Booch 方法在面向对象的设计中主要强调多次重复和开发者的创造性。方法本身是一组启发性的过程式建议，并不依从硬性的条件限制。OOAD 的一般过程如下：

(1) 在一定抽象层次上标识类与对象。

(2) 标识类与对象的语义。

(3) 标识类与对象之间的关系。

(4) 实现类与对象。

上述过程是递归的。设计过程从发现类和对象，形成问题域的字典开始，直到不再发现新的抽象与机制，或者说，所有发现的类和对象已经可以由现有的类和对象实现为止。

标识类与对象主要是在问题域中寻找关键的抽象以及在对象上提供动态行为的机制。这些关键抽象可以通过与问题域的专家交谈和学习问题域的术语获得。

标识语义主要是标识出类和对象的含义。开发者应该从外部看待对象，并定义出对象之间协作的协议。研究其他对象如何使用该对象是标识语义的一个重要部分。标识语义是 OOAD 中最难的一步，通常需要多次反复才能完成。

标识关系主要是寻找已经获得的类和对象彼此间的关系，以及标识对象间如何交互。实现对象和类要深入到它们内部并确定如何实现它们。

OOAD 方法最大的特点是将几类不同的图表有机结合起来，以反映系统的各个方面是如何联系和相互影响的。Booch 方法的图表主要包括四个主图和两个辅图。在四个主图中，类图描述类之间的关系；对象图描述具体的对象和在对象之间传递的消息；类和对象被分配给具体的程序构件，模块图用来描述这些程序构件；进程图描述进程如何被分配给特定的处理器，这个图主要用于需要在分布式环境中应用的面向对象系统。两个辅图是状态转换图和时序图，状态转换图用于描述某个类的状态空间和状态变化；时序图用于描述不同对象间的动态交互。

2. Jacobson 的方法

Ivar Jacobson 的"面向对象软件工程"(OOSE)方法提出一种用例驱动的面向对象方法，它将面向对象的思想贯穿到软件工程中，目的是为了得到一个能适应变化的、健壮的、可维护的系统。OOSE 采用以下五个模型来完成其实现目标系统的过程：

(1) 需求模型(RM)。需求模型从用户的观点出发完整地刻画了系统的功能需求，因此比较容易按这个模型与最终用户交流。它的主要建模手段有用例(Use Case)、问题域对象模型以及人与系统的交互界面。

(2) 分析模型(AM)。分析模型是在需求模型基础上建立的，主要目的是要建立健壮的、可扩展的系统的基本结构。OOSE 定义了三种对象类型：实体对象、界面对象和控制对象，实体对象刻画系统要长期管理的信息和信息上的行为；界面对象刻画系统界面，使用户和系统能进行双向通信；控制对象本身不完成任何功能，只是向其他对象委托职责，负责协调其他对象的工作。通过将 RM 中的对象分别识别到 AM 中的不同对象类型并分析对象间的关系实现分析模型。

(3) 设计模型(DM)。DM 将 AM 的对象定义为块,这实际上是考虑具体实现的表现。OOSE 认为 AM 完全可以不考虑系统的真实运行环境的约束,而只注重于系统逻辑的构造。当进入设计阶段后,就需要考虑真实运行环境,这时对于系统逻辑的修改不会太大,而且 AM 本身具有较好的可扩展性。DM 最终表现为一个个类(对象)模块,并且这些类(对象)有了详细定义。

(4) 实现模型(IM)。实现模型就是用某种程序设计语言(最好是支持面向对象)来实现 DM。

(5) 测试模型(TM)。关于类(对象)的底层测试(如类方法和类间通信等的测试)可由程序员完成,但集成测试应该由独立于开发组的测试人员完成。实际上,TM 是一个正规的测试报告。

OOSE 认为开发活动主要有三个步骤:分析、构造和测试。其中分析产生 RM 和 AM,二者作为构造活动的输入产生 DM 和 IM,最后对实现模型进行测试,就是 TM。

3. Coad/Yourdon 的方法

Coad/Yourdon "面向对象分析与设计" (OOA/OOD)方法于 1991 年提出,这是一种逐步进阶的面向对象建模方法,其特点是概念清晰、简单易学。

OOA 使用了基本的结构化原则,并把它们同面向对象的观点结合起来。OOA 方法主要包括五个步骤:确定类与对象、标识结构、标识主题、标识属性、定义服务。

(1) 确定类与对象:主要是描述如何找到类和对象。从应用系统需求出发,以整个应用为基础标识类与对象,然后按这些类与对象分析系统的职责。另外,分析调查系统的环境,也可获得有价值的信息。需要的对象及其行为的信息都要记录下来。

(2) 标识结构:按照两种不同的原则进行,第一种是按照一般化/特殊化结构,确定已标识出的类之间的继承层次关系;第二种是按照整体/部分关系,来确定一个对象怎样由其他对象组成,以及对象怎样组合成更大的复杂对象。

(3) 标识主题:是通过把类与对象划分成更大的单元来完成的。主题是一组类与对象。主题的大小应合适地选择,使得人们可以从模型很好地理解系统。主题是从更高层次看待系统的一种方法,可以按照定义好的结构来确定主题。

(4) 标识属性:是通过标识与类有关的信息和关联来完成的。对每个类,只需要标识必需的属性就可以了。标识好的属性应放在合适的继承层次上。关联也要通过检查问题域上的关系标识出来。属性用名字和描述来标识。属性上的特殊限制也应该标识出来。

(5) 定义服务:就是定义类上的操作,主要是通过定义对象状态,以及定义诸如创建、访问、连接、计算、监控等服务来完成。对象间的消息通信关系用消息连接来标识。消息序列用执行线程来表达。服务用类似流程图的方式来表达。

OOA 本质上是一种面向对象的方法,它把诸如类、实例、继承、封装和对象间的通信等概念都统一在一起。寻找对象的技术是启发式的,没有一种按部就班的方法来标识系统中的对象。OOA 适用于小型系统的开发。用户界面的描述不在分析的范围内,它被放在设计中完成。

OOA 完成系统分析,OOD 负责系统设计。OOD 包括以下四个步骤:

(1) 设计问题域部分(细化分析结果)。问题域部分实际上是 OOA 工作的进一步延伸,在 OOA 工作基础上进行。值得说明的是，OOD 的问题域设计部分和 OOA 并没用严格的分界线，这种分析和设计之间的无缝连接更反映了开发活动的本质。

(2) 设计人机交互部分(设计用户界面)。这部分突出人如何使用系统，以及系统如何向用户提交信息。

(3) 设计任务管理部分(确定系统资源的分配)。任务是进程的别名，任务管理部分用来管理任务的运行、交互等。任务管理部分可设计如下的策略：识别事件驱动任务；识别时钟驱动任务；识别优先任务和关键任务；识别协调者；定义每一个任务。

(4) 设计数据管理部分(确定持久对象的存储)。这部分的设计既包括数据存放方法的设计(采用关系型数据库还是面向对象数据库)，又包括相应服务的设计(设计哪些类来实现数据的持久化服务，它们需要包含哪些属性操作)。

这样，OOA 把系统横向划分为五个层次，OOD 把系统纵向划分为四个部分，从而形成了一个清晰的系统模型。

4．James Rumbaugh 的方法

"对象模型技术"(OMT)是由 James Rumbaugh 等人提出的，这个方法是在实体关系模型上扩展了类、继承和行为而得到的。

OMT 覆盖了分析、设计和实现三个阶段。OMT 包括了一组定义得很好的并且相互关联的概念，它们是类(class)、对象(object)、泛化(generalization)、继承(inheritance)、链(link)、链属性(link attribute)、聚合(aggregation)、操作(operation)、事件(event)、场景(scenario)、属性(attribute)、子系统(subsystem)、模块(module)等。

OMT 定义了以下三种模型，这些模型贯穿于每个步骤，在每个步骤中被不断地精化和扩充。

(1) 对象模型：用类和关系来刻画系统的静态结构。

(2) 动态模型：用事件和对象状态来刻画系统的动态特性。

(3) 功能模型：按照对象的操作来描述如何从输入给出输出结果。

OMT 包括四个步骤：分析、系统设计、对象设计和实现。

(1) 分析的目的是建立可理解的现实世界模型。分析模型由上述三种模型组成。初始的需求用问题陈述来表达。从问题陈述可以抽取领域相关的类、类间的关系以及类的属性。这些与继承关系和模块一起构成了对象模型。动态模型是通过从事件踪迹图查找事件获得的。从事件可以获得对象的状态转换图。功能模型是系统中实际事务的数据流图。这些模型通常都要经过反复分析才能完善。

(2) 系统设计的目的是确定高层次的开发策略。系统被划分成子系统，并分配到处理器和任务。数据库使用、全局资源以及控制的实现策略也要被确定。

(3) 对象设计的目标是确定对象的细节，包括定义对象的操作和算法。分析阶段确定的对象是对象设计的构架。可以将三种模型结合在一起来设计对象，也可以引入中间对象来支持设计。设计中还包括优化的考虑。

(4) OMT 的最后步骤是实现对象。实现是在良好的面向对象编程风格和编码原则指导下进行的。实现可以由面向对象语言或非面向对象语言来完成。

总的来说，OMT 是一种比较完善和有效的分析和设计方法。

5. UML 与面向对象的软件开发统一过程

统一建模语言 UML(Unified Modeling Language，UML)给出了面向对象建模的符号表示和规则，是一种用于软件开发的系统分析和系统设计的建模语言工具。对于软件开发过程，UML 并没有描述如何工作，而是为不同规模和目标的过程设计的。在开发软件时，需视软件的种类、大小等因素决定其使用的过程。

UML 的创始者 Booch、Jacobson 和 Rumbaugh 在创建 UML 的同时，于 1998 年提出了与之配套的面向对象软件开发的统一过程(Unified Process，UP)，将核心过程模型化。UML 和 UP 相结合进行软件系统的开发是面向对象系统开发的最后途径。

面向对象的软件开发统一过程综合以前多种软件开发过程的优点，全面考虑了软件开发技术因素和管理因素，是一种良好的开发模式。UML 与 UP 相结合的软件开发过程是基于面向对象技术的，它所建立的模型都是对象模型。

1.4 本 章 小 结

本章概述了软件开发生命周期和过程模型、软件开发方法以及面向对象软件开发方法。

软件生命周期是指软件产品从考虑其概念开始，到该软件产品不再使用为止的整个时期，一般包括概念阶段、分析与设计阶段、构造阶段、移交阶段等不同时期。

软件过程模型是从一个特定角度提出的对软件过程的简化描述，是对软件开发实际过程的抽象，它包括构成软件过程的各种活动、软件工件(Artifact)以及参与角色等。从软件过程的三个组成成分来看，可以将软件过程模型分为工作流模型、数据流模型、角色/动作模型。

软件开发方法就是软件开发所遵循的办法和步骤，采用它们可以保证所得到的运行系统和支持文档满足软件质量要求。软件开发方法一般分为结构化软件开发方法、模块化软件开发方法、面向数据结构软件开发方法和面向对象软件开发方法。

面向对象软件开发方法起源于面向对象的编程语言，它包括面向对象分析(OOA)、面向对象设计(OOD)、面向对象实现(OOI)、面向对象测试(OOT)和面向对象系统维护(OOSM)。

本 章 习 题

1. 简述软件危机产生的背景。
2. 试述软件生存周期过程。
3. 什么是面向对象？
4. 面向对象方法有什么特点？
5. 传统的软件工程和面向对象软件工程有何异同？
6. 简述软件开发中的五个步骤。
7. 试描述 OMT 方法用以刻画系统的几个模型。

第 2 章

统一建模语言

　　统一建模语言(Unified Modeling Language，UML)是由 Grady Booch、Ivar Jacobson 和 James Rumbaugh 发起，在 Booch 方法、OOSE 方法和 OMT 方法基础上，广泛征求意见，博采众家之长，几经修改而成的一个面向对象分析与设计的建模语言。这种建模语言得到"UML 伙伴联盟"的应用与反馈，并得到工业界的广泛支持，由 OMG 组织(Object Management Group)采纳作为业界标准，这是软件界第一个统一的建模语言。

　　UML 提供了从不同的角度去观察和展示系统各种特征的标准方法。在 UML 中，从任何一个角度对系统所做的抽象都可以用几种模型图来描述，而这些来自不同角度的模型图最终组成了系统的完整模型。

2.1　UML 语言概述

2.1.1　UML 的发展历史

　　公认的面向对象建模语言出现于 20 世纪 70 年代初期，到了 80 年代末期发展极为迅速。据统计，从 1989 年到 1994 年，面向对象建模语言的数量从不到 10 种增加到 50 多种。各位语言的创造者极力推崇自己的建模语言，并且不断地发展完善它。但由于各种建模语言固有的差异和优缺点，使得建模语言使用者无所适从，不知道自己应该选用哪种建模语言。

　　随着面向对象的迅速发展，在 20 世纪 80 年代到 1993 年期间，面向对象方法出现了百家争鸣的局面，在这一批方法中，较有影响的是前面介绍的四种方法：OOA/OOD、OOAD、OMT 和 OOSE。由于用户很难在不同方法的模型间相互转换，因此就呼唤着一种集众家之长统一的建模语言的出现，UML 正是在这种背景下应运而生的。但是 UML 也经历了一个发展过程，共有四个发展阶段，分别是各自为政、统一、标准化和工业界应用。

　　各自为政的局面使得各种方法不可避免地存在这样或那样的差异，这种差异限制了所有方法的推广使用。Grady Booch(OOAD 方法)和 James Rumbaugh(OMT 方法)首先意识到了这一点，于是他们决定改变这种现状。

　　1994 年 10 月，在 Rational 软件有限公司工作的 Grady Booch 和 James Rumbaugh 开始

致力于这项工作。一年以后，也就是 1995 年的秋天，Booch 和 Rumbaugh 完成了两种方法结合后的第一个草案，人们称之为 UM0.8(Unified Method 0.8)。UM0.8 在 1995 年 10 月的 OOPSLA 会议上发布，之后，新加入 Rational 软件有限公司的 OOSE 方法创始人 Ivar Jacobson 也加盟到这一工作。经过他们三人的共同努力，于 1996 年 6 月和 10 月发布了两个新的版本 UML0.9 和 UML0.91，并正式命名为 UML(Unified Modeling Language)。这就是 UML 发展的第二阶段——统一阶段。当 UML 对一些公司变得至关重要时，曾经制定过 CORBA、接口定义语言(IDL)、基于 Internet 的 ORB 协议(IIOP)等标准的对象管理组织(OMG) 开始对此表示出浓厚的兴趣。不久，为了使 UML 标准更加完善，OMG 发布了征求建议书 (RFP)，随后，Rational 软件有限公司建立了 UML Partners 联盟，继续致力于由三位专家所开创的工作，这个联盟包含很多开发商和系统集成公司，它们是 Digital Equipment Corporation、HP、i-Logix、IntelliCorp、IBM、ICON Computing、MCI Systemhouse、Microsoft、Oracle、Rational Software、TI 和 Unisys。这些公司共同努力的结果是在 1997 年发布了 UML1.0。与此同时，另外一些公司(IBM & Objcct Time、Platinum Technologies、Ptech、Taskon & Reich Technologies 和 Softteam)研究并提交了关于 UML 的另一套建议。在 UML 的发展史上，这套建议和前面那套建议不是互相竞争的，而是互相补充的。后面的团队后来也加入了 UML Partners 联盟，他们的研究成果被结合起来，这就是 1997 年 9 月发布的 UML1.1。UML1.1 被 OMG 采纳为标准。这是 UML 发展的第三个阶段。

1998 年，OMG 接管了 UML 标准的维护工作，并且又制定了两个新的 UML 修订版。UML 已成为软件工业界事实上的标准，并且仍在继续发展。UML1.3 版、1.4 版和 1.5 版先后诞生，最新的版本是 2.0 版。

2.1.2　UML 的组成

总体来说，UML 由以下几个部分构成。

1．视图

视图是表达系统的某一方面特征的 UML 建模元素的子集，视图并不是图，它是由一个或者多个图组成的对系统某个角度的抽象。在建立一个系统模型时，通过定义多个反映系统不同方面的视图，才能对系统做出完整、精确的描述。

2．图

视图由图组成，UML 通常提供 9 种基本的图，把这几种基本图结合起来就可以描述系统的所有视图。

3．模型元素

UML 中的模型元素包括事物和事物之间的联系。事物描述了一般的面向对象的概念，如类、对象、接口、消息和组件等。事物之间的关系能够把事物联系在一起，组成有意义的结构模型。常见的联系包括关联关系、依赖关系、泛化关系、实现关系和聚合关系。同一个模型元素可以在几个不同的 UML 图中使用，不过同一个模型元素在任何图中都保持相同的意义和符号。

4．通用机制

UML 提供的通用机制可以为模型元素提供额外的注释、信息或语义。这些通用机制同时提供扩展机制，扩展机制允许用户对 UML 进行扩展，以便适应一个特定的方法/过程、组织或用户。

2.1.3　UML 的视图

随着系统复杂性的增加，建模就成了必不可少的工作。理想情况下，系统由单一的图形来描述，该图形明确地定义了整个系统，并且易于人们相互交流和理解。然而，单一的图形不可能包含系统所需的所有信息，更不可能描述系统的整体结构功能。一般来说，系统通常是从多个不同的方面来描述的。

(1) 系统的使用实例。使用实例从系统外部参与者的角度描述系统的功能。

(2) 系统的逻辑结构。逻辑结构描述系统内部的静态结构和动态行为，即从内部描述如何设计实现系统功能。

(3) 系统的构成。系统的构成描述系统由哪些构件组成。

(4) 系统的并发特性。系统的并发特性描述系统的并发性，解决并发系统中存在的各种通信和同步问题。

(5) 系统的配置。系统的配置描述系统的软件和硬件设备之间的配置关系。

为了方便起见，用视图来划分系统的各个方面，每一种视图描述系统某一方面的特性。这样，一个完整的系统模型就由许多视图来共同描述。UML 中的视图大致分为以下五种。

1．用例视图

用例视图是系统中的一个功能单元，可以被描述为参与者与系统之间的一次交互作用。参与者可以是一个用户或者是另一个系统。客户对系统要求的功能被当作多个用例在用例视图中进行描述，一个用例就是对系统的一个用法的通用描述。用例模型的用途是列出系统中的用例和参与者，并显示哪个参与者参与了哪个用例的执行。

用例视图是其他视图的核心，它的内容直接驱动其他视图的开发。系统要提供的功能都是在用例视图中描述的，用例视图的修改会对所有其他的视图产生影响。此外，通过测试用例视图，还可以检验和最终校验系统。

2．逻辑视图

与用例视图相比，逻辑视图主要关注系统内部，它既描述系统的静态结构(类、对象以及它们之间的关系)，也描述系统内部的动态协作关系。系统的静态结构在类图和对象图中进行描述，而动态模型则在状态图、时序图、协作图以及活动图中进行描述。逻辑视图的使用者主要是设计人员和开发人员。

3．并发视图

并发视图主要考虑资源的有效利用、代码的并行执行以及系统环境中异步事件的处理。除了将系统分为并发执行的控制以外，并发视图还需要处理线程之间的通信和同步。并发视图的使用者是开发人员和系统集成人员。并发视图由状态图、协作图，以及活动图组成。

4．组件视图

组件是不同类型的代码模块，它是构造应用的软件单元。组件视图描述系统的实现模块以及它们之间的依赖关系。组件视图中也可以添加组件的其他附加的信息，例如资源分配或者其他管理信息。组件视图主要由组件图构成，它的使用者主要是开发人员。

5. 配置视图

配置视图显示系统的物理部署，它描述位于节点上的运行实例的部署情况。例如一个程序或对象在哪台计算机上执行，执行程序的各节点设备之间是如何连接的。配置视图主要由配置图表示，它的使用者是开发人员、系统集成人员或测试人员。配置视图还允许评估分配结果和资源分配。

2.1.4   UML 的模型元素

UML 中的模型元素包括事物和事物之间的联系。事物是 UML 中的重要组成部分，它代表任何可以定义的东西。事物之间的关系能够把事物联系在一起，组成有意义的结构模型。每一个模型元素都有一个与之相对应的图形元素。模型元素的图形表示使 UML 的模型图形化，而图形语言的简明和直观使其成为人们建立问题模型的有力工具。

1. 事物

事物是 UML 模型中面向对象的基本模块，它们在模型中属于静态部分。事物作为对模型中最具有代表性的成分的抽象，在 UML 中定义了四种基本的面向对象的事物，分别是结构事物、行为事物、分组事物和注释事物。

1) 结构事物(Structural Thing)

结构事物是 UML 模型中的名词部分，这些名词往往构成模型的静态部分，负责描述静态概念和客观元素。在 UML 规范中一共定义了七种结构事物，分别是类、接口、协作、用例、主动类、组件和节点。

(1) 类：UML 中的类完全对应于面向对象分析中的类，它具有自己的属性和操作，因此在描述的模型元素中也应当包含类的名称、类的属性和类的操作，它和面向对象的类一样拥有一组相同属性、相同操作、相同关系和相同语义的抽象描述。一个类可以实现一个或多个接口。

(2) 接口：接口由一组对操作的定义组成，但是它不包括对操作的详细描述。接口用于描述一个类或构件的一个服务的操作集，它描述了元素的外部可见的操作。一个接口可以描述一个类或构件的全部行为或部分行为。接口很少单独存在，它往往依赖于实现接口的类或构件。

(3) 协作：协作用于对一个交互过程的定义，它是由一组共同工作以提供协作行为的角色和其他元素构成的一个整体。通常来说，这些协作行为大于所有元素的行为的总和。一个类可以参与到多个协作中，在协作中表现了系统构成模式的实现。

(4) 用例：用例用于表示系统所提供的服务，它定义了系统是如何被参与者所使用的，它描述的是参与者为了使用系统所提供的某一完整功能而与系统之间发生的一段对话。用例是对一组动作序列的抽象描述。系统执行这些动作将产生一个对特定的参与者有价值而且可观察的结果。用例可结构化系统中的行为事物，从而可视化地概括系统需求。

(5) 主动类：主动类的对象(也称为主动对象)能够有自动的启动控制活动，因为主动对象本身至少拥有一个进程或线程，每个主动对象由它自己的事件驱动控制线程，控制线程与其他主动对象并行执行。被主动对象所调用的对象是被动对象，它们只在被调用时接受控制，而当它们返回时则将控制放弃。被动对象被动地等待其他对象向它发出请求，这些对象所描述的元素的行为与其他元素的行为并发。主动类的可视化表示类似于一般类的表示，特殊的地方在于其外框为粗线。

(6) 组件：组件是定义了良好接口的物理实现单元，它是系统中物理的、可替代的部件。它遵循且提供一组接口的实现，每个组件体现了系统设计中特定类的实现。良好定义的组件不直接依赖于其他组件而依赖于组件所支持的接口，在这种情况下，系统中的一个组件可以被支持正确接口的其他组件所替代。

(7) 节点：节点是系统在运行时切实存在的物理对象，表示某种可计算资源，这些资源往往具有一定的存储能力和处理能力。一个构件集可以驻留在一个节点内，也可以从一个节点迁移到另一个节点。一个节点可以代表一台物理机器，或代表一个虚拟机器节点。

2) 行为事物(Behavioral Thing)

行为事物是指 UML 模型的相关动态行为，是 UML 模型的动态部分，它可以用来描述跨越时间和空间的行为。行为事物在模型中通常使用动词来进行表示，例如"上课"、"还书"等。可以把行为事物划分为两类，分别是交互和状态机。

3) 分组事物(Grouping Thing)

分组事物是 UML 对模型中的各种组成部分进行事物分组的一种机制。可以把分组事物当成是一个"盒子"，那么不同的"盒子"就存放不同的模型，模型在其中被分解。目前只有一种分组事物，即包。UML 通过包这种分组事物来实现对整个模型的组织，包括对组成一个完整模型的所有图形建模元素的组织。

4) 注释事物(Annotational Thing)

注释事物是 UML 模型的解释部分，用于进一步说明 UML 模型中的其他任何组成部分。可以用注释事物来描述、说明和标注整个 UML 模型中的任何元素。最主要的注释事物是注释。

2. 关系

UML 模式是由各种事物以及这些事物之间的各种关系构成的。关系是指支配、协调各种模型元素存在并相互使用的规则。UML 中主要包含四种关系，分别是依赖、关联、泛化和实现。

1) 依赖关系

依赖关系指的是两个事物之间的一种语义关系，当其中一个事物(独立事物)发生变化就会影响另外一个事物(依赖事物)的语义。

2) 关联关系

关联关系是一种事物之间的结构关系，用来描述一组链，链是对象之间的连接。关联关系在系统开发中经常会被使用到，系统元素之间的关系如果不能明显地由其他三类关系来表示，则都可以被抽象成为关联关系。关联关系可以是聚集或组成，也可以是没有方向的普通关联关系。

3) 泛化关系

泛化关系是事物之间的一种特殊(一般)关系，特殊元素(子元素)的对象可替代一般元素(父元素)的对象，即继承。通过继承，子元素具有了父元素的全部结构和行为，并允许在此基础上拥有自身特定的结构和行为。在系统开发的过程中，泛化关系的使用并没有什么特殊的地方，只需注意能清楚明了地刻画出系统相关元素之间所存在的继承关系即可。

4) 实现关系

实现关系也是 UML 元素之间的一种语义关系，它描述了一组操作的规约和一组对操作的具体实现之间的语义关系。在系统的开发中通常在两个地方需要使用实现关系，一种是用在接口和实现接口的类或构件之间，另一种是用在用例和实现用例的协作之间。

2.1.5　UML 的公共机制

在 UML 中共有四种贯穿于整个统一建模语言并且一致应用的公共机制，它们是规格说明、修饰、通用划分和扩展机制。通常会把规格说明、修饰和通用划分看作是 UML 的通用机制。

1. UML 的通用机制

UML 提供了一些通用机制，使用这些通用的公共机制能够使 UML 在各种图中添加适当的描述信息，从而完善 UML 的语义表达。

1) 规格说明

UML 不只是一个图形语言，还规定了对于每一个 UML 图形的文字说明的语法和语义。例如，一个类图标必须有一套说明，提供关于属性、操作、行为等的描述。通常，使用 UML 的图形表示法使一个系统可视化，而使用 UML 的说明叙述系统的细节。

2) 修饰

大多数的 UML 元素有唯一的直接的图形表示法，表达该元素最重要的特征。除此之外，还可以对该元素加上各种修饰，说明其他方面的细节特征。

例如，对于一个对象类，最基本的图形表示法是一个矩形框，其中包含类的名字、属性和操作。此外还可以加上一些修饰，如可视性标记等。

3) 通用划分

对 UML 的模型元素规定了两种类型的划分：型(Type)—实例(Instance)、接口—实现。

型—实例是一个通用描述符与单个元素项之间的对应关系。通常描述符称为型元素，它是元素的类，含有名字和对其内容的一个描述；单个元素项是实例元素，它是元素的类的实例。实例元素使用与通用描述符同样的表示图形，并有自己的名字，名字带有下划线，后面可以有冒号和对应的通用描述符的名字，也可以匿名。实例元素含有其内容的值，一个型元素可以对应多个实例元素。例如，对象类与对象是一种型—实例划分。类是对象的抽象，是通用描述符，类有类名，有对于类的属性和服务的描述；对象是类的实例，含有相应属性的具体值和对服务操作的引用。

接口与接口的实现是另一种划分。接口说明了一个约定，该约定规定了一项服务，接口的实现则负责执行接口的全部语义，实现该项服务。大多数的 UML 元素都可以作为通用划分。

2. UML 的扩展机制

UML 提供了丰富的模型化的概念和表示法，足以为常见的软件系统建立模型。但有时用户可能想使用一些新的模型特征和表示法，或为模型添加一些非语义信息，为此 UML

提供了内置的语言扩展机制满足此类需要，用户无需重新定义 UML。

UML 的扩展机制有三种：构造型、标记值和约束。构造型用于对模型元素分类，在既有的基本模型上定义新的模型元素；标记值和约束直接对单个的模型元素附加一些性质和语义。UML 规定了许多标准的预定义的构造型、标记值和约束，同时也允许用户自行定义加以扩充。

1) 构造型

构造型是 UML 的一种模型元素，用于对模型元素分类或标记，引入新的模型元素。用构造型引入的新模型元素是原来的模型元素的子元素。构造型提供了在对象模型层次上的模型元素的分类方式。在既有的基本对象类上加上构造型就成为一个新的"虚"或"伪"元模型对象类的实例。

构造型用带双尖括号"<<"和">>"的字符串表示，放置在模型元素的名字之前。模型元素的性质可以跟在模型元素的名字之后。通常，一个模型元素只能有一个构造型，例如<<use>>、<<extends>>等，<<use>>和<<extends>>构造型的名字是由 UML 预定义的。

UML 允许用户自定义新的构造型，扩展 UML 的描述功能，满足特定的需要，并且对于一个模型元素还可以有多个构造型，在构造型的名称中分别列举出来并用逗号隔开。

2) 标记值

标记值用于规定模型元素的特性。它由一对字符串构成，这对字符串包含一个标记字符串和一个值字符串，用来存储有关模型元素或表达元素的相关信息。标记值可以被用来扩展 UML 构造块的特性，也可以根据需要来创建新元素，即标记值是用来对构造块的特性进行一定程度的详细说明。标记值可以与任何独立元素相关，包括模型元素和表达元素。标记值是当需要对一些特性进行记录的时候所给定的元素值。

标记值用字符串表示，字符串由标记名、等号和值构成，一般表示形式为"{标记名=标记值}"，各种标记值被规则地放置在大括弧内。

3) 约束

约束是模型元素中的语义联系，规定某个条件或命题必须保持为真，否则该模型表示的系统无效。在 UML 中，有些约束是预定义的，如"XoR"；有些是用户自定义的。用户可以使用 OCL 语言定义所需的约束，甚至用自然语言定义约束。分类符上都可以附加约束，如对象类、关联等都可以附加约束。约束可以表达 UML 标记无法表现的限制和关系。

约束使用大括号和大括号内的字符串表达式表示，即约束的表现形式为"{约束的内容}"。约束可以附加在表元素、依赖关系或注释上。

2.1.6　UML 建模的简单流程

UML 可用于任何面向对象系统开发建模，不仅可以使用 UML 进行软件建模，同样可以使用 UML 对其他非计算机领域系统进行建模。利用 UML 建模时需要按五个步骤进行，分别为需求分析、系统设计、实现、测试和配置。

1. 需求分析

需求分析包括建立问题领域的业务模型和用户需求分析模型。首先要获取需求，得到描述系统所需功能的用例、业务流程或清晰的正文，它从系统外部观察系统，而不涉及在技术上如何做这些事。在 UML 中，使用用例图，一些简单的类图，可能还有一些活动图来描述用户的功能需求。因此，在分析过程创建的 UML 图有：用例图、类图、对象图、顺序图、合作图、状态图和活动图。

2．系统设计

设计是分析结果在技术上的扩充和改编，它的注意力集中于在计算机中如何实现该系统。设计中使用了与分析时相同的模型图，根据需要还会有新的图被创建和建模，以展示技术解决方案。

设计阶段可以分为两个部分：结构设计和详细设计。

(1) 结构设计是高层设计，其任务是定义包(子系统)，包括包与包之间的依赖性和主要通信机制。应该得到尽可能简单和清晰的结构，各部分之间的依赖尽可能少，并尽可能减少双向的依赖关系。

(2) 详细设计主要是细化包的内容，使编程人员得到所有类的足够清晰的描述。详细活动应给出所有类的规格说明，包括必需的实现属性、它们的详细接口和操作描述(用伪代码或清晰的正文表示)。规格说明应该足够详细，它们与模型中的图一起提供了编程需要的所有信息。

在设计阶段创建的图有：类图、对象图、包图、顺序图、协作图、状态图、活动图、组件图和配置图。

3．实现

实现活动实际上就是编写代码，如果设计正确并足够详细，那么编码是非常简单的工作。这一步包括最终的设计决策，并把设计模型图和规格说明转换成程序代码(最后选择面向对象语言)，当然还包括反复的编译、连接、排错等过程。

4．测试

测试的目的是发现代码中的错误。测试包括一些测试案例，每个测试案例要指明做什么、使用哪些数据、期望得到什么结果，测试的结果要记录在测试报告中。如有错误，则要改正，错误可以是功能性的(如缺少某个功能或功能不正确)、非功能性的(如性能太差)或逻辑性的(如未考虑某个逻辑的细节)。

在测试阶段，依赖用例图来验证系统，集成测试还会用到配置图、顺序图和协作图。

5．配置

配置是在系统建模阶段后期和移交阶段进行的，主要工作是根据系统工作环境的硬件设备，将组成系统体系结构的软件分配到相应的计算机上。配置由组件图和配置图进行描述。

2.2　UML 静态建模

2.2.1　用例图

用例图主要用于为系统的功能需求建模。它主要描述系统功能，也就是从外部用户的角度观察系统应该完成哪些功能，从而有利于开发人员以一种可视化的方式理解系统的功能需求。可以说用例图是对系统功能的一个宏观描述，画好用例图是由软件需求到最终实现的第一步，也是最重要的一步。

1．用例图的定义

由参与者(Actor)、用例(Use Case)以及它们之间的关系构成的用于描述系统功能的动态视图称为用例图。其中用例和参与者之间的对应关系又叫做通信关联(Communication Association)，它表示了参与者使用了系统中哪些用例，显示了系统的用户和用户希望提供的功能，从而有利于用户和软件开发人员之间的沟通。

2．用例图的组成

一般情况下，用例图有四个基本组成部分：参与者、用例、系统边界和关联。只有了解了这四个要素的概念、掌握了它们的用法和相互的关系才能画好用例图。

1) 参与者

参与者是系统外的一个实体，参与者通过向系统输入或者系统要求参与者提供某种信息来进行交互。在确定系统的用例时，首要问题就是识别参与者。

(1) 参与者的概念。

参与者是指存在于系统外部并直接与系统进行交互的人、系统、子系统或类的外部实体的抽象。每个参与者可以参与一个或多个用例，每个用例也可以有一个或多个参与者。在用例图中使用一个人形图表来表示参与者，参与者的名字写在人形图标下面，如图 2-1 所示。

图 2-1　参与者

参与者虽然可以代表人或事物，但参与者不是指人和事物本身，而是表示人或事物当时所扮演的角色。例如小王是银行的工作人员，他参与银行管理系统的交互，这时他既可以作为管理员这个角色参与管理，也可以作为银行用户来取钱，在这里小王扮演了两个角色，是两个不同的参与者，因此不能将参与者的名字表示成参与者的某个实例。

一个用例的参与者可以划分为发起参与者和参加参与者。发起参与者发起了用例的执行过程，一个用例只有一个发起参与者，但可以有若干个参加参与者。

(2) 参与者间的关系。

由于参与者实质上也是类，所以它拥有与类相同的关系描述，即参与者与参与者之间主要是泛化关系(或称为继承关系)。参与者之间的泛化关系表示一个一般性的参与者(称作父参与者)与另一个更为特殊的参与者(称作子参与者)之间的联系。子参与者继承了父参与者的行为和含义，还可以增加自己特有的行为和含义，子参与者可以出现在父参与者能出现的任何位置上。在 UML 中，泛化关系用带三角形箭头的实线表示。如图 2-2 所示为参与者之间的泛化关系。

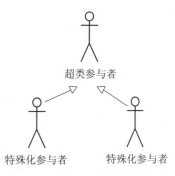

图 2-2　参与者之间的泛化关系

2) 系统边界

所谓系统边界是指系统与系统之间的界限。通常所说的系统可以认为是由一系列的相互作用的元素形成的具有特定功能的有机整体。系统同时又是相对的，一个系统本身可以是另一个更大系统的组成部分，因此系统与系统之间需要使用系统边界进行区分，把系统边界以外的同系统相关联的其他部分称之为系统环境。

系统边界

图 2-3　系统边界

用例图中系统边界用一个长方框表示，系统的名称被写在方框上面或方框内。方框内包含了该系统中用符号标识的用例。如图 2-3 所示为系统边界。

3) 用例

用例是一组连续的操作，在用户使用系统来完成某个过程时出现，它是外部可见的系统功能单元。

(1) 用例的概念。用例(Use Case)是参与者可以感受到的系统服务或功能单元。它定义了系统是如何被参与者使用的，描述了参与者为了使用系统所提供的某一完整功能而与系统之间发生的一段对话。

用例名

图 2-4　用例

通常情况下，用例用一个椭圆符号来表示，用例名写在椭圆下方，如图 2-4 所示。

(2) 用例之间的关系。用例除了与其参与者发生关联外，还可以参与系统中的多个关系，如表 2-1 所示。

表 2-1　用例之间的关系

关系	功　能	表示法
使用	一个用例使用另一个用例的功能和行为	<<use>> ·········▶
扩展	在基础用例上插入基础用例不能说明的扩展部分	<<extend>> ·········▶
泛化	用例之间的一般和特殊关系，其中特殊用例继承了一般用例的特性并增加了新的特性	————▷
包含	在基础用例之上插入附件行为，并且具有明确的描述	<<include>> ·········▶

① 泛化关系。用例的泛化指的是一个父用例可以被特化形成多个子用例，而父用例和子用例之间的关系就是泛化关系。在用例的泛化关系中，子用例继承了父用例所有的结构、行为和关系，子用例是父用例的一种特殊形式。此外，子用例还可以添加、覆盖、改变继承的行为。

② 包含关系。包含关系是指用例可以简单地包含其他用例具有的行为，并把它所包含的用例行为作为自身行为的一部分。在 UML 中，包含关系是通过带箭头的虚线段加<<include>>字样来表示的，箭头由基用例指向被包含用例。包含关系代表着基础用例会用到被包含用例，具体的讲就是将包含用例的事件流插入到基础用例的事件流中。

③ 扩展关系。在一定条件下，把新的行为加入到已有的用例中，获得的新用例称为扩展用例，原有的用例称为基用例，从扩展用例到基用例的关系就是扩展关系。一个基用例可以拥有一个或者多个扩展用例，这些扩展用例可以一起使用。需要注意的是，在扩展关系中是基用例而不是扩展用例被当作例子使用。在 UML 中，扩展关系是通过带箭头的虚

线段加<<extend>>字样来表示的，箭头指向被扩展用例(基用例)。

　　基用例提供了一组扩展点，在这些新的扩展点中可添加新的行为，而扩展用例提供了一组插入片段，这些片段能够被插入到基用例的扩展点上。基用例不必知道扩展用例的任何细节，它仅为其提供扩展点。事实上，基用例即使没有扩展用例也是完整的，这点与包含关系有所不同。

　　④ 使用关系。使用关系指一个用例使用另一个用例的功能和行为。在 UML 中，使用关系是通过带箭头的虚线段加<<use>>字样来表示的，箭头指向被使用的用例，如图2-5 所示。

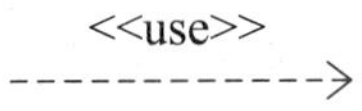

图 2-5　使用关系

　　4) 关联

　　用例与参与者之间的连线称为关联。它表示参与者与用例之间的通信，这种通信是双向的，即参与者可以与用例通信，用例也可以与参与者通信。图 2-6 表示了一个用例图中的关联。

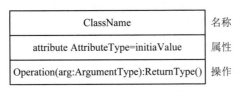

图 2-6　用例图中的关联

2.2.2　类图

　　类图是用类和它们之间的关系描述系统的一种图示，它是从静态角度表示系统的，因此类图属于一种静态模型。类图是构建其他图的基础，没有类图，也就没有状态图、协作图等其他图，也就无法表示系统的其他各个方面。

　　类图中允许出现的模型元素只有类、接口和它们之间的关系。类图的目的在于描述系统的构成方式，而不是系统如何协作允许的。

1. 类

　　在 UML 中，类被表述成为具有相同结构、行为和关系的一组对象的描述符号。所有的属性与操作都被附在类中。UML 的图形表示中，类用长方形表示，长方形分成上、中、下三个区域，每个区域用不同的名字标识，用以代表类的各个特征，上面的区域内用黑体字标识类的名字，中间的区域内标识类的属性，下面的区域内标识类的操作方法(即行为)，这三个部分作为一个整体描述某个类，如图 2-7 所示。

ClassName	名称
attribute AttributeType=initiaValue	属性
Operation(arg:ArgumentType):ReturnType()	操作

图 2-7　类

　　1) 类的名称

　　类的名称是每个类的图形中所必须拥有的元素，用于同其他类进行区分。类的名称通常来自于系统的问题域，并且尽可能地明确表达要表达的事物，不会造成类的语义冲突。类的名称应该是一个名词，且不应该有前缀或后缀。按照 UML 的约定，类的名称的首字母应当大写，如果类的名称由两个单词组成，那么将这两个单词合并，第二个单词的首字母也大写。类的名称的书写字体也有规范，正体字说明类是可被实例化的，斜体字说明类为抽象类。

2) 类的属性

属性是类的一个特性，也是类的一个组成部分，描述了在软件系统中所代表的对象具备的静态部分的公共特征抽象，这些特性是这些对象所共有的。当然有时候，也可以利用属性的值的变化来描述对象状态。

在 UML 中，类的属性的表示语法如下("[]"内的内容是可选的)：

   [可见性] 属性名称 [：属性类型] [= 初始值][{属性字符串}]

属性的可见性描述了该属性是否对于其他类能够可见，从而是否可以被其他类进行引用。类中属性的可见性包含三种，分别是公有类型、受保护类型和私有类型。

属性名称是类的一部分，每个属性都必须有一个名字以区别类中的其他属性。通常情况下，属性名由描述其所属类的特性的名词或名词短语构成。

属性字符串是用来指定关于属性的一些附加信息，如某个属性应该在某个区域内是有限制的。任何需要添加在属性定义字符串中但又没有合适地方可以加入的规则，都可以放在属性字符串中。

3) 类的操作

操作是指类所能执行的动作，也是类的一个重要组成部分，描述了在软件系统中所代表的对象具备的动态部分的公共特征抽象。属性是描述类的对象特征的值，而操作用于操纵属性的值进行改变或执行其他动作。

在 UML 中类的操作的语法如下("[]"内的内容是可选的)：

   [可见性] 操作名称 [(参数表)] [：返回类型][{属性字符串}]

2．接口

接口是在没有给出对象的实现和状态的情况下对对象行为的描述。通常在接口中包含一系列操作，但是不包含属性，并且它没有对外界可见的关联。可以通过一个或多个类(构件)实现一个接口，并且在每个类中都可以实现接口中的操作。

在 UML 中，接口使用一个带有名称的小圆圈来进行表示，并且可以通过一条直线与实现它的类相连接，如图 2-8 所示。

图 2-8   接口

当接口被其他类依赖的时候，即一个接口是在某个特定类中实现后，一个类通过一个依赖关系与该接口相连接。这时依赖类仅仅依赖于指定接口中的那些操作，而不依赖于接口实现类中的其他部分。

3．类之间的关系

类与类之间的关系通常有四类，即依赖关系、泛化关系、关联关系和实现关系。

1) 依赖关系

依赖表示的是两个或多个模型元素之间语义上的连接关系。当两个元素处于依赖关系时，其中一个元素的改变可能会影响或提供消息给另一个元素，即一个元素以某种形式依赖于另一元素。在 UML 模型中，依赖关系用一个一端带有箭头的虚线表示，在实际建模时，可以使用一个构造型的关键字来区分依赖关系的种类，如图 2-9 所示为带有构造型的依赖关系。

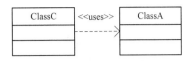

图 2-9　带有构造型的依赖关系

在 UML 中定义了四种基本的依赖类型，分别是使用(Usage)依赖、抽象(Abstraction)依赖、绑定(Binding)依赖和授权依赖(Permission)。

2) 泛化关系

泛化关系用来描述类的一般和具体之间的关系。具体描述建立在对类的一般描述的基础之上，并对其进行了扩展，因此在具体描述中不仅包含一般描述中所拥有的所有特性、成员和关系，而且还包含了具体描述的补充信息。

在泛化关系中，一般描述的类被称作父类，具体描述的类被称作子类。泛化关系描述的是 "is a kind of" 的关系，它使父类能够与更加具体的子类连接在一起，有利于对类的简化描述，可以不用添加多余的属性和操作信息，通过相关的继承机制从其父类继承相关的属性和操作。

泛化关系用从子类指向父类的一个带有实线的箭头来表示,指向父类的箭头是一个空三角形,如图 2-10 所示。

图 2-10　泛化关系

3) 关联关系

关联关系是一种结构关系，指出了一个事物的对象与另外一个事物的对象之间的语义上的连接。关联描述了系统中对象或实例之间的离散连接，它将一个含有两个或多个有序表的类在允许复制的情况下连接起来。一个类关联的任何一个连接点都称为关联端，与类有关的许多信息都附在它的端点上。关联端有名称、角色、可见性以及多重性等特性。

关联的一个实例被称为链。链是所涉及对象的一个有序表，每个对象都必须是关联中对应类的实例或此类后代的实例。系统中的链组成了系统的部分状态。链并不独立于对象而存在，它们从与之相关的对象中得到自己的身份(在数据库术语中，对象列表是链的键)。最普通的关联是一对类之间的二元关联。二元关联使用一条连接两个类的连线表示，如图 2-11 所示，连线上有相互关联的角色名，而多重性则加载在各个端点上，位于类符号衔接点附近，用以下几种数字或者符号表示其数量约束:

图 2-11　关联关系

(1) 一个确定的整数，例如 1、2 等，表明参加关联的对象数量是确定的，恰好有这个整数所指出的那么多。

(2) 以两个由符号 ".." 隔开的整数作为下界和上界，在整数域中给出一个范围，例如 0..1、1..4 等，表明参加关联的对象数量在这两个整数所界定的范围内。

(3) 符号 "*" 表明参加关联的对象有多个，数量不确定。

(4) 由符号 ".." 隔开的一个整数和一个符号 "*"，在整数域中给出一个下界确定而上界不确定的范围，例如 0..*、1..* 等，表明参加关联的对象数量不确定，但是不小于其下界。0..* 的含义与 * 相同。

根据关联的两端数量约束，关联的多重性可以分为 "一对一"、"一对多" 和 "多对多" 三种情况。

一对一的关联是指，关联两端的数量约束都是 1。这种情况表明，每一端的一个对象实例都只和另一端的一个对象实例相关联。

一对多的关联是指，关联两端的数量约束有一个是 1，另一个是 *。数量约束是 1 的类的一个对象实例可以和数量约束是 * 的类的多个对象实例相关联，数量约束是 * 的类的一个对象仅和数量约束是 1 的类的一个对象实例相关联。

多对多的关联是指，关联两端的数量约束都是 *。这种情况表明，关联任何一端的一个对象实例都可以和另一端多个对象实例相关联。

聚集关系描述的是部分与整体关系的关联，简单地说，它将一组元素通过关联组成一个更大、更复杂的单元，这种关联关系就是聚集。聚集关系描述了 "has a" 的关系。在 UML 中，它用端点带有空菱形的线段来进行表示，空菱形与聚集类相连接，其中头部指向整体。图 2-12 表示了两个类之间的聚集关系。

组成关系则是一种更强形式的关联，在整体中拥有关联部分特有的职责，有时也被称为强聚合关系。在组合中成员对象的生命周期取决于聚合的生命周期，聚合不仅控制着成员对象的行为，而且控制着成员对象的创建和结束。在 UML 中，组合关系使用带实心菱形头的实线来表示，其中头部指向整体。图 2-13 表示了组合关系。

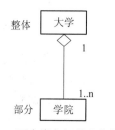

图 2-12   两个类之间的聚集关系

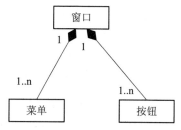

图 2-13   组合关系

4) 实现关系

实现关系将一种模型元素与另一种模型元素连接起来，通常用在接口及其实现该接口的类之间，以及用例和实现该用例的协作之间。

泛化关系与实现关系是有异同点的，它们都可以将一般描述和具体描述联系起来，但是泛化关系是将同一语义层上的元素连接起来，并且通常建立在同一模型内；而实现关系则将不同语义层的元素连接起来，并且通常建立在不同的模型内。在不同的发展阶段可能有不同数目的类等级存在，这些类等级的元素通过实现关系联系在一起。

在 UML 中，实现关系被表示为末端带有空心三角形的虚线，带有空心三角形的那一端指向被实现元素，如图 2-14 所示。

图 2-14   实现关系

2.2.3   对象图

对象是类的实例，对象图也可以看作是类图的实例。对象是作为面向对象系统运行时的核心的，因此设计的系统在实现使用时，组成系统的各个类将分别创建对象。使用对象图可以根据需要建立特定的示例或者测试用例，然后通过示例研究如何完善类图；或者使用测试用例对类图中的规则进行测试，以求发现类图中的错误或者漏掉的需求，进而修正类图。

对象图(Object Diagram)是由对象(Object)和链(Link)组成的。对象图的目的在于描述系统中参与交互的各个对象在某一时刻是如何运行的。

1. 对象

对象是类的实例，创建一个对象通常可以从以下两种情况来考虑：第一种情况是将对象作为一个实体，它在某个时刻具有明确的值；另一种情况是将对象作为一个身份持有者，不同时刻有不同的值。一个对象在系统的某一个时刻应当有其自身的状态，通常这个状态使用属性的赋值来描述，对象通过链和其他对象相联系。

在 UML 中对象的表示方式与类的表示方式几乎是一样的，其中的一个区别是，在对象名的下面要有下划线。对象名有三种表示格式，如图 2-15 所示。

图 2-15 对象名的三种表示格式

2. 链

链是两个或多个对象之间的独立连接，它是对象引用元组(有序表)，是关联的实例。对象必须是关联中相应位置处类的直接或间接实例。一个关联不能有来自同一关联的迭代连接，即两个相同的对象引用元组。

链可以用于导航，连接一端的对象可以得到另一端的对象，即可以发送信息(通过联系发送信息)。如果连接对目标方向有导航性，这一过程就是有效的；如果连接是不可导航的，则访问可能有效或无效，但消息发送通常是无效的。

在 UML 中链的表示形式为一个或多个相连的线或弧。

2.2.4 包图

在开发软件系统时，如何将系统的模型组织起来，即如何将一个大系统有效分解成若干个较小的子系统并准确地描述它们之间的依赖关系，是一个必须解决的重要问题。在UML 的建模机制中，模型的组织是通过包(Package)来实现的。包可以把所建立的各种模型组织起来，形成各种功能或用途的模块，并可以控制包中元素的可见性以及描述包之间的依赖关系。通过这种方式系统模型的实现者能够在高层(按照模块的方式)把握系统的结构。

包图是一种维护和描述系统总体结构的模型的重要建模工具，通过对图中各个包以及包之间的描述，展现出系统的模块与模块之间的依赖关系，如图 2-16 所示。

图 2-16 包图

包是包图中最重要的概念，它包含了一组模型元素和图。对于系统中的每个模型元素，如果它不是其他模型元素的一部分，那么它必须在系统中唯一的命名空间内进行声明。包含一个元素声明的命名空间被称为拥有这个元素。包是一个可以拥有任何种类的模型元素的通用的命名空间。如果将整个系统描述为一个高层的包，那么它就直接或间接地包含了所有的模型元素。在系统模型中，每个图必须被一个唯一确定的包拥有，同样这个包可能被另一个包所包含。包是进行配置控制、存储和访问控制的基础。所有的 UML 模型元素都能用包来进行组织。每一个模型元素或者为一个包所有，或者自己作为一个独立的包。模型元素的所有关系组成了一个具有等级关系的树状图。然而，模型元素(包括包)可以引用其他包中的元素，所以包的使用关系组成了一个网状结构。

在 UML 中，包图的标准形式是使用两个矩形进行表示的，一个小矩形(标签)和一个大矩形，小矩形紧连在大矩形的左上角上，包的名称位于大矩形的中间，如图 2-17 所示。

包涉及的主要内容包括包的名称、包中拥有的元素、这些元素的可见性、包的构造型以及包与包之间的关系。

图 2-17   包

同其他模型元素的名称一样，每个包都必须有一个与其他包相区别的名称。包的名称是一个字符串，它有两种形式：简单名和路径名。其中，简单名仅包含一个名称字符串；路径名是以包处于的外围包的名字作为前缀并加上名称字符串的。

在包下可以创建各种模型元素，如类、接口、组件、节点、用例、图以及其他包等。在包图下允许创建的各种模型元素是根据各种视图下所允许创建的内容决定的，如在用例视图下的包中只能允许创建包、角色、用例、类、用例图、类图、活动图、状态图、序列图和协作图等。

包对自身所包含的内部元素的可见性也有定义，使用关键字 private。

2.2.5 组件图和配置图

1. 组件图

组件图描述代码组件的物理结构及各组件之间的依赖关系，包括逻辑类或实现类的有关信息。有助于分析和理解组件之间的相互影响程度。

组件图中通常包含三种元素：组件(Component)、接口(Interface)和依赖关系(Dependency)。每个组件实现一些接口，并使用另一些接口。如果组件间的依赖关系与接口有关，那么可以被具有同样接口的其他组件所替代。

1) 组件

组件是定义了良好接口的物理实现单元，是系统中可替换的物理部件。一个组件可能是源代码组件、二进制组件或可执行组件。组件包含它所实现的一个或多个逻辑类的相关信息，创建了一个从逻辑视图到组件视图的映射。在 UML 中，组件用一个左侧带有两个突出小矩形的矩形来表示，如图 2-18 所示。

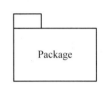

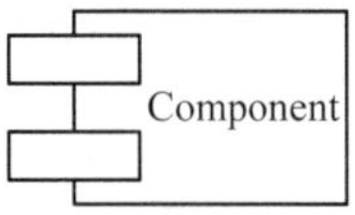

每个组件都必须有一个不用于其他组件的名称。组件的名称是一个字符串，位于组件图的内部。在实践应用中，组件名称通常是从现实的词汇表中抽取出来的短名词或名词短语。组件的名称有两

图 2-18   组件

种：简单名(Simple Name)和路径名(Path Name)。其中，简单名只有一个简单的名称；而路径名是在简单名的前面加上组件所在包的名称。

一般来说，在对软件系统建模的过程中，存在三种类型的组件：配置组件(Deployment Component)、工作产品组件(Work Product Component)和执行组件(Execution Component)。

(1) 配置组件：配置组件是运行系统需要配置的组件，是形成可执行文件的基础。操作系统、Java 虚拟机(JVM)和数据库管理系统(DBMS)都属于配置组件。

(2) 工作产品组件：工作产品组件包括模型、源代码和用于创建配置组件的数据文件，它们是配置组件的来源。工作产品组件包括 UML 图、Java 类和 JAR 文件、动态链接库(DLL)和数据库表等。

(3) 执行组件：执行组件是在运行时创建的组件，是最终可运行的系统产生的允许结果。HTML 和 XML 文档、CORBA 组件都是可执行组件的例子。

2) 接口

在组件图中，组件可以通过其他组件的接口来使用其他组件中定义的操作。通过使用命名的接口，可以避免在系统中各个组件之间直接发生依赖关系，有利于组件的替换。

接口和组件之间的关系分为两种：实现关系(Realization)和依赖关系(Dependency)。接口和组件之间用实线连接表示实现关系；接口和组件之间用虚线箭头连接表示依赖关系。

组件的接口分为两种：导入接口(Import Interface)和导出接口(Export Interface)。其中，导入接口供访问操作的组件使用，导出接口由提供操作的组件提供。

3) 依赖关系

依赖关系不仅存在于组件和接口之间，而且存在于组件和组件之间。在组件图中，依赖关系代表了不同组件间存在的关系类型。组件间的依赖关系也用一个一端带有箭头的虚线表示，箭头从依赖的对象指向被依赖的对象。

2. 配置图

组件图用来建模软件组件，而配置图用来对部署系统时所涉及的硬件进行建模。

配置图(Deployment Diagram)描述了运行软件的系统中硬件和软件的物理结构，即系统执行处理过程中系统资源元素的配置情况以及软件到这些资源元素的映射。配置图中通常包含两种元素：节点(Node)和关联关系(Association)。

配置图可以显示实际的计算机和设备(节点)以及它们之间的必要连接，也可以显示连接的类型。此外，配置图还可以显示配置和配置之间的依赖关系，但是每个配置必须存在于某些节点上。

1) 节点

节点(Node)是在运行时代表计算资源的物理元素。它通常拥有一些内存，并具有处理能力。节点的确定可以通过查看对实现系统有用的硬件资源来完成，这需要从能力(如计算能力、内存大小等)和物理位置(要求在所有需要使用该系统的地理位置都可以访问该系统)两方面来考虑。

在 UML 中，节点用一个立方体来表示。每一个节点都必须有一个区别于其他节点的名称。节点的名称是一个字符串，位于节点图标的内部。在实践应用中，节点名称通常是从现实的词汇表中抽取出来的短名词或名词短语。

在实际的建模过程中，可以把节点分为两种：处理器(Processor)和设备(Device)。

处理器是能够执行软件、具有计算能力的节点，服务器、工作站和其他具有处理能力的机器都是处理器。

设备是没有计算能力的节点，通常情况下都是通过其接口为外部提供某种服务，比如打印机和扫描仪等都属于设备。

2) 关联关系

配置图用关联关系表示各节点之间的通信路径。在 UML 中，配置图中的关联关系的表示方法与类图中关联关系相同，都是一条实线。在连接硬件时，通常关心节点之间是如何连接的(如以太网、并行、TCP 或 USB 等)，因此关联关系一般不使用名称，而是使用构造型，如<<Ethernet>>、<<parallel>>或<<TCP>>等。

2.3　UML 动态建模

2.3.1　顺序图

在描述对象之间的交互时，常常会用到顺序图和协作图，它们用来描述对象以及对象之间的消息。顺序图是以时间为序的表示方法，主要用来描述对象之间的时间顺序。顺序图包含四个元素，分别是对象(Object)、生命线(Lifeline)、消息(Message)和激活(Activation)。

在 UML 中，顺序图将交互关系表示为二维图。其中，纵轴是时间轴，时间沿竖线向下延伸；横线代表了在协作中各个独立的对象。当对象存在时，生命线用一条虚线表示，当对象的过程处于激活状态时，生命线是一个双道线。消息用从一个对象的生命线到另一个对象生命线的箭头表示，箭头以时间顺序在图中从上到下排列。

1. 对象

顺序图中对象的符号和对象图中对象所用的符号一样，都是使用矩形将对象名称包含起来的，并且对象名称下有下划线，如图 2-19 所示。

对象的创建有几种情况。对象的默认位置在图的顶部，如果对象在这个位置上，那么说明在发送消息时，该对象就已经存在；如果对象是在执行的过程中创建的，那么它应该处在图的中间部分。创建这种对象标记符如图 2-20 所示。对象被创建后就会有生命线，这与顺序图中的任何其他对象一样。创建一个对象后，就可以像顺序图中的其他对象那样发送和接收消息。在处理新创建的对象，或顺序图中的其他对象时，都可以发送"destroys"消息来删除对象，要想说明某个对象被销毁，需要在被销毁对象的生命线上放一个"×"字符。

图 2-19　对象　　　　　　　　　　　　图 2-20　创建对象示例

2．生命线

生命线(Lifeline)是一条垂直的虚线，表示顺序图中的对象在一段时间内的存在。每个对象的底部中心的位置都带有生命线。生命线是一个时间线，从顺序图的顶部一直延伸到底部，所有的时间取决于交互持续的时间。对象与生命线结合在一起称为对象的生命线，对象的生命线包含矩形的对象图标以及图标下面的生命线，如图 2-21 所示。

图 2-21　对象的生命线

3．消息

消息(Message)定义的是对象之间某种形式的通信，它可以激发某个操作、唤起信号或导致目标对象的创建或撤销。消息序列可以用两种图来表示：顺序图和协作图。其中，顺序图强调消息的时间顺序，而协作图强调交换消息的对象间的关系。

消息是两个对象之间的单路通信，即从发送方到接收方的控制信息流。消息可以用于在对象间传递参数。消息可以是信号，即明确的、命名的、对象间的异步通信；也可以是调用，即具有返回控制机制的操作的同步调用。

在 UML 中，有四种类型的消息：同步消息、异步消息、简单消息和返回消息。这四种消息分别用四种箭头符号表示，如图 2-22 所示。

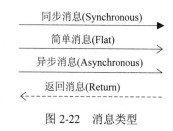

图 2-22　消息类型

4．激活

当一条消息被传递给对象的时候，它会触发该对象的某个行为，这时就说该对象被激活了。在生命线上，激活用一个细长的矩形框表示，如图 2-23 所示。

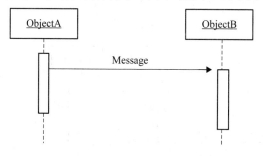

图 2-23　激活示例

通常情况下，表示控制期矩形的顶点是消息和生命线相交的地方，而矩形是底部表示的行为已经结束，或控制权交回消息发送的对象。

顺序图中一个对象的控制期矩形不必总是扩展到对象生命线的末端，也不必连接不断。

5．建立顺序图

一个顺序图用于描述对象或参与者实例之间的一个交互场景。建立顺序图一般要遵循

如下策略:

(1) 按照当前交互的意图(如系统的一次执行,或者一组对象之间的协作),详细地审阅有关材料(如有关的用例),设置交互的语境,其中包括可能需要的那些对象。

(2) 通过识别对象在交互中扮演的角色,在顺序图的上部列出所选定的一组对象(应该给出其类名),并为每个对象设置生命线。通常把发起交互的对象放在左边。

(3) 对于那些在交互期间要被创建和撤销的对象,在适当的时刻,用消息箭头显式地予以指明。

(4) 决定消息将怎样或以什么样的序列在对象之间传递。通过首先发出消息的对象,看它需要哪些对象为它提供操作,它向哪些对象提供操作;追踪相关的对象,进一步做这种模拟,直到分析完与当前语境有关的全部对象。如果一个对象的操作在某个执行点上应该向另一个对象发送消息,则从这一点向后者画一条带箭头的直线,并在其上注明消息名。用适当的箭头线区别各种消息。

(5) 在各对象下方的生命线上,按使用该对象操作的先后次序排列各个代表操作执行的棒形条。若处于某种目的要简化顺序图,可不画棒形条,或者针对一个对象只用一个棒形条代表其上的所有操作的执行。

(6) 两个对象的操作执行如果属于同一个控制线程,则消息接收者操作的执行应在消息发送者发出消息之后开始,并在消息发送者介绍之前结束。不同控制线程之间的消息有可能在消息接收者的某个操作的执行过程中到达。

图 2-24 展示了一个描述打电话的顺序图。

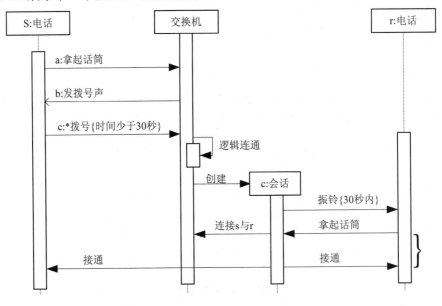

图 2-24   描述打电话的顺序图

2.3.2   协作图

协作图是基于结构的一种表示方法,主要用来描述对象间的交互关系。协作图的一个用途是表示类操作的实现。协作图可以说明类操作中用到的参数、局部变量以及操作中的永久链。协作图包含三个元素：对象、链和消息。

(1) 对象。协作图与顺序图中对象的概念是一样的，只不过在协作图中，无法表示对象的创建和撤销，所以对象在图中的位置没有限制。

(2) 链。协作图中链的符号和对象图中链所用的符号是一样的，即一条连接两个类角色的实线。为了说明一个对象如何与另一个对象连接，可以在链的末路上附上一个路径构造型。

(3) 消息。协作图中的消息类型与顺序图中的相同，只不过为了说明交互过程中消息的时间顺序，需要给消息添加顺序号。顺序号是消息的一个数字前缀，是一个整数，由 1 开始递增，每个消息都必须有唯一的顺序号。可以通过点表示法代表控制的嵌套关系，也就是说在消息 1 中，消息 1.1 是嵌套在消息 1 中的第一个消息，它在消息 1.2 之前，消息 1.2 是嵌套在消息 1 中的第 2 个消息，以此类推。嵌套可以具有任意深度。

协作图对复杂的迭代和分支的可视化以及对多并发控制流的可视化要比顺序图好。利用协作图建模，一般要遵循如下策略：

(1) 设置交互的语境，这些语境可以是系统、子系统、操作、类、用例或协作的脚本。

(2) 通过识别对象在交互中扮演的角色，设置交互的场景。将对象作为图的顶点放在协作图中，其中较重要的对象放在图的中央，与它邻近的对象放在外围。

(3) 对每个对象设置初始特性。如果某个对象的属性值、标记值、状态或角色在交互期间发生重要变化，则在图中放置一个复制的对象，并用这些新的值更新它，然后通过构造型<<become>>或<<copy>>的消息将两者连接。

(4) 描述对象之间可能有消息沿着它传递的链。首先安排关联的链，这些链是最主要的，因为它们代表结构的连接；然后再安排其他的链，用适当的路径构造型(如<《》>)来修饰它们，显式地说明这些对象是如何相互联系的。

(5) 从引起交互的消息开始，适当地设置其顺序号，然后将随后的每个消息附到适当的链上。可以用带小数点的编号来表示嵌套。

(6) 如果需要说明时间或空间约束，可以用时间标记修饰这个消息，并附上合适的时间和空间约束。

(7) 如果需要更形式化地说明整个控制流，可以为每个消息附上前置和后置条件。

图 2-25 是一个汽车租赁系统的协作图。

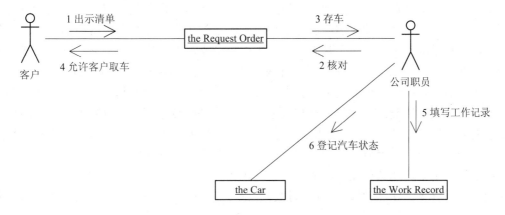

图 2-25　汽车租赁系统协作图

2.3.3　活动图

活动图的作用是对系统的行为建模，是把系统的一项行为表示成一个可以由计算机、人或者其他执行者执行的活动，通过给出活动中的各个动作以及动作之间的转移关系来描述系统的行为。运用活动图可以描述各种不同的行为，例如：既可以描述一个顺序执行的过程，也可以描述其内部含有并发行为的过程；既可以描述由一个对象所执行的操作，也可以描述由多个对象协同完成的一项功能；既可以描述单纯由计算机完成的一项任务，也可以描述由应用领域中的人员参与的业务流程。

和一般形式的图一样，活动图也是由结点(Node)和边(Edge)两种基本元素构成的。其中作为结点的元素统称为活动结点(Activity Node)，包括动作、判断、合并、分岔、汇合、起点及结束等。作为边的元素为活动边(Activity Edge)，包括控制流和对象流。活动边都是有方向的，通过它们从一个结点流出(Outgoing)并向其他结点流入(Incoming)而表示图中各个结点在执行时的先后次序。下面将简单地介绍活动图的基本概念及活动图的建立。

1．动作与活动

动作是构成活动的基本单位，它具有原子性，是一个不可分的行为单位。活动是由一系列动作构成的，是对一项系统行为的描述。活动并不是构成活动图的模型元素，而是一个整体概念，它对应着整个活动图，代表着一项完整的系统行为，表现了完成这项行为的执行过程。

动作的图形表示法如图 2-26 所示，用一个圆角的矩形表示一个动作，其内部填写动作的名称。如果一个动作需要重复执行多次，则在其图形符号中增加一个*号。

图 2-26　动作的图形表示法

2．判断与合并

判断是活动图中的一种控制点，它表示：当活动执行到这一点时将判断是否满足某个(或者某些)条件，以决定从不同的分支选择下一步将要执行的动作。这种结点的图形符号是一个菱形，通常带有 1 个从其他结点流入的边和 2 到多个向其他结点流出的边。每个流出边是一个分支，在其附件注明经由这条边所需满足的条件，即写在一对中括号内的一个断言。比较常见的情况是由一个判断条件产生两个分支，在其中一个分支上给出条件，在另一个分支上可以写[else]，分别表示条件成立和不成立时的选择，如图 2-27 所示。

通过判断可以产生多个分支，也会遇到要把多个分支合并到一起的情况。活动图中用合并结点表示这种情况。合并是一种与判断相对的控制结点，其图形符号也是一个菱形，只是它的流入边是 2 到多个，而流出边只有一个。如图 2-28 所示，这种结点的流入边和流出边都不带任何条件，因为下一步执行什么动作是确定的，不需要做判断。

在实际应用中可能遇到如下的情况：在一个合并结点之后，立刻要判断一些新的条件以转向不同的分支。在这种情况下可以把合并结点和紧随其后的判断结点结合在一起，通过一个结点来表示，如图 2-29 所示。

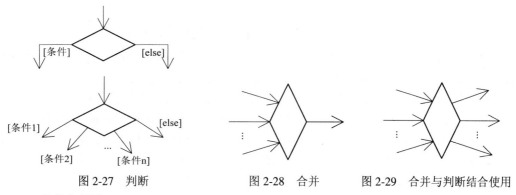

图 2-27　判断　　　　　图 2-28　合并　　　图 2-29　合并与判断结合使用

3. 分岔与汇合

利用判断结点虽然能产生多个分支，但是却不能表示活动中的并发行为。活动图中的并发行为是通过分岔来表示的。这也是一种控制结点，其图形表示符号是一条粗短的线，带有 1 个从其他结点流入的边和 2 到多个向其他结点流出的边，如图 2-30 所示。它的含义是：当这个结点前面的动作结束之后，一旦流入这个结点，就意味着它的每个流出边所指的动作都可以执行了。后面这些动作的执行不要求特定的次序，既可以同时开始，也可以按任意的次序逐个执行。

与分岔相对的概念是汇合。在一定意义上，它是一种与分岔作用相反的控制结点。汇合的图形表示符号与分岔很相似，只是其流入边至少有 2 个，而流出边仅有 1 个，如图 2-31 所示。它的含义是：在汇合之前有多个控制流在并发地执行，但是在汇合点上需要取得同步。这意味着，每个相关的控制流必须都到达这个汇合点时才能执行汇合点之后的动作。多个流入边进入汇合点，然后仅有一个流出边从它流出，表示汇合点之前的多个控制流，在经过汇合点之后被收拢在一起而成为一个控制流。

图 2-30　分岔　　　　　　　图 2-31　汇合

4. 起点、活动结束和流结束

起点表示由一个活动图所描述的整个活动的开始，其图形符号是一个实心的圆点；活动结束表示活动图所描述的整个活动到此终结，其图形符号是一个用圆圈套起来的实心的圆点。另外还有一种结点，称为流结束，它表示活动图中一个控制流的终结，但并不是整个活动终结。

起点只有流出边没有流入边，而活动结束和流结束只有流入边没有流出边。这组概念的图形符号如图 2-32 所示。

起点　　　　活动结束　　　流结束

图 2-32　起点、活动结束与流结束图形符号

5．活动边

在活动图中，连接两个活动结点的有向边称为活动边，它表示从活动图的一个结点向另一个结点的转移。它可以连接两个动作结点，表示前一个动作结束之后转到下一个动作。它也可以连接其他任何结点，而且源结点和目标结点可以属于不同种类。

在活动边概念下，UML还定义了两个较为特殊的概念，即控制流和对象流。前者仅表示两个结点之间的转移，后者表示在转移中还伴随着对象或者数据的传输。控制流的表示法是一个实线开放箭头，连接源结点和目标结点，表示从前者转向后者。对象流的表示法是：从源结点用一个实线箭头指向一个对象(矩形，中间填写对象名)，再从对象用一个实线箭头指向目标结点，如图 2-33 所示。

图 2-33　活动边

6．泳道

泳道不是活动图中的基本构成元素，而是一种辅助性的机制，其作用是把活动图中的各个动作划分到与它们的执行者相关的若干区域中，从而清晰地表现出不同的执行者分别执行了哪些动作。

7．建立活动图

前面已经提到，活动图既可以对业务过程建模，也可以对操作的算法建模。

业务过程描述了工作的流程以及贯穿于其中的业务对象。使用活动图，可以对业务过程中的各种自动系统和人员系统的协作建立业务处理模型。

对业务过程建模的策略如下：

(1) 设置业务过程的语境，即要考虑在特定的语境中要对哪些业务的履行者和业务实体建模。

(2) 考虑为每个重要的业务的履行者建立一个泳道。

(3) 建立初始状态和终止状态，并识别该业务过程的前置条件和后置条件。

(4) 从初始状态开始，说明随着时间发生的动作，并在活动图中表示它们。

(5) 如果涉及重要的对象，则把它们也加入到活动图中。如果有必要，可展示对象的属性值和状态。

(6) 连接这些动作的控制流和对象流。

(7) 如果需要，使用分支和合并来描述条件路径和迭代，使用分岔和汇合来描述并行的动作流。

(8) 若一个动作较为复杂，用它调用一个活动，在该活动中描述其细节。

对操作建模，即对操作的算法细节建模，方法为把活动图作为程序流程图来使用。与传统的流程图不同的是，活动图还能够描述并发。

对操作建模的策略如下：

(1) 收集该操作所涉及的操作参数、可能的返回类型，以及它所属的类和某些邻近的类的特征。

(2) 识别操作的前置条件和后置条件以及操作所属的类在操作执行期间必须保持的不变式。

(3) 如果需要，使用分支和合并来描述条件路径和迭代。

(4) 若操作属于主动类，在必要时用分岔和汇合来描述并发的控制流。

如图 2-34 所示是一个活动图的例子。

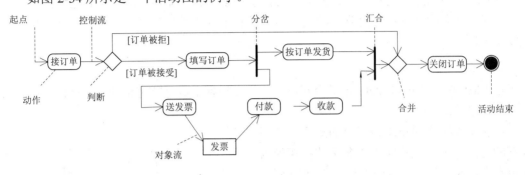

图 2-34 一个活动图的例子

2.3.4 状态图

状态图描述了系统中一个对象所具有的各种状态和这个对象从一种状态到另一种状态的转换(迁移)，以及影响对象这些状态的事件(如收到消息、时间已到、报错、条件为真)等。它主要用来描述某个对象从一个状态到另一个状态变化迁移的控制流。

状态图主要是由状态和状态间的转移构成的。在讲述这两个概念之前，首先讲述与二者密切相关的一个概念—事件。

1. 事件

从一般意义上讲，事件(Even)是指在时间和空间上可以定位并具有实际意义、值得注意的所发生的事情。在面向对象中，事件是对一件事情的规格说明，这种事情的发生可能引发状态的转移。

在 UML 中事件主要包括信号事件、调用事件、时间事件和改变事件。

1) 信号事件

一个对象对一个信号实例(在不引起混淆的情况下，以下简称信号)的接收，导致一个信号事件，把这样的事件的特征标记放在由它所触发的转移上。

可以把一个信号指定为另一个信号的子信号(特殊类)，以此来建立信号族。这意味着子信号事件不但要触发与它相关的转移，还要触发与它的祖先相关的转移。

2) 调用事件

对操作的调用的接收，导致一个调用事件，这样的操作由接收事件的对象实现。

3) 时间事件

在指导事件发生后，经过了一段时间或到了指定时间，就导致一个时间事件。可以用关键词 "after" 和计算时间量的表达式表示时间事件，如 "after(从状态 A 退出后经历了 10 秒)"。如果没指明时间起始点，就从进入当前状态开始计时，如 "after(5 秒)"。还可以用关键字 at 和计算时间量的表达式表示时间事件，如 at(1 Jan 2014,12:00 UT)表明：到了格林尼治时间 2014 年 1 月 1 日的中午 12 点导致一个时间事件。

4) 改变事件

用布尔表达式描述的指派条件变为真，就导致了一个改变事件。用关键词"when"和布尔表达式表示改变事件，比如"when(转速>=2000 转/秒)"。

这样的布尔表达式的值只要由假变成真，事件就发生，即使之后布尔表达式的值变为假，产生的事件仍将保持，直到它被处理为止。布尔表达式的值再次由假变成真，事件就又发生一次。

2. 状态

在 UML 中，把状态(State)定义为对象在其生命周期中满足特定条件、进行特定活动或等待特定事件的状态。

把状态表示成四角均为圆角的矩形。若不展开状态的内部细节，就把状态的名字放在矩形内；否则用水平线对矩形进行分隔，如图 2-35 所示。

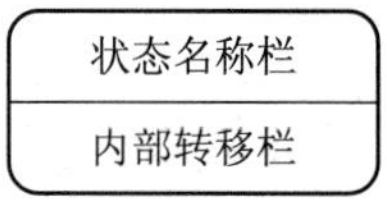

图 2-35 的上半部分为名称分栏，在该分栏中放置状态名。在同一张状态图里不应该出现具有相同名称的状态，因为这样可能会引起冲突。没有名称的状态是匿名的，在同一张图中的各匿名状态被认为是互不相同的。

在一个状态图中，有一个初始状态，可以有一个或多个终止状态。初始状态是状态图的默认开始

状态名称栏
内部转移栏

图 2-35 状态的表示法

初始状态　　　　　最终状态

图 2-36 初始状态和终止状态的表示法

状态，终止状态是状态图执行完毕后的结束状态。初始状态和终止状态都是伪状态，如图 2-36 所示。

在一个状态下，可能出现在当前状态下暂不处理，但将推迟到该对象的另一个状态下处理的事件(延迟事件)。也就是说，在某些建模情况下，针对一个状态，可以定义一组在该状态中允许出现但被延迟处理的事件。在一个状态下，如果发生的一个事件为该组事件之一，它将保留在延迟事件队列中而不发挥作用；在后续状态下，按某种算法，从队列中取出某个(些)事件，这个(些)事件开始发挥作用，触发转移，就像刚刚发生一样。但也有可能按需要在某时刻撤销某些延迟事件。

3. 转移

在状态图中，转移(Transition)分为两种，一是状态间的转移，二是状态内的转移。这两种转移的格式是一样的，均为

事件触发器[(用逗号分隔的参数表)][监护条件]/[动作表达式]

上述加了方括号的参数表，监护条件和动作表达式是可选的。

在 UML 中，事件触发器是触发转移的标记，通常就写为触发转移的事件的名称。用户可以自己对事件触发器进行命名，只是 entry、exit 和 do 这三个保留字除外，因为 UML 已经为它们规定了特定含义。

监护条件是布尔表达式，根据事件触发器的参数和拥有这个状态机的对象的属性和链来书写这样的布尔表达式。当事件出现要触发转移时，对它求值。如果一个转移上的表达

式取值为真，则触发转移；如果为假，则不触发该转移。在一个状态下，如果监护条件不同，相同的事件名可以出现多次，当该事件发生时，根据监护条件决定触发哪个转移；如果没有转移被此事件所触发，则丢失该事件。

动作表达式是由动作组成的多种序列，有关动作以及后面要涉及活动的含义与活动图中的是一致的。动作表达式中动作可以直接地作用于拥有本状态机的对象，也可以作用于对该对象是可见的其他对象。可以根据对象的属性、操作和链、事件触发器的参数以及在该对象所能访问到的范围内的其他特征书写动作表达式。

1) 状态内的转移

状态内的转移是指在一个状态内由事件引起的动作或活动执行后，对象仍处于该状态的情形，即引发状态内转移事件的发生不会导致状态的改变。

在状态的内部转移分栏中列出状态内的转移，以表明对象在这个状态中可能执行的内部动作或活动的列表。

前面提到，UML 预定义了三个关键字，它们不能用作事件触发器名。以下是这三个关键字的具体含义：

(1) Entry。其使用方式为

entry/进入动作表达式

Entry 标识进入状态的事件触发器(简称进入事件触发器)，意味着在进入状态时首先执行斜杠后面的动作表达式。

(2) Exit。其使用方式为

exit/退出动作表达式

Exit 标识退出状态的事件触发器(简称退出事件触发器)，意味着在退出状态时最后执行该斜杠后面的动作表达式。

(3) Do。其使用方法为

do/活动

Do 标识状态期内活动的事件触发器(简称 do 活动事件触发器)，意味着在状态的进入动作表达式执行后(如果有的话)开始执行斜杠后的活动(称为 do 活动)，并且 do 活动可与其他的动作或活动并发执行。do 活动的结束有以下三种情况：

① do 活动一直执行，直到对象离开该状态为止。

② do 活动执行完毕后对象仍处于当前状态，这时会导致一个完成事件，如果存在一条外出的完成转移，就退出当前状态。

③ 如果在 do 活动没完成之前，由于激发了其他外出转移而导致了状态的退出，就中断活动。

如果一个状态内有多个进入事件触发器、退出事件触发器或 do 活动事件触发器，UML 没有规定同类触发器被触发后所引起的动作或活动的执行顺序。

2) 状态间的转移

状态间的转移是两个状态之间的关系，表示当一个特定事件出现时，且满足一定的条件(如果有的话)，对象就从第一个状态(源状态)进入第二个状态(目标状态)，并执行一定的动作或活动。如果一个转移正在引起状态的改变，就称该状态间的转移被触发了。

把状态间的转移表示成从源状态出发并在目标状态上终止的带箭头的实线，并把事件触发器特征标记、监护条件和动作表达式放在其上面，如图 2-37 所示。

源状态 ────事件触发器[(用逗号分隔的参数表)][监护条件]/[动作表达式]────▶ 目标状态

图 2-37　状态间的转移表示法

事件触发器可能有参数，这样的参数不但可由转移中的监护条件和动作使用，也可由与源状态和目标状态相关的退出和进入动作分别使用。

事件可以触发从一个状态出发又回到本状态的转移，即在这样的转移中转移的源和目的是同一个状态。触发到自身的转移，要先退出当前状态，再进入该状态，这样就需要执行退出动作表达式和进入动作表达式(如果有的话)。而触发状态内的转移，不需要退出当前状态，当然也就不需要执行退出动作表达式和进入动作表达式。

4．组合状态

在状态图中，把由两个或多个子状态构成的状态称为组合状态(Composite State)，其中的子状态还可以是组合状态。图 2-38 展示了组合状态的构成。

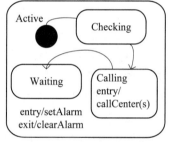

在一个组合状态的图形表示中，除了有可选的名称和内部转移分栏外，还可以有包含状态图的图形分栏，在其中展示状态图。可选择用实线把状态的名称栏、内部转移栏与图形分栏相分离；若不想引起混淆的话，也可以不分离。

图 2-38　组合状态 Active

在一个组合状态内可以只有一个区域，也可以有若干区域，每个区域中有一个状态图。在对象位于一个组合状态时，在每个区域中必须且仅位于一个子状态。把只有一个区域的组合状态称为非正交状态(Nonorthogonal State)；把具有多个区域的组合状态称为正交状态。如果有多个区域，那么各区域中的子状态是并发的。

对于正交状态，各区域间用虚线分开。其作用是把一个组合状态中互不相斥的子状态划分到不同的区域中，从而使它所表现的行为更为清晰。对于每个区域可给一个名称。例如，图 2-39 中所示的组合状态"拨号"是非正交状态，其中的子状态是互斥的，在一个时刻仅位于一个子状态，可称这样的子状态为顺序子状态；而图 2-40 中所示的组合状态"未完成"是正交状态，由虚线隔开的不同区域中的子状态是并发的，可称这样的子状态为并发子状态。

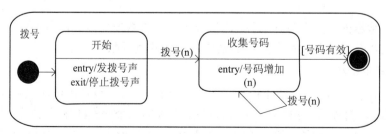

图 2-39　非正交状态示意图

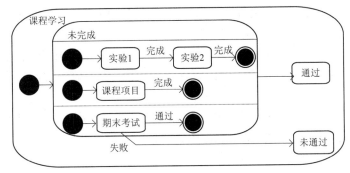

图 2-40 正交状态示意图

一个组合状态内的各区域可以有初始状态和终止状态。到封闭区域(状态)边界的转移表示到其内初始状态的转移。到封闭区域中终止状态的转移表示其内活动的完成。在组合状态退出时,从最里层的子状态开始,由里向外逐次地执行退出动作来退出。新创建的对象,从最外层的初始状态开始,执行其最外层的转移。若对象转移到了最外层的终结状态,则对象的生命周期终止。

5. 建立状态图

在对系统的动态方面建模时,有时要对一些对象刻画它们对语境外部的事件所做出的反应,描述对象的状态以及状态间的转移,这时就要绘制对象的状态图。对于一个复杂的系统而言,对每类对象都建立状态图的工作量是相当大的。通常只对那些状态和行为较为复杂的对象建立状态模型,以更清楚地认识这些对象的行为,进而准确定义它们的操作。

建立状态图应遵循的策略如下:

(1) 设置状态的语境。要考虑在特定的语境中哪些对象与该对象交互,包括这个对象通过依赖或关联到达的所有类的对象。这些邻居对象是事件来源或发送目标,或动作的操纵目标,在监护条件中也可能要使用它们。

(2) 在一个对象中选定一组对确定该对象的各状态有影响的属性,结合有关的事件和动作,考虑这组属性的值稳定在一定范围的条件,以决定该对象的各稳定状态。

(3) 针对对象的整个生命周期,列出这个对象可能处于的状态(此时不考虑子状态),并决定稳定状态有意义的顺序。

(4) 确定这个对象可能响应的事件。可在对象的接口处发现一些事件。对所确定的事件,分别给出唯一的名字。这些事件可能触发从一个状态到另一个状态的转移。

(5) 用转移将这些状态连接起来,接着向这些转移中添加事件触发器、监护条件或动作。

(6) 识别各状态的进入动作表达式或退出动作表达式,以及内部转移。该项工作往往与识别状态间的转移同时进行。

(7) 如果需要,从这个对象的高层状态开始,考虑一些状态内部的子状态。

2.4 本 章 小 结

统一建模语言(UML)提供了从不同的角度去观察和展示系统各种特征的标准方法。在

UML 中，从任何一个角度对系统所做的抽象都可以用几种模型图来描述，而这些来自不同角度的模型图最终组成了系统的完整模型。

UML 可用于任何面向对象系统开发建模，不仅可以使用 UML 进行软件建模，同样可以使用 UML 对其他非计算机领域系统进行建模。利用 UML 建模时需要按五个步骤进行，分别是需求分析、系统设计、实现、测试和配置。

UML 建模分为静态建模和动态建模，静态建模一般采用用例图、类图、对象图、包图、组件图和配置图；动态建模一般采用顺序图、协作图、活动图、状态图等。

本 章 习 题

一、简答题

1. UML 中主要包括哪些图，各种图的作用是什么？

2. UML 的模型元素主要有哪些？

3. 简述 UML 通用机制的组成以及各个部分的作用。

4. 简述 UML 建模的一般步骤。

5. 什么是用例图，用例图由哪些部分组成？

6. 什么是参与者，如何确定参与者？

7. 参与者之间的关系有哪些？

8. 简述用例之间的关系。

9. 什么是类图，什么是对象图？类图和对象图分别由哪些元素构成？

10. 类之间有哪些关系？

11. 什么是包图？包可以包含的元素有哪些？

12. 组件图包含的元素有哪些？

13. 什么是接口，接口种类有哪些？

14. 什么是节点，以及配置图中有哪些节点类型？

15. 简述顺序图的组成部分。简述四种消息的类型。

16. 简述协作图的组成元素。

17. 什么是活动图？简述活动图的组成元素。简述泳道的作用。

二、分析题

1. 一台自动售货机能提供 6 种不同的饮料，售货机上有 6 个不同的按钮，分别对应这 6 种不同的饮料，顾客通过这些按钮选择不同的饮料。售货机有一个硬币槽和找零槽，分别用来收钱和找钱。现在为这个系统设计一个用例图。

2. 绘制用例图。为如下的每个事件显示酒店管理系统中的用例，并描述各用例的基本操作流程。

☐ 客人预订房间

☐ 客人登记

☐ 客人承担服务费用

☐ 生成最终账单

☐ 客人结账

☐ 客人支付账单

3. 创建一个类图，下面给出创建类图所需的信息。

☐ 学生(student)可以是在校生(undergraduate)或者毕业生(graduate)

☐ 在校生可以是助教(tutor)

☐ 一名助教指导一名学生

☐ 教师和教授属于不同级别的教员

☐ 一名教师助理可以协助一名教师和一名教授，一名教师只能有一名教师助理，一名教授可以有 5 名教师助理

☐ 教师助理是毕业生

4. 下面列出了打印文件时的工作流：

☐ 用户通过计算机指定要打印的文件

☐ 打印服务器根据打印机是否空闲，操作打印机打印文件

☐ 如果打印机空闲，则打印机打印文件

☐ 如果打印机忙，则将打印消息存放在队列中等待

经分析人员分析确认，该系统有四个对象：Computer、PrintServer、Printer、Queue。请给出对应于该工作流的顺序图。

5. 下面是客户在 ATM 机上的取款工作流：

☐ 客户选择取款功能选项

☐ 系统提示插入

☐ 客户插入 IC 卡后，系统提示用户输入密码

☐ 客户输入自己的密码

☐ 系统检查用户密码是否正确

☐ 如果密码正确，则系统显示用户账户上的余额，并提示用户输入想要提取的金额

☐ 用户输入提取金额后，系统检查输入数据的合法性

☐ 在获取用户输入的正确金额后，系统开始一个事物处理，减少账户上的余额，并输出相应的现金

从该工作流中分析求出所涉及的对象，并用顺序图描述这个过程。

第3章

面向对象分析

分析关注的是模型的创建。分析人员通过创建模型来捕获并审视需求，他们要确定的是必须完成哪些内容，而不是确定如何来完成这些内容。分析本身就是一项困难的任务，开发者在提出设计的其他复杂问题之前，首先要全面地理解问题。合理的模型对于那些可扩展的、高效的、可靠的和正确的应用来说是一个先决条件。

一般来说，面向对象分析包括两个子阶段：需求分析和系统分析。需求分析是软件生命周期中非常重要的一步。只有通过需求分析才能把软件功能和性能的总体概念描述为具体的软件需求规格说明，从而奠定软件开发的基础。一般来说，以用例作为建立需求模型的基本单位，一个用例只针对一项系统功能，详细地描述系统边界以外的参与者使用这项功能时与系统进行交互的情况，这可以比较确切地定义系统的功能需求。软件需求分析工作也是一个不断认识和逐步细化的过程。系统分析的任务实际上就是在需求建模的基础上，重点考虑建立系统所采用的技术特点、算法实现、并发执行和环境特点，对已经建立的模型进一步细化。系统分析一般采用类图实现，必要时可用其他几种图作为辅助模型。

3.1 需求分析与用例建模

需求分析阶段的工作首先是在客户和软件开发人员之间沟通基本的客户需求，并与问题领域专家讨论，分析领域的业务范围、专业规则和业务处理过程，明确系统的责任、范围和边界，确定系统需求，建造需求模型。UML 的用例建模是建立这种需求模型的合适方法。

用例建模是用于描述一个系统功能(即系统应该做什么)的建模技术，用例建模不仅用于获取新系统的客户需求，还可以作为对已有系统进行升级时的指南。建立用例模型的目的是为了寻找需求规约，需要通过开发者和客户之间进行多次交互完成。

以用例来驱动系统分析与系统设计的方法已成为面向对象方法的主流，任何一个软件系统的开发，首先要分析、确定执行者和用例，以便建立用例模型。创建用例模型的工作包括：定义系统，寻找执行者和用例，描述用例，定义用例之间的关系，最后确认模型。用例模型由若干用例图组成，用例图展示了执行者、用例以及它们之间的关系。

用例建模的步骤：确定系统的范围和边界；确定系统的执行者和用例；对用例进行描

述；定义用例之间的关系；审核用例模型。

3.1.1 确定系统的边界和范围

大多数软件项目是人们为了开发满足某种需求的软件产品而建立的，这些软件必须在计算机系统的支持下才能工作。这里所指的系统是特指基于计算机的用于解决某个特定问题领域的软硬件系统。例如：企业的销售管理系统，学校的图书管理系统、教学管理系统等。

在开始构造一个基于计算机的新系统时，客户、系统分析人员和系统设计人员对系统需求很难说清楚，或自认为清楚但实际上是含糊不清或不确定的。因此系统分析人员必须与客户进行反复多次的交流，做大量的调查、研究和论证工作，以便尽早划清系统的范围和系统的边界，进而确定系统的责任、功能和性能，清楚地回答系统应做什么、不应做什么，本系统与哪些外部事物发生联系，发生哪些联系等。一个系统所要解决的问题只是应用领域的一部分，不可能包罗万象，因而划清系统的范围和系统的边界是需求分析所要做的第一件工作。典型的系统边界包括：

(1) 整个组织，如一个企业。

(2) 一个组织的某个部门，如学校的教务处。

(3) 计算机系统的硬件/软件边界，如学校的教学管理系统。

定义系统的边界是一项重要的活动，目的是为了明确什么在系统之内，什么在系统之外。系统的需求直接影响系统边界的确定。如果开发的是一个应用软件或硬件设备，那么这个软件和硬件的边界就可以作为系统的边界。

1. 定义系统的范围

系统的范围是指系统问题域的目标、任务、规模及系统提供的功能和服务。例如"财务管理系统"的问题域是账目管理，系统的目标和任务就是负责该企业业务涉及的资金统计、银行贷款、固定资产折旧、成本核算、工资预算与发放等有关财务管理方面的工作，并提供相应的服务。而企业中其他工作，如生产管理、销售管理、仓库管理等，则不属于财务管理系统的范围，可以由其他系统完成。

2. 定义系统的边界

系统的边界是指一个系统所有系统元素与系统以外事物的分界线。要准确的确定系统边界，必须要确定系统包含哪些功能，更重要的是，要确定它应该忽略哪些内容。对于"财务管理系统"而言，"生产管理系统"、"销售管理系统"等是其边界以外的外部系统，使用"财务管理系统"的财务人员及其相关人员和部门，如企业负责人、银行等是该系统的用户，他们都是该系统的外部事物；而该系统中的银行借贷、成本核算、固定资产折旧等程序功能模块是系统边界内部的成分。

需求分析的首要任务就是要确定系统的范围和边界，将系统内部元素与系统外部事物划分开。在用例图中，系统的边界由一个实线方框表示，可以把它看成一个黑盒子。系统开发的主要任务就是对系统边界内的元素进行分析、设计和实现，系统边界外部的事物系统称为执行者。

3.1.2 确定参与者

参与者是与系统交互的人或事。所谓"与系统交互"指的是参与者向系统发送消息，从系统中接收消息，或是在系统中交换信息。只要使用用例，与系统互相交流的任何人或事都是参与者。例如：某人使用系统中提供的用例，则该人就是参与者；与系统进行通信(通过用例)的某种硬件设备也是参与者。

参与者可以分为以下四类：

(1) 主要参与者(Primary Actor)：指直接与系统交互的人，或指执行系统主要功能的参与者。

(2) 次要参与者(Secondary Actor)：指使用系统次要功能的参与者，或指完成维护系统一般功能的参与者。例如管理数据库、通信备份的人等。

(3) 外部硬件：是作为系统一部分的、运行应用的非计算机的硬件。

(4) 其他系统：为其工作需要与系统交互的外部系统。

可通过回答下列的一些问题来帮助建模者发现参与者：

(1) 系统开发出来后，使用系统主要功能的是谁？

(2) 谁需要借助系统来完成日常的工作？

(3) 系统需要从哪些人或其他系统中获得数据？

(4) 系统会为哪些人或其他系统提供数据？

(5) 系统会与哪些其他系统交互？其他系统可以分为两类，一类是该系统要使用的系统；另一类是启动该系统的系统，包括计算机系统和计算机中的其他应用软件。

(6) 系统是由谁来维护和管理的，以保证系统处于工作状态？

(7) 系统控制的硬件设备有哪些？

(8) 谁对本系统产生的结果感兴趣？

在寻找参与者时，不要把目光只停留在使用计算机的人员身上，而应注意直接或间接地与系统交互或从系统中获取信息的任何人和任何事。

在完成了参与者的识别工作之后，建模者就可以建立使用系统或与系统交互的实体了，即可以从参与者的角度出发，考虑参与者需要系统完成什么样的功能，从而建立参与者需要的用例。

3.1.3 确定用例

用例是一组连续的操作，当用户使用系统来完成某个过程时出现，它是外部可见的系统功能单元；描述了执行者与系统交互的完整过程。

用例具有以下特征：

(1) 响应性。一个用例不会自动执行，总是由参与者启动或由系统根据某些事件触发，执行者必须直接或间接地指示系统去执行用例。

(2) 回执性。用例执行完毕，向执行者提供可识别的返回值。

(3) 完整性。用例表示一个完整的功能，必须是一个完整的描述。

在定义一个用例时要特别注意用例的完整性，必须以能向参与者提供返回值作为该用例完整性的标志。

　　实际上，从确定系统参与者时，就已经开始了对用例的识别。对于已经识别的参与者，通过考虑每个参与者是如何使用系统的，以及系统对事件的响应来识别用例。

　　在确定用例的过程中，通过询问下列问题就可以发现用例：

　　(1) 参与者希望系统提供什么功能？

　　(2) 参与者是否会读取、创建、修改、删除、存储系统的某种信息？如果是的话，参与者又是如何完成这些操作的？

　　(3) 参与者是否将外部的某些事件通知给系统？

　　(4) 系统中发生的事件是否通知参与者？

　　(5) 是否存在影响系统的外部事件？

　　开发一个项目所选取的用例个数应该适当。用例选取的数量以能够简洁、准确、完整地描述系统功能需求和方便系统开发运作为标准，使项目规模和用例数之间保持适当均衡。

3.1.4　确定用例之间的关系

　　在第 2 章中已经介绍了用例之间的关系。在 UML 中，用例之间的关系主要有四种：泛化关系、包含关系、扩展关系和使用关系。

　　在进行用例建模时，可以从以下几个方面确定用例之间的关系：

　　(1) 一个用例偶尔使用另一个用例的功能描述时，采用继承关系。

　　(2) 两个以上用例重复处理同样的动作，可以采用使用关系或包含关系。

　　(3) 用例要采用多种控制方式对异常或任选动作进行处理时，采用扩展关系。

　　图 3-1 的借阅者请求服务用例图中，"书籍预约"和"借阅信息查询"这两个用例都需要先登录系统管理，然后才能进行预约与查询。因此，"书籍预约"和"借阅信息查询"这两个用例都与"登录系统"用例之间存在<<use>>关系；另外，在归还书籍时，如果一切顺利，书籍被归还，那么执行"归还书籍"用例即可。但是如果超过了还书的时间或书籍受损，按规定要交纳一定的罚金，这时就不能执行"归还书籍"用例提供的常规动作，而是执行"还书时交纳罚金"用例。因此，"归还书籍"与"还书时交纳罚金"用例之间存在<<extend>>关系。

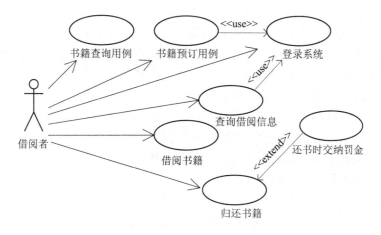

图 3-1　借阅者请求服务用例图

3.2 系统分析与对象建模

根据建立的用户需求模型，在系统分析阶段需要确立系统模型，该模型是一个分析模型，它的目的是详细说明用户需求。该模型将描述应用程序领域中的所有概念以及它们之间的相互关系。就 UML 来说，系统模型就是一个类图。

在构建系统模型时，需要确定系统中涉及的对象、对象包含的属性以及对象与对象之间的联系。

3.2.1 发现对象

对象是对问题域中一个人，一件事物，或者一个理念的抽象。发现问题域中的对象有两个策略：

(1) 查找描述问题域的名称和名称短语。有时参考对于该问题域的书面描述可以找到这种单词和短语，特别是在扩展用例中，有时它们会出现在用户的讨论中。这种方法的困难之处在于并非所有的名称都是对象名，有一些可能是属性名。

(2) 使用概念分类列表。对象名称必须取自用户词汇表。

在确定某个对象是否应包含在系统模型中时，一般可以依据以下标准：

(1) 当系统需要存储与某对象相关的数据以备响应未来某个事件时，应将该对象包含到模型中。

(2) 并非每个参与者都要成为一个对象。

(3) 区分对象和描述对象的属性。对象和属性对于模型都很重要，但是它们扮演着不同的角色。一般来说，能作为属性对待的事物则尽量作为属性对待；能作为属性的事物不能再具有需要描述的性质，不能与其他对象具有联系。

3.2.2 发现属性和操作

属性是对象的某个被命名的特征，它可以有值。操作是用来描述对象动态特征(行为)的一个动作序列。按照面向对象方法的封装原则，一个对象的属性和操作是紧密结合的，对象的属性只能由这个对象的操作来存取。对象的操作，可分为内部操作和外部操作，内部操作只供对象内部的其他操作使用，不对外提供；外部操作对外提供一个消息接口，通过这个接口接收对象外部的消息并对外提供服务。

不同对象具有不同的对象名，在多数情况下，也具有不同的属性集。有些对象可能具有相同的属性名。通过对属性赋值，可以区分相同对象的两个不同实例。

通常，发现属性是为了在对象中存储必要的描述信息。一般可以运用以下的准则来决定是否应该在模型中包含某个属性：

(1) 当系统需要记录某属性值以响应某个事件时，应该在系统模型中包含此属性。

(2) 如果不能确定是属性还是对象，就在初始模型中将其定义为对象。

(3) 不要用属性记录对象间的关系，而是用关联来代替。

(4) 不要把多个对象中使用着的相同属性作为模型属性。

如果一个属性从模型中其他的属性推导而得，则不要包含它。

和发现属性一样，分析员通过分析对象在问题域中呈现的行为以及它所履行的系统责任来发现和定义对象的每个操作。为了明确应该为对象定义哪些操作，首先区分一下对象行为的不同类别。

(1) 系统行为。与对象有关的某些行为实际上不是对象自身的行为，而是系统把对象看成一个整体来处理时施加于对象的行为。例如，对象的创建、复制、存储到外存、从外存恢复、删除等。对于这类行为，一般不必为之定义相应的操作。

(2) 封装原则引起的附件行为。按照严格的封装原则，任何读、写对象的动作都不能从对象外部直接进行，而应由对象中相应的操作完成此事。这样，在实现时就需要在每个对象中设立许多这样的操作。对于这样的操作，一般也不必予以定义。

(3) 对象自身的行为。对象所对应的事物的固有行为，它不是简单地读或写一个属性值，而要进行某些计算或监控操作。例如通过对某些属性的值进行计算得到某种结果，对数据进行加工处理，对设备进行监控并处理输入、输出信息等。此类行为通过对象的操作来进行描述。

发现并确定对象的操作需要研究问题域和系统责任，以明确各个对象应该设立哪些操作以及如何定义这些操作。采用以下策略，从各个方面得到启发以发现和定义对象的操作。

(1) 考虑系统责任。

在面向对象分析模型中，对象的操作是最直接地体现系统责任并实现用户需求的成分，因此定义操作的活动比其他面向对象分析活动更强调对系统责任的考察。要逐项审查用户需求中提出的每一项功能要求，看它应该由哪些对象来提供，从而在该对象中设立相应的操作。

换一个角度对每个对象提出问题：设置这个对象的目的是什么？如果说是为了完成某些功能，那么应该由它的哪些操作来完成这些功能？如果说是为了保持某些信息，那么系统怎样运用这些信息？是否需要由这个对象提供的操作进行某种计算或加工，然后向对象外部提供？

(2) 考虑问题域。

每个对象所代表的实际事物在问题域中呈现哪些行为？其中哪些行为是与系统责任有关的？在系统中应该为这个对象设立何种操作来模拟这些行为？

(3) 分析对象的状态。

对象从创建到撤销要经历一系列的状态，在不同的状态下其操作将呈现不同的行为规律。从一种状态转移为另一种状态总是由于对象中某个操作的执行所引起的。因此，需要找出对象生命历程中所经历的(或者说可能呈现的)每一种状态，分析它们之间的转移关系，画出状态机图。与此同时提出下列问题：在每一种状态下对象可以发生什么行为？这些行为应该由什么操作来描述？对象从一种状态转移到另一种状态是由什么操作引起的？是否已经设立了相应的操作？在不同的状态下对象的操作呈现哪些不同的行为规律？通过上述问题的回答来发现和定义对象的操作。

(4) 追踪操作的执行路径。

在上述问题的启发下把能够发现的操作都找到了之后，模拟每个操作的执行并追踪其执行路径，可以帮助分析员发现遗漏的操作。

3.2.3　发现关联

如果一个模型中只包含了概念的数据则也没有太多用处。大多数模型中都结合运用了关联，以表现概念之间的相互关系和交互情况。关联扩展了系统模型，为用户的问题域提供了一个宽广的相互连接的视图。

关联指明了问题域中两个概念间存在着的重要关系。一个概念在逻辑上与另一个概念相连接或关联。关联的概念在第 2 章中已经进行了介绍，在此不赘述。在关联概念的基础上，下面给出在 OOA 阶段，建立关联的步骤。

(1) 根据问题域和系统责任发现所需要的关联。

问题域中的各类事物之间总是存在着各种各样的关系，但是在系统开发中却没有必要把现实世界中能够看到的各种关系都在系统中表达出来。仅当一种关系提供了一些与系统责任有关的信息时，才有必要把它定义成一个关联。这种关系的特点是，来自两个(或者 n个)类的对象实例所构成的有序对(或者 n 元组)集合提供了一种具有特定含义的信息，并且这些信息需要由系统保存、管理和使用。

在 OOA 模型中建立关联的基本出发点，就是从问题域抽象出这样的关系。对模型中所有已经发现的所有的类，考虑每两个(有时需要考虑多个)类之间是否存在这样的关系，提出并回答以下问题：

① 在问题域中，这些类所描述的实际事物之间有哪些值得注意的关系？

② 这种关系信息在逻辑上是否需要通过来自各个类的对象实例所构成的有序对(或者 n 元组)来体现？

③ 这种关系所体现的信息是否需要在系统中进行保存、管理或维护？

④ 系统为完成其功能，是否查阅和使用由这种关系所体现的信息？

(2) 认识关联的属性和操作。

对于考虑中的每一种关联，进一步分析它是否需要以属性和操作的方式提供更多的描述信息。如果在两个类之间仅凭一个简单的关联还不足以充分地表达系统功能所需要的关系信息，还需要以属性或者操作的方式提供更多的描述，这通常意味着在问题域中还存在着某种事物，而这种事物还没有被抽象为模型中的一类对象。正是由于模型中缺少了描述这种事物的类，而这些描述信息又是系统所需要的，才造成了原先已经认识的两个类之间关联的复杂性。

对于这种情况，UML 的观点是把这些信息看成关联的属性和操作，在模型中增加一个关联类来描述这些属性和操作。

(3) 分析关联的多重性。

对于每个关联，从它每个端点上的类来考察，看本端的一个对象实例可以和另一端的多少个对象实例发生关联，以确定对另一端对象实例的数量约束，把分析结果标注到连接线的另一端。确定关联的多重性对于清晰地描述一个关联是不可缺少的重要步骤，对关联的实现也至关紧要。

(4) 给出关联名或角色名。

给关联取一个适当的名字，以表示这个关联描述了一种什么关系。关联名用一个单词或者短语表示，写在其连接线的中部。也可以在连接线的每个端点附近用角色名来指出它所连接的类的对象实例在这个关联中扮演了什么角色。关联名和角色名所起的作用是相同的，二者不必同时使用。确定这些名称要力求语义清晰、准确，让别人一看就能理解这个关联的意义。

3.2.4　建立对象层次结构

尽管发现对象的活动是从具体事物出发来分析和认识问题，但是人们在进行这种活动时实际上并不局限于对个别事物的认识，而是在寻找一类事物的共同特征。因此，在 OOA 中发现对象的活动所要达到的最终目的是建立所有对象的类。

在大多数情况下，如果人们对系统中的对象有了正确的认识，则建立它们的类将是一件比较简单的事：为每一组具有共同属性和操作的对象定义一个类，用一个类符号表示；把陆续发现的属性和操作添加到类的表示符号中，就得到了这些对象的类。

从认识对象到定义它们的类，是一个从特定个体上升为一般概念的抽象过程。从单个对象着眼所认识的对象特征是否恰好可作为整个类的特征尚有待于核实。此外，把各种对象放在一起构成一个系统，也需要从全局的观点对它们进行一番考查。因此，在定义对象类时，需要对一些不合理的现象进行检查，必要时做出修改或调整。

(1) 类的属性或操作不适合该类的全部对象。

如果一个类的某些属性或某些操作只能适合该类的一部分对象，对另一些对象则不适合，说明类的设置有问题。此时需要重新分类，并考虑建立泛化关系(详见第 2 章的类图)。

(2) 属性及操作相同的类。

在 OOA 开始阶段，当分析员观察现实世界中两种迥然不同的事物时，很容易顺理成章地把它们看成两类不同的对象。但是经过以系统责任为目标的抽象之后，保留下来的属性和操作却可能是完全相同的，于是就出现了这种似乎不该出现的问题。对这种情况可考虑把它们合并为一个类。

(3) 属性和操作相似的类。

如果两个(或两个以上)类的属性和操作有许多是相同的，则考虑建立一般—特殊结构或整体—部分结构，以简化类的定义。

(4) 对同一事物的重复描述。

问题域中的某些事物实际上是另一种事物的附属品，或者是对另一种事物的抽象。人类早在能使用计算机之前就学会了抽象，所以他们创造的某些事物已经包含了原始事物的一些抽象信息。分析员从这些事物得到的对象和从相应的原始事物得到的对象之间就可能出现信息冗余。

通过对上述异常情况的处理，系统中需要设置哪些类就基本明确了。至此，系统中所有的对象都应该有了类的归属，而每个类的定义应该适合于由它所包含的全部对象。

分析员通过对问题域和系统责任进行调查研究后，从而发现对象并确定了它们的类。下面给出了绘制对象层次结构的步骤：

(1) 用类符号表示每个类，填写类的名称；

(2) 对于已经确认的主动对象，在类名之前增加主动标记<<主动>>或@符号；

(3) 在类规约中填写关于每个类的详细信息；

(4) 在发现对象的活动中能够认识的属性和操作均可随时添加到类符号中；能够认识

的结构和连接，均可随时在类符号之间画出。

　　作为对象层的信息，在每个类的规约中要给出针对整个类的总体说明，并在必要的时机指出需要由这个类创建的对象实例。

3.3　本 章 小 结

　　面向对象分析包括两个子阶段：需求分析和系统分析。需求分析是软件生命周期中非常重要的一步。只有通过需求分析才能把软件功能和性能的总体概念描述为具体的软件需求规格说明，从而奠定软件开发的基础。需求分析一般采用用例图来建立需求模型的基本单位。用例建模的步骤为确定系统的范围和边界；确定系统的执行者和用例；对用例进行描述；定义用例之间的关系；审核用例模型。

　　系统分析的任务实际上就是在需求建模的基础上，重点考虑建立系统所采用的技术特点、算法实现、并发执行和环境特点，对已经建立的模型进一步细化。系统分析一般采用类图实现，必要时可用其他几种图作为辅助模型。在构建系统模型时，需要确定系统中涉及的对象、对象包含的属性以及对象与对象之间的联系。

本 章 习 题

1. 简述面向对象分析的目的。
2. 简述面向对象分析的基本原则。
3. 用例表示什么？用例与用例图有哪些区别？
4. 简述用例的特征。
5. 用例图的四个主要组成部分是什么？
6. 参与者表示什么？
7. 什么是参与者？如何确定参与者？
8. 试述关联的概念及关联的几种类型。

第 4 章

面向对象设计

面向对象设计是在面向对象分析的基础上进行的，它以面向对象分析模型为输入，根据实现的要求对分析模型作必要的修改与调整，或补充几个相对独立，并且隔离了具体实现条件对问题域部分影响的外围组成部分，它们分别是根据具体的界面支持系统而设计的人机交互部分；根据具体的硬件、操作系统和网络设施而设计的控制驱动部分；根据具体的数据管理系统(如文件系统或数据库管理系统)而设计的数据接口部分。这些外围组成部分将问题域部分包围起来，从不同的方面隔离了实现条件对问题域部分的影响。

从宏观上看，面向对象设计过程包括以下四个大的活动：问题域子系统的设计；人机交互子系统的设计；控制驱动子系统的设计和数据接口子系统的设计。这些活动将分别建立面向对象设计模型的四个组成部分。面向对象设计模型的每个组成部分的设计活动主要是围绕类图进行的，通常不需要对用例模型做更多的开发工作，而主要是使用它。所有的设计决策最终都将在类图中通过面向对象的概念来表达，同时在必要时也常常需要使用包图、顺序图、活动图、状态图、构件图和部署图等作为辅助模型。

4.1　问题域子系统的设计

4.1.1　问题域子系统的基本概念

问题域部分是 OOD 模型的四个组成部分之一，是由与问题域有关的对象构成的，并且在特定的实现平台上提供用户所需功能的组成部分。它是在 OOA 模型基础上按实现的要求进行必要的修改、调整和细节补充而得到的。

问题域部分在 OOD 模型中处于核心地位，其他组成部分(人机交互部分、控制驱动部分和数据接口部分)处于问题域部分的外围，其作用是隔离不同方面的实现条件对问题域部分的影响。但是，并非所有的实现因素都能通过一些在 OOD 中新定义的独立组成部分而实行有效的隔离。有些实现因素将不可避免地影响到 OOA 阶段识别的对象，影响到它们的内部特征和相互关系，因而要求在 OOD 阶段按照这些条件对它们做必要的修改、调整和细节扩充。这正是问题域部分的设计所要解决的问题。

问题域部分所包含的对象都是与问题域及系统责任有关的。从这个意义上讲，它和 OOA 模型所涉及的问题范畴是一致的。但是两者属于不同的抽象层次：OOA 模型抽象层次高，而 OOD 模型抽象层次低。从 OOA 模型到 OOD 模型的问题域部分，存在着一种映射关系。后者是从前者演化而来的，因此二者在正、反两个方向都应该是可追踪的。

由于 OOD 模型中的问题域部分是按选定的实现条件对 OOA 模型进行具体化的，因此 OOD 阶段必须考虑实现条件对该模型产生的影响，特别是对问题域部分的影响。

1. 编程语言

用于实现编程的语言对问题域部分的设计影响最大，其中包括两方面：一是选定的编程语言可能不支持某些面向对象的概念与原则，此时要根据编程语言的实际表达能力对模型进行调整，以保证设计模型与源程序一致。二是 OOA 阶段可能把某些与编程语言有关的对象细节推迟到 OOD 阶段来定义。例如，对象的创建、删除、复制、初始化等系统行为，属性的数据类型，属性和操作的可见性等。编程语言确定之后，这些问题都要给出完整的解决。

2. 硬件、操作系统及网络设施

选用的计算机、操作系统及网络设施对 OOD 的影响包括：对象在不同站点上的分布、主动对象的设计、通信控制以及性能改进措施等。这些问题对问题域部分和控制驱动部分都有影响。

3. 复用支持

如果存在已经进行过设计和编码的可复用类构件，用以代替 OOA 模型中新定义的类无疑将会提高设计与编程效率。但这需要对模型做适当的修改与调整。

4. 数据管理系统

选用的数据管理系统(例如文件系统或 DBMS)主要影响 OOD 模型的数据接口部分的设计，但是也要求对问题域部分的某些类进行相应的修改，补充一些访问该接口所需的属性与操作。

5. 界面支持系统

界面支持系统即支持用户界面开发的软件系统，主要影响人机交互部分的设计，对问题域部分影响很少，只是两部分之间需要互传消息而已。

4.1.2　设计过程

问题域部分的设计过程如下：

(1) 输入 OOA 模型，并进行必要的修改。

(2) 逐一考察影响问题域部分设计的实现条件，对模型做相应的调整与补充。

(3) 建立分析文档和设计文档之间的映射关系。

其中，第一个过程可以看成是设计的准备；第二个过程是问题域部分设计的主要工作，其中包括了许多具体的内容；第三个活动是设计的善后工作。

1. 设计准备

问题域部分的设计，以整个 OOA 模型作为输入。首先要把 OOA 的最终结果完整地保存起来，作为永久性的技术文档，然后复制一份 OOA 文档作为 OOD 的初始文档，设计中的一切修改和补充，都在复制的文档上进行。

在设计开始时，用户的需要可能发生了某些变化。设计人员在与分析人员的工作交接中和在自己的设计过程中，都可能发现分析工作的某些缺陷，包括对问题域和用户需求的误解、遗漏和模型表示上的偏差。针对以上问题，需要对 OOA 模型进行修改。需求变化所引起的修改由分析人员单独完成；设计人员对 OOA 模型的异议可由分析人员和设计人员共同解决；二者都要经过管理人员的认可。修改的结果首先应作为 OOA 模型的修订版本存档，然后复制一份作为 OOD 的输入。

2. 设计内容及策略

下面对问题域部分的设计所要解决的各种问题逐个进行讨论。

1) 对编程语言支持能力的调整

从 OOA 到 OOD 的过程中，需要将 OOA 中涉及的概念用面向对象语言进行编程。但是不同的编程语言对面向对象概念的支持程度是不同的。OOA 中关注的重点是问题域和系统责任，目的在于建立一个直接映射问题域的 OOA 模型。概念模型是独立于编程语言的。而 OOD 阶段则要建立一个能够用选定的编程语言顺利实现的 OOD 模型。OOD 模型能直接地进行编程，不需要程序员去修改类的定义和类之间的关系，从而保证模型与源程序的良好对应。因此，当选定的编程语言不能支持模型中出现的某些 OOD 概念时，就要对模型进行调整，主要包括对多继承的调整和对多态的调整。

当编程语言不支持多重继承时，需要把多重继承转化为单继承或无继承。一般的方法是利用聚合来化解多重继承，将多重继承的一般—特殊结构转化为单继承与聚合关系的混合结构，或者转化为只含聚合不含继承的整体—部分结构。

当模型中采用多态性表示，而编程语言不支持多态性时，需要进行调整。采用多态性表示的意义是在编程时对属性和操作的引用较为方便。但是从本质上看，名称相同的属性和操作既然在不同的类中定义为不同的类型或表现不同的行为，那么就完全有理由将它们视为彼此不同的东西。因此，取消继承中的多态性表示并不困难，只要强调这些同名不同质的属性和操作之间的差异，重新考虑对象的分类即可。

2) 为实现复用采取的设计策略

软件复用可分为程序代码级、设计级和分析级等不同的级别。相应地，可复用构件也可分为程序代码构件、设计构件和分析构件等不同的级别。在软件开发的各个阶段充分利用不同级别的可复用构件，可以显著地提高软件开发的效率与质量。OOA 阶段主要考虑对分析级构件的复用；OOD 阶段则应尽可能地复用设计级的构件，并为代码级构件的复用给出明确的设计表示。

以下针对四种不同的情况，分别讨论支持类构件复用的策略。

(1) 直接复用。如果得到的类构件恰好与本系统的要求完全相符，则可以直接地在 OOD 模型中使用这个可复用的类。

(2) 删除可复用类的多余信息。如果可复用的类提供了本系统所需要的全部属性和操作，但是还包括一些本系统不需要的属性和操作，那么本系统在使用这个类时就要把这些多余的属性和操作删除。

(3) 通过继承进行复用。如果可复用的类构件给出的属性和操作都是本系统中的类所需要的，但是并不完整，则可通过继承进行复用。

(4) 删除多余信息，通过继承进行复用。如果可复用的类与本系统所需要的类有一部分属性和操作是相同的，但是它既含有一些本系统不需要的属性和操作，又缺少一些本系统需要的属性和操作，那么对它的复用要把(2)和(3)两种策略结合起来运用。

3) 为实现对象永久存储所做的修改

有些类的对象实例需要被永久存储。如果选用文件系统或关系数据库管理系统实现对象的永久存储，则需要对这些类进行一些修改，包括因规范化处理而引起类的变化、增加比原有的属性更适合作关键字的属性、为实现对象的存储和恢复操作而增加属性和操作。

4) 完善对象的细节

在 OOA 阶段分析员要给出对象的某些细节，但是对对象细节的定义是允许有弹性的，只要不影响对模型的理解，便允许缺少某些关于属性和操作的细节。另外，凡是与实现条件有关的对象细节，都要求推延到 OOD 阶段去定义。

为了给出一个完整可实现的 OOD 模型，设计者要对模型中的每一个类都给出完整的定义。凡是需要让程序员知道的对象信息，包括对象的每一个属性、操作和其他一切必要的细节，都要在 OOD 模型及其规约中定义清楚。对问题域部分的设计而言，对象细节的定义主要包括以下工作：

(1) 弥补 OOA 模型的不足。针对问题域部分的每个类，检查它是否已经具备了表达问题域和系统责任所需的所有的属性和操作；凡是缺少的，都要在 OOD 中补充完备。针对类的每个属性和操作，检查它的定义是否完备，给出每个属性和操作的详细定义。

(2) 解决 OOA 阶段推迟考虑的问题。主要的问题就是因封装原则而设立的对象操作。按照严格的封装原则，对象外部不能直接读写对象的属性，而必须通过对对象提供的操作实现对其属性的访问。在 OOA 阶段，由于编程语言没有确定，因此对于这些操作就没有办法定义。在 OOD 阶段，编程语言已经确定，就能够更加突出语言的特点来对这些操作进行相应的定义。

3. 建立与 OOA 文档的映射

OOD 模型的问题域部分是从 OOA 模型演化来的。把二者之间的演化关系记录下来，对编程、测试及维护人员是宝贵的技术资料。分析和设计两个阶段分别定义了 OOA 模型和 OOD 模型中的每个类及其规约。这里要做的工作，只是明确地指出 OOA 模型中的哪个(或哪些)类演化为 OOD 模型中的哪个(或哪些)类。

4.2 人机交互子系统的设计

人机交互部分是 OOD 模型的外围组成部分之一，其中所包含的对象构成了系统的人机界面，称为界面对象。

4.2.1 人机交互子系统的设计原则

人机交互界面质量的好坏，很难用一些量化的指标来衡量。但是人们对人机界面的长期研究与实践也形成了一些大家公认的评价准则。

(1) 使用简便。人通过界面完成一次与系统的交互，所进行的操作应尽可能少，包括把敲击键盘的次数和点击鼠标的次数减到最少。另一方面，界面上供用户选择的信息(如菜单的选项，图标等)也要数量适当、排列合理、意义明确，使用户容易找到正确的选择。

(2) 一致性。界面的各个部分及各个层次，在术语、风格、交互方式、操作步骤等方面应尽可能保持一致。此外，要使自己设计的界面与当前的潮流一致。

(3) 启发性。能够启发和引导用户正确、有效地进行界面操作。界面上出现的文字、符号和图形具有准确而明朗的含义或寓意，提示信息及时间明确，总体布局和组织层次合理，加上色彩、亮度的巧妙运用，使用户能够自然而然地想到为完成自己想做的事应进行什么操作。

(4) 减少人脑记忆的负担。使用户在与系统交互时不必记忆大量的操作规则和对话信息。

(5) 减少重复的输入。记录用户曾经输入过的信息，特别是那些较长的字符串；当另一时间和场合需要用户提供同样的信息时，能够自动地或通过简单的操作复用以往的输入信息，而不必人工重新输入。

(6) 容错性。对用户的误操作有容忍能力或补救措施。

(7) 及时反馈。对那些需要较长的系统执行时间才能完成的用户命令，不要等系统执行完毕时才给出反馈信息，系统应及时给出反馈信息，说明工作正在进展。当预计执行时间更长时，要说明工作进行了多少。

还有其他的评价原则，例如艺术性、风格、视感等，这里不再一一列举。

4.2.2　人机交互子系统的设计

人机交互的设计，一般是以一种选定的界面支持系统为基础，利用它所支持的界面构造成分，设计一个可满足人机交互需求、适合使用者特点的人机界面设计模型。

1. 界面支持系统

人机界面的开发效率与支持系统功能的强弱有密切关系。仅在操作系统和编程语言的支持下进行图形方式的人机界面开发工作量是很大的。现今应用系统的人机界面设计，大多依赖窗口系统、GUI 或可视化编程环境等更有效的界面支持系统。

1) 窗口系统

窗口系统是控制位映像显示器与输入设计的系统软件，它所管理的资源有屏幕、窗口、像素映像，色彩表、字体、光标、图形资源及输入设备。窗口系统的特点是：屏幕上可显示重叠的多个窗口，采用鼠标器确定光标位置和各种操作，屏幕上用弹出式或下拉式菜单、对话框、滚动条等交互机制供用户之间操作。窗口系统通常包括图形库、基窗口系统、窗口子程序、用户界面工具箱等组成层次。

2) 图形用户界面

图形用户界面指在窗口系统之上提供层次更高的界面支持功能，具有特定的视感和风格，支持应用系统用户界面开发的系统。典型的窗口系统一般不为用户界面规定某种特定的视感及风格，而在它之上开发的图形用户界面则通常要规定各自的界面视感与风格，并为应用系统的界面开发提供比一般窗口系统层次更高、功能更强的支持。

窗口系统和图形用户界面这两个概念至今还没有形成统一、严格的定义。因此很难截然区分哪些系统是窗口系统，哪些系统是图形用户界面。

3) 可视化编程环境

目前，在人机交互的开发中，最受欢迎的支持系统是将窗口系统、图形用户界面和可视化开发工具、编程语言和类库结合为一体的可视化编程环境。

可视化的编程能让程序员用一些图形元素直接地在屏幕上绘制自己所需要的界面，并根据观察到的实际效果直接地进行调整。工具(代码生成器)将把以这种方式定义的界面转化为源程序。将来程序执行时产生的界面，就是现在绘制的界面。"所见即所得"是这种开发方式的主要特点。

2. 界面元素

人机交互的开发是用选定的界面支持系统所能支持的界面元素来构造系统的人机界面。在设计阶段，选择满足交互需求的界面元素，并策划如何用这些元素构成人机界面。当前流行的窗口系统和图形用户界面中，常见的界面元素主要包括：窗口、菜单、对话框、图符、滚动条和其他的元素，例如控制面板、剪贴板、光标、按钮等。

3. 设计过程与策略

面向对象的人机交互设计是在交互需求的基础上，以选定的界面支持系统为背景，选择实现人机交互所需的界面元素来构造人机界面，并用面向对象的概念和表示法来表示这些界面元素以及它们之间的关系，从而形成整个系统的 OOD 模型的人机交互部分。主要的设计过程与策略主要包括以下部分。

(1) 选择和掌握界面支持系统及界面元素。选择实现人机界面的支持系统及界面元素，主要从硬件、操作系统、编程语言、界面实现的支持级别和界面的风格与视感等方面考虑。

(2) 用面向对象概念表示界面元素。在选定了界面支持系统，并且明确了要用它提供的哪些界面元素来构成人机界面之后，剩下的工作就是用面向对象的概念及表示法来表示这些界面元素。

① 对象和类：每一个具体的界面元素都是一个对象，每一种具有相同特征的界面对象用一个类来描述，称为界面类。用这个类创建的每一个对象实例就是一个可在人机界面上显示的界面元素。

② 属性和操作：界面对象的属性用于描述界面元素的各种静态特征，例如位置、尺寸、颜色等，以及状态、内容等逻辑特征。界面对象的操作用来描述界面元素的行为。

③ 整体—部分结构：整体—部分结构在人机界面设计中的应用十分普遍，可从以下两个角度来识别界面对象之间的整体—部分结构。一方面是直接观察界面元素之间的构成关系；另外一个方面是根据命令的组织结构来建立界面对象之间的整体—部分结构。

④ 一般—特殊结构：在人机界面的设计中常常要用一般—特殊结构表示较一般的界面类和较特殊的界面类之间的关系，使后者能够继承前者的属性与操作，从而减少开发工作的强度。

⑤ 关联：如果两类对象之间存在着一种静态联系，即一个类的界面对象需要知道它与另一个类的哪个(或哪些)界面对象相联系，而且难以区分谁是整体、谁是部分，则应该用关联来表示它们之间的这种关系。

4.3　控制驱动子系统的设计

4.3.1　控制驱动子系统的基本概念

控制驱动部分是 OOD 模型中的一个外围部分，该部分由系统中全部主动类构成，这些主动类描述了整个系统中所有的主动对象，每个主动对象是系统中一个控制流的驱动者。

控制流是一个在处理机上顺序执行的动作序列。在用面向对象方法构造的程序中，每个控制流开始执行的源头，是一个主动对象的主动操作。在运行时，当一个主动对象被创建时，它的主动操作将被创建为一个进程或者线程，并开始作为一个处理机资源分配单位而开始活动。从它开始，按照程序中描述的控制逻辑层调用其他对象的操作，就形成了一个控制流。在 OOD 中，把系统中描述的所有的主动对象表示清楚，就抓住了系统中每个控制流的源头，就可以把并发执行的所有的控制流梳理出清晰的脉络。所有的主动对象都用主动类描述，所有的主动类构成 OOD 模型的控制驱动部分。

控制驱动部分的设计关系到许多技术问题，主要包括以下几个方面。

1. 系统总体方案

要开发一个较大的计算机应用系统，首先要制定一个系统总体方案。其内容包括：项目的背景、目标与意义，系统的应用范围，对需求的简要描述，采用的主要技术，使用的硬件设备、网络设施和各种商业软件(包括操作系统，DBMS 等)，选择的软件体系结构风格，规划中的网络拓扑结构，系统分布方案，子系统划分，经费预算，工期估计，风险分析，售后服务措施，对用户的培训计划等。

对于一个 OOD 模型中控制驱动部分的设计而言，总体方案中所决定的下述问题是它的基本实现条件。

(1) 计算机硬件：它的性能、容量和 CPU 数目。

(2) 操作系统：对并发和通信的支持，包括对多进程和多线程的支持，对进程之间通信和远程过程调用的支持等。

(3) 网络方案：所采用的网络软硬件设施、网络拓扑结构、通信速率、网络协议等。

(4) 软件体系结构。

(5) 编程语言：对并发程序设计的支持，特别是对进程和线程的描述能力。

(6) 其他商业软件：如数据库管理系统、界面支持系统等。

系统总体方案中所决定的上述实现条件或技术决策，将作为 OOD 模型中控制驱动部分的设计所考虑的主要实现因素。

2. 软件体系结构

尽管目前对软件体系结构还没有完全一致的定义，但是仍可总结出一些共识：软件体系结构是关于整个软件系统的全局性结构。决定软件系统全局性结构的关键因素是用什么成分来构造系统，以及这些成分之间是如何相互连接和相互作用的。用什么成分构成软件系统，以及这些成分之间如何相互连接、相互作用决定了不同的软件体系结构风格。在 OOD 模型中，很显然要选择面向对象风格的软件体系结构。但是，如果系统中采用了分布式处理技术，还需要结合分布式系统的软件体系结构的风格。

4.3.2 控制驱动子系统的设计原则

在控制驱动子系统的设计中，关键问题是识别系统中所有并发执行的任务，然后用主动对象来表示这些任务。然而在网络环境下，系统中需要哪些并发执行的任务，其答案与软件体系结构风格和系统分布方案等问题有关。因此，控制驱动部分设计首先应该确定软件体系结构风格，然后确定系统的分布方案，最后才能确定系统中的并发任务。

1. 选择软件体系结构风格

一个面向对象方法开发的系统，其软件体系结构风格当然是面向对象的。但是这种风格只是体现了系统的基本构成元素以及它们之间的关系是基于面向对象概念的。对于分布式系统而言，分布在不同处理机上的系统成分之间的通信方式则是由其他体系结构风格决定的。因此，在分布式系统的设计中，除了采用面向对象风格以外，还需要结合分布式系统的体系结构风格，例如对等式客户—服务器体系结构、二层客户—服务器体系结构、三层客户—服务器体系结构等。

2. 确定系统分布方案

软件体系结构风格的确定，对系统分布方案具有决定性的影响。随着软件体系结构风格的选择，系统中的每个结点采用何种计算机，以及它们之间如何连接，也都将逐一明确。被开发的软件将分布到这些结点上。

通常要从两个方面考虑系统的分布方案，即数据分布和功能分布，分别决定如何将系统的数据和功能分布到各个结点上。在一个面向对象方法开发的系统中，数据分布和功能分布都将通过对象的分布来实现，因为所有的数据和功能都是以对象为单位结合在一起的。因此，设计者考虑的焦点问题是如何把对象分布到各个结点上。由于在 OOD 模型中对象是通过类来表示的，所以对象分布情况需要在类图中给出恰当的表示。

1) 对象的分布

一个面向对象方法开发的应用系统，其功能与数据紧密地结合在一起，形成若干对象。因此，数据分布和功能分布都将通过对象的分布体现。在大部分情况下，通过把对象分布到各个结点上，可以使数据分布和功能分布得到一致的解决。一般的对象分布策略包括以下几个方面：

(1) 由功能决定对象分布。在面向对象的系统中，系统的所有功能都是由对象通过其操作提供的。有些对象直接向系统边界以外的参与者提供了外部可见的功能，有些对象只是提供了可供系统内部的其他对象调用的内部功能。对于提供外部可见功能的对象，可直接将这些对象分布到相应的计算机上。与这些对象通信频繁或者相互关联的其他对象也将受这些对象分布位置的影响，基本原则是把通信频繁、关联紧密的对象分布在同一个结点或者传输到距离较近的结点上，尽可能减少网络上的通信频度和传输量。

(2) 由数据决定对象分布。系统中有许多数据要求集中保存和管理，这种要求一方面来自用户需求，另一方面来自宏观的设计决策。首先可以根据上述要求决定一部分对象的分布，把通过书信保存上述数据的对象分布到相应的结点上；其次，考虑把对这些数据操作频繁，并且向其他对象提供公共服务的对象分布在同一个结点上。

(3) 参照用况。在 OOA 中定义的每个用况，系统中将有一组紧密合作的对象来完成这个用况所描述的功能。原则上，这组对象应该分布到提供该项功能的那个结点上。这个结点也就是用况的参与者直接使用的那台计算机。

(4) 追踪消息。通过在一个集中式的类图追踪控制流内部的消息，也可以帮助决定如何分布系统中的对象。凡是通过控制流内部的消息相联系的对象，原则上应分布到同一个结点上。

2) 类的分布

由于一个系统中所有的对象实例都是用它们的类来描述的，所以当一些对象实例分布到某台计算机上时，它们的类通常也应该在这台计算机上出现，以便用这些类创建所需要的对象实例。如果一个类的不同对象实例分布在不同的计算机上，那么每一台计算机上都需要有这个类存在。

3) 类图的划分

为了表明对象和类在各个结点上的分布情况，需要在类图上采取相应的组织措施。具体策略有以下两种：

第一种策略是把每个结点上的包看成一个独立的子系统，用一个定义完整的类图表示，图中不但要包括所有在这个结点上直接创建对象实例的类，也要把这些类所要引用的其他类表示出来。

第二种策略是把每个结点的包看成是从整个系统的类图划分出来的一个局部，它是整个类图的一部分，而不是一个独立存在的类图。在一个包中只需把直接创建对象实例的类显式地表示出来，其中在多个结点重复出现的类采用副本表示法，但是副本的祖先就不再以副本的形式出现。

3. 识别控制流

在选定了软件体系结构和系统分布方案的基础上，需要确定系统中要设计哪些控制流。具体的策略介绍如下。

1) 以结点为单位识别控制流

在系统分布方案确定之后，分布在不同结点上的程序之间的并发问题便已经解决了。因为它们将在各自的计算机上运行，彼此之间自然是并发的。剩下的问题是，以每个结点为单位考虑在每个结点上运行的程序还需要如何并发，需要设计哪些控制流，以及各个结点之间如何相互通信。以结点为单位识别控制流是各项策略的基础。

2) 从用户需求出发认识控制流

用户要求系统中有哪些任务并发执行，这个问题已经在系统分布方案中得到了部分解决，因为分布在各个结点上的功能是通过在不同的计算机上执行而达到并发的。现在需要考虑的是，每一个结点所提供的系统功能，还有哪些任务必须在同一台计算机上并发地执行。

3) 从用况认识控制流

OOA 阶段定义的每一个用况都描述了一项独立的系统功能。从需求的角度看，它描述了一项系统功能的处理流程；从系统构造的角度看，它很可能暗示着需要通过一个控制流来实现业务处理流程。通常，在以下几种情况下应考虑针对一个用况设计相应的控制流：

(1) 用户希望一个用况所描述的功能在必要时能够与其他功能同时进行处理。这是系统固有的并发要求，对这样的用况设计相应的控制流才便于实现并发。

(2) 对一个用况所描述的功能，用户可以在未经系统提示下随时要求执行。这样的用况一般应由一个专门的控制流去处理，很难融合在其他控制流中。

(3) 一个用况所描述的功能是对系统中随机发生的异常事件进行异常处理的。这种情况也不能在程序的某个可预知的控制点上开始相应的处理。这种用况一般也应该由一个专门的控制流去处理。

4) 参照 OOA 模型中的主动对象

在 OOA 阶段发现的主动对象是问题域中一些具有主动行为的事物的抽象描述。主动对象的一个主动操作，是在创建之后不必接收其他对象的消息就可以主动执行的操作。从系统运行的角度看，这意味着主动对象的一个主动操作是一个控制流的源头。在 OOD 中，通过考察 OOA 模型中的主动对象可帮助确定这些控制流。

除了满足系统固有的并发要求之外，在这几种情况下也需要识别和设置控制流：为改善性能而增设的控制流、实现并行计算的控制流、实现结点之间通信的控制流和对其他控制流进行协调的控制流。

4. 控制流的表示

确定了系统中需要设立哪些控制流之后，剩下的问题就是如何表示这些控制流。在面向对象的系统模型中，控制流不是一种模型构造元素，更没有显式的图形表示符号。系统的一切行为都是通过对象的操作以及它们之间的消息来表示的。控制流在这种由代表类的方块和它们之间的各种关系连线所构成的类图中，实际上并没有被显式地表示，而是被隐含地表示。即使在专门用于表现系统行为的顺序图中，也没有可表示一个完整的控制流的模型元素。

但是从逻辑上讲，类图是能够表示控制流的。一个控制流就是主动对象中一个主动操作的一次执行。它的执行可能要调用其他对象的操作，后者又可能调用另外一些对象的操作，这就是一个控制流的运行轨迹。

4.4 数据接口子系统的设计

4.4.1 数据接口子系统的基本概念

数据接口部分是 OOD 模型中负责与具体的数据管理系统衔接的外围组成部分，它为系统中需要长久存储的对象提供了在选定的数据管理系统中进行数据存储与恢复的功能。

大部分实用的系统都要处理数据的永久存储问题。凡是需要长期保存的数据，都需要保存在永久性存储介质上，而且一般是在某种数据管理系统的支持下进行数据的存储、读取和维护的。目前，最常用的数据管理系统主要包括文件系统和数据库管理系统。

1. 文件系统

文件系统通常是操作系统的一部分。它采用统一、标准的方法对辅助存储器上的用户文件和系统文件的数据进行管理，提供存储、检索、更新、共享和保护等功能。在文件系统的支持下，应用程序不必直接使用辅助存储器的物理地址和操作指令来实现数据的存取，而是把需要永久存储的数据定义为文件，利用文件系统提供的操作命令实现上述各种功能。

与数据库管理系统相比，文件系统的特点是廉价，容易学习和掌握，对被存储的数据没有特别的类型限制。但它提供的数据存取与管理功能远不如数据库管理系统丰富。局限性主要体现在以下几个方面：

(1) 各个文件中的数据是相互分离和独立的，不易直接体现数据之间的关系。

(2) 容易产生数据冗余，并因此为数据完整性的维护带来很大困难。

(3) 应用程序依赖于文件结构，当文件结构发生变化时，应用程序也必须变化。

(4) 不同的编程语言(或其他软件产品)产生的文件格式互异，互不兼容。

(5) 难以按用户视图表示数据。当用户需要表现数据之间的关系时，难以把来自不同文件的数据结合成自然地表现它们之间关系的表格，并且难以保持数据完整性。

2. 数据库管理系统

数据库管理系统(Database Management System，DBMS)是用于建立、使用和维护数据库的软件。它对数据库进行统一的管理和控制，以保证数据库的安全性和完整性。

数据库中的数据有逻辑和物理两个侧面。对数据的逻辑结构的描述称为逻辑模式(外模式)，逻辑模式分为描述全局逻辑结构的全局模式(简称为模式)和描述某些应用的局部逻辑结构的子模式。对数据的物理结构的描述称为存储模式(内模式)。数据库提供了逻辑模式与存储模式之间、子模式与模式之间的映射，从而保证了数据库中的数据具有较高的物理独立性和一定的逻辑独立性。

数据库中的数据包括：数据本身、数据描述(即对数据模式的描述)、数据之间的联系和数据的存取路径。数据库中的数据是整体结构化的。数据不再面向某一程序，从而大大减小了数据冗余度和数据之间的不一致性。同时，对数据库的应用可以建立在整体数据的不同子集上，使系统易于扩充。

数据库的建立、使用和维护必须有 DBMS 的支持，DBMS 能提供如下的功能。

(1) 模式翻译：提供数据定义语言。用它书写的数据库模式被翻译为内部表示。

(2) 应用程序的编译：把含有访问数据库语句的应用程序，编译成在 DBMS 支持下可运行的目标程序。

(3) 交互式查询：提供易使用的交互式查询语言，如 SQL。DBMS 负责执行查询命令，并将查询结果显示在屏幕上。

(4) 数据的组织与存取：提供数据在外围存储设备上的物理组织与存取方法。

(5) 事务运行管理：提供事务运行管理及运行日志，事务运行的安全性监控和数据完整性检查，事务的并发控制及系统恢复等功能。

(6) 数据库的维护：为数据库管理员提供软件支持，包括数据安全控制、完整性保障、数据库备份、数据库重组以及性能监控等维护工具。

数据库管理系统克服了文件系统的许多局限性，它使数据库中的数据具有如下特点：

(1) 数据是集成的，数据库不但保存各种数据，也保存它们之间的关系，并由 DBMS 提供方便、高效的检索功能。

(2) 数据冗余度较小，并由 DBMS 保证数据的完整性。

(3) 程序与数据相互独立。所有的数据模式都存储在数据库中，不是由应用程序直接访问，而是通过 DBMS 访问并实现格式的转换。

(4) 易于按用户视图表示数据。

数据库按照一定的数据模型组织其中的数据。自 20 世纪 60 年代中期以来，先后出现了层次模型、网状模型、关系数据模型和面向对象数据模型。根据数据模型的不同，数据库分为层次数据库、网状数据库、关系数据库和面向对象的数据库。各个 DBMS 的具体内容，请参阅相关文献。

4.4.2　对象存储方案和数据接口的设计策略

下面针对文件系统、关系型数据库管理系统(Relational Database Management System，RDBMS)两种不同的数据管理系统，分别讨论相应的对象存储方案和数据接口部分的设计策略。

1. 针对文件系统的设计

文件系统与数据库管理系统各有优点和缺点，各有不同的应用范围。因此，即使在数据库技术广泛应用的今天，仍然有许多系统需要采用文件系统来进行数据存储。

1) 对象在内存空间和文件空间的映像

文件系统作为底层的支撑软件，其作用只是为应用层的对象保存数据，对于在应用层上运用面向对象的概念和原则构造系统并无本质性影响。应用系统仍然是面向对象的，它只是通过一个接口(也可以由对象构成)来利用文件系统保存其对象的数据，如图4-1所示。

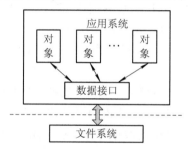

图 4-1　对象在内存空间和文件空间的映像

应用系统的对象实例在内存空间和文件空间的存储映像可以采用不同的映射方式。一种方式是，每个需要永久存储的对象，都在内存空间(通过程序中的静态声明和动态创建语句)建立一个对象实例，同时又在文件中保存一个记录，即对象实例在内存和文件空间的映像是一一对应的。在这种映射方式下，对象在内存空间的映像，是一组属性和一组操作的封装体，文件只是被用来长期存储对象的属性。每个对象在内存空间和外存空间同时保存其属性数据，并通过必要的技术措施维持二者的一致性。

另一种常见的映射方式是：一个类的每个(需要永久存储的)对象都在文件中对应着一个记录，但是在内存空间却只是根据算法需要创建一个或少量几个对象实例。当需要对某个对象的数据进行操作时，才将文件中相应记录的数据恢复成内存中的对象，进行相应的操作；在操作完成之后，该对象的数据又被保存到文件中。就是说，对象在内存空间和文件系统中的映像并不是一一对应的。这种映射方式在文件系统的开发中是很常见的。

2) 对象存放策略

用文件系统存放对象的基本策略是：把由每个类直接定义并需要永久存储的全部对象实例，存放在一个文件中；其中每个对象实例的全部属性作为一个存储单元，占用该文件的一个记录。

3) 设计数据接口部分的对象类

采用文件系统时，数据接口部分应该设计一个类，其作用是为所有(需要在文件中存储数据的)其他对象提供基本保存于恢复功能的类。在这个类中的属性是一个类名—文件名对照表,从这里可以查到每个类用哪个文件存储自己的对象。它提供两个操作:一个是"对象保存",其入口参数指明要求保存的对象、该对象的关键字的值,以及该对象属于哪个类;其功能是从类名—文件名对照表中查知该对象由哪个文件保存,并根据关键字记录位置,然后将对象保存到该文件的相应记录中。另一个操作是"对象恢复",它与"对象保存"操作类似,差别只是数据的流向相反,是把文件中相应记录的数据恢复到对象中。这两个操作都是多态的,在不同的特殊类中将有不同的算法。

2. 针对 RDBMS 的设计

RDBMS 是目前应用最广泛的数据库管理系统。由于采用 RDBMS 和采用文件系统有许多问题是类似的,因此对共同问题只做简单的讨论,重点讨论使用 RDBMS 时的特殊问题。

1) 对象及其对数据库的使用

与文件系统类似,RDBMS 也不是面向对象的,但是可以这样理解:应用系统中定义的对象仍然是属性和操作的封装体,只是在必要时借助关系数据库长久地保存其属性数据;而关系数据库是在 RDBMS 的支持下建立,并在它的管理下工作的。

与使用文件系统的情况类似,对象实例在内存空间和关系数据库中的存储映像也有两种不同的方式。一种方式是:每个需要永久存储的对象都在内存空间(通过程序中的静态声明或动态创建语句)建立一个对象实例,同时又在数据库的一个表中保存一个元组,即对象实例在内存空间和关系数据库中的映像是一一对应的。另一种很常见的方式是:一个类所有需要永久存储的对象都在数据库的一个表中对应着一个元组,而在内存空间却只是根据算法的需要创建一个或少量几个对象实例,只是在需要对某个对象的数据进行操作时才将它恢复成内存中的一个对象,并进行相应的操作,在操作完成之后,该对象的数据又被保存到数据库中,即对象在内存空间和在数据库中的映射并不是一一对应的。

2) 对象在数据库中的存放策略

用关系数据库存放对象的基本策略是:把由每个类直接定义并需要永久存储的全部对象实例存放在一个数据库表中。每个这样的类对应一个数据库表,经过规范化之后的类的每个属性对应数据库表的一个属性(列),类的每个对象实例对应数据库表中的一个元组(行)。与使用文件系统的情况类似,也可以把一个一般—特殊结构中所有的类对应到一个数据库表。但是同样也会带来空间浪费、操作复杂等问题。

3) 数据接口部分的对象设计

在采用 RDBMS 的情况下,系统需要经常执行的操作,是把内存中的对象保存到数据库中,以及把数据库中的数据恢复成内存中的对象。因此,数据接口部分的设计可以有两种策略。一种可以把这些操作分散到各个类中去设计和实现,即在每个需要长期保存其对象实例的类中定义一对进行对象保存和对象恢复操作的操作,使这些类的对象实例能够自我保存和自我恢复。但是这种分散解决策略将使问题域部分与具体的数据库管理系统及其数据操作语言紧密地联系在一起,最终影响在不同实现条件下的可复用性。另一种是集中解决策略,即把这些操作集中在一个类中,由这个类为所有需要永久存储的对象提供相应的操作。这个类就是数据接口部分的类。这个类提供"对象保存"和"对象恢复"两种操作。"对象保存"是将内存中一个对象保存到数据库表中；"对象恢复"是从数据库表中找到要求恢复的对象所对应的元组，并将它恢复成内存中的对象。执行这些操作需要知道被保存或被恢复的对象的下述信息：

(1) 它在内存中是哪个对象(从而知道从何处取得被保存的对象数据，或者把数据恢复到何处)。

(2) 它属于哪个类(从而知道该对象应保存在哪个数据表中)。

(3) 它的关键字(从而知道该对象对应数据库表的哪个元组)。

4.5 本章小结

面向对象设计是在面向对象分析的基础上进行的，它以面向对象分析模型为输入，根据实现的要求对分析模型做必要的修改与调整。面向对象设计过程包括以下四个大的活动：问题域子系统的设计；人机交互子系统的设计；控制驱动子系统的设计和数据接口子系统的设计。

问题域部分是面向对象设计模型的四个组成部分之一，是由与问题域有关的对象构成的，并且在特定的实现平台上提供用户所需功能的组成部分。人机交互部分是面向对象设计模型的外围组成部分之一，其中所包含的对象构成了系统的人机界面，称为界面对象。控制驱动部分是面向对象设计模型中的另一个外围部分，该部分由系统中全部主动类构成，这些主动类描述了整个系统中所有的主动对象，每个主动对象是系统中一个控制流的驱动者。数据接口部分是面向对象设计模型中负责与具体的数据管理系统衔接的外围组成部分，它为系统中需要长久存储的对象提供了在选定的数据管理系统中进行数据存储与恢复的功能。

本章习题

1. 简述人机界面的设计准则。

2. 如何进行问题域设计？

3. 简述人机交互系统的设计准则。

4. 窗口系统的定义是什么，简述其特点。

5. 串口系统管理的资源有哪些？

6. 什么叫整体—部分关系？

7. 用图示表示整体—部分结构。

8. 识别控制流的策略有哪些？

9. 分析文件系统和数据库管理系统之间的差异。

10. 如何选择合适的数据管理系统？

11. 对象如何在数据库中存放？

第二篇

面向对象程序设计

第 5 章

C++ 语言基础

C++ 语言是在 C 语言基础上发展起来的面向对象的程序设计语言，它不但继承了 C 语言的灵活性和丰富的数据类型、运算符及表达式等，更重要的是它引入了类与对象的概念，并以此实现面向对象编程。

C++ 语言之所以被程序员广泛使用，是因为它有着比其他语言更高的灵活性和方便性。本章主要介绍 C++ 在 C 语言基础上的一些改进和变化以及 C++ 的语法基础。

5.1 C++ 语言概述

C++ 语言的创始人是 Bjarne Stroustrup。Bjarne Stroustrup 于 20 世纪 70 年代在英国剑桥大学攻读博士学位时开始接触 Simola 语言。后来进入 C 语言的发源地——美国，AT&T 贝尔实验室开始用 Simola 对 C 语言进行扩充，并于 1982 年获得初步成功，1984 年贝尔实验室正式将其取名为 C++。

5.1.1 C++ 语言的特点

C++ 不但继承了 C 语言的灵活、高效和可移植性高的优点，而且增加了 Simola 中类的机制，又从 ALGOL 中吸收了运算符重载引用等，更综合了 Ada 的异常处理机制，使得 C++ 成为功能强大灵活性更高的实用性语言。

C++ 的主要特点如下：

(1) 语言简洁、紧凑，使用方便、灵活；生成的目标代码质量高，程序执行效率高；可移植性好等。

(2) C++ 具有丰富的数据类型和运算符，能够实现复杂的数据结构。

(3) C++ 允许直接访问内存地址、通过控制计算机寄存器端口等硬件可直接对硬件操作。

(4) 对 C 语言进行的改进包括：编译器更加严格，引入引用的概念，引入 const 常量和内联函数，取代宏定义等。

(5) C++ 引入类的概念，能够很好地实现面向对象的思想。所以，在 C++ 环境下既可以进行面向过程的程序设计又可以进行面向对象的程序设计。

(6) C++ 具有类的继承特性，能够使用已有类编写更高层次的类，从而提高了编写程序的效率。

(7) C++ 支持多态，能够重载函数和运算符，从而增加了程序的灵活性和可读性。

C++ 语言的这些特点，也正是它的优点所在，下面具体介绍 C++ 语言的语法基础。利用 C++ 语言进行程序设计的关键是明确其支持的基本程序结构，下面首先介绍 C++ 程序的基本结构。

5.1.2　C++ 语言程序基本结构

事实上，从某种意义上来说，一个 C 语言程序也是一个 C++ 程序。但是 C++ 程序对 C 程序进行了扩充。下面以一个简单的程序来说明。

例 5.1

```
#include<stdio.h>                //文件包含，编译预处理命令
main()
{
    int x, y;                    //定义两个整型变量
    printf("please input x, y:\n"); //提示信息
    scanf("%d%d", &x, &y);       //输入两个整数给变量 x 和 y
    printf("x+y = %d\n", x+y);    //输出 x+y 的值
}
```

这是一个 C 程序，下面我们再来看看 C++ 程序的写法。

例 5.2

```
//计算两个整数之和
#include<iostream>               //文件包含，编译预处理命令
using namespace std;             //使用标准命名空间 std
int main()
{
    int x, y;                    //定义两个整型变量
    cout << "please input x, y" << endl; //提示信息
    cin >> x >> y;               //输入两个整数给变量 x 和 y
    cout << "x+y = " << x+y << endl; //输出 x+y 的值
    return 0;                    //程序结束，正常时返回 0
}
```

程序分析：这是一个 C++ 程序，它与 C 程序的写法有所不同，具体体现在以下几个方面：

(1) 第一行"#include"是文件包含，意思是把"iostream"中的内容包含到程序中。在"iostream.h"中有对标准输入输出"cin"和"cout"的定义。而 C 程序中的标准输入输出为"scanf"和"printf"，定义在"stdio.h"中。

(2) 命名空间是表达多个变量和多个函数组合成一个组的方法，主要是为了解决名字冲突的问题。标准命名空间 std 中定义了标准 C++ 库的所有标识符，当程序中用到 C++ 标

准库(如用到 iostream.h)时，就需要用 std 作为限定。

(3) C++ 程序中用 cin 和 cout 表示输入和输出。其中"$>>$"表示提取符，即把由键盘输入的字符提取到内容中，然后分配给后面的变量；"$<<$"表示插入符，即把程序中输出的字符插入(输出)到显示器上的字符流中。在 C 程序中用"scanf"和"printf"表示输入和输出。

(4) "endl"是 C++ 的换行符，C 程序的换行符用"\n"表示。

(5) C++ 程序文件的扩展名为".cpp"。

注意：一般情况下，在不会产生命名冲突的情况下，第一二行也可以直接写为"#include <iostream.h>"。本书后面内容都依此写出。

5.1.3 C++ 程序开发步骤

目前 C++ 的典型版本主要有 Borland C++ 和 Visual C++。一般的 C++ 程序都要经过编辑、编译、连接和调试等步骤。本书主要是在 Visual C++ 6.0 环境下进行的，具体步骤如下：

(1) 打开 C++ 语言环境，编写 C++ 源程序。

(2) 把 C++ 源程序保存为扩展名为".cpp"的文件。

(3) 编译源程序。因为计算机只能识别和执行二进制指令，所以要先用编译器将源程序编译成二进制程序，称为目标文件，扩展名为".obj"。

(4) 连接目标文件。编写的程序可能会引用到其他程序的函数，例如上例中的"stdio.h"和"iostream.h"，所以要把被引用的函数代码与目标文件进行连接。

(5) 连接好的文件可形成可执行文件，文件以".exe"为扩展名。

完成以上步骤就可以直接运行程序了，具体操作如下：

(1) 首先打开【文件】，选择【新建】，弹出如图 5-1 所示的界面，在【文件】选项卡里选择"C++ Source File"；在"文件"栏中输入源程序文件名，如"s"，扩展名可写可省，系统默认为".cpp"；在"目录"中选择文件保存路径，如"F:\VC_E"，文件全路径为"F:\VC_E\s.cpp"。

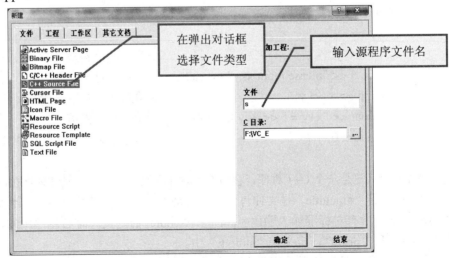

图 5-1 VC 开发新建界面

(2) 编辑程序。点击图 5-1 中的 "确定"按钮进入编辑界面，如图 5-2 所示，编写 C++
源程序。

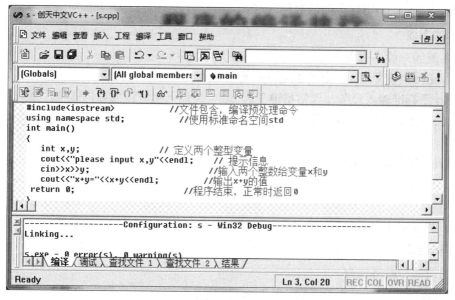

图 5-2 源程序编辑界面

(3) 编译链接。程序编辑完成后，在菜单【编译】中选择 "编译 s.cpp"，编译链接完成
后，在下端编译窗口中会出现提示程序的 error 和 warning，如无误，则出现 "0 error，0
warning"。

(4) 程序运行。编译无误后，在菜单【编译】中选择 "执行 s.exe"，弹出运行界面，如
图 5-3 所示，运行即可。

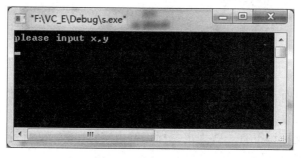

图 5-3 程序运行界面

5.2 C++的标准输入输出

对于程序设计来说，确定的输入和输出是必不可少的，不同的语言对于输入输出处理
方式不同。

与 C 语言的库函数 stdio.h 中的 scanf 函数和 printf 函数进行输入输出不同，C++ 语言
有着自己的输入输出方式即输入输出流，如例 5.2 中的 cin 和 cout。cin 为输入流，表示数

据从某个载体或设备传送到内存缓冲区变量中；cout 为输出流，表示数据从内存传送到某个载体或设备中。关于输入输出流的描述在库函数 iostream.h 中，所以在程序前必须用 #include<iostream.h>将这个库函数包含进去。

1．输入流

输入流的一般格式为

    cin >> 变量 1 >> 变量 2 >> ··· 变量 n;

其中，cin 是标准输入设备，通常指键盘。"">>"为输入运算符或称提取符，是一个二元运算符，它的功能是将键盘输入的数据赋给相应的变量。"">>"可以连用，表示可以对多个变量赋值。

例如：从键盘向 int 型变量 x 中输入数据，则为

    cin >> x;

又如：

    int x; char c; cin >> x >> c;

2．输出流

输出流的一般格式为

    cout << 表达式 1 << 表达式 2 << ···表达式 n;

其中，cout 是标准输出设备，通常指显示器。"<<"是输出运算符或称插入符，也是一个二元运算符。"<<"也可以连用，表示输出多个量。

例如：输出整型变量 x 的值，则为

    cout << x;

又如：

    cout << "result" << x << y;

5.3 标 识 符

程序员编写程序时，需要定义一些符号来标识变量、常量、函数名、结构体名、共用体名、类名、对象名等，这就是标识符。

C++ 语言对定义标识符有一些规定：标识符由字符、数字、下划线组成，且第一个符号只能是字母或下划线。如：

Max，zuidazhi3_5，_1 等都是合法的标识符。

1_2，w-2，R。1，int 等都不是合法的标识符。

其中 int 不能当作一般的标识符被用来定义变量名或对象名等，因为在 C++ 中有一些标识符是系统预定义的，它们具有特定的含义，所以又称为关键字。

C++ 中常用的关键字包括以下几种：

(1) 数据类型关键字：int，float，double，short，long，signed，unsigned，char，bool，class，const，enum，struct，union，void 等。

(2) 存储类型关键字：auto，extern，inline，register，static 等。

(3) 类访问权限关键字：private，public，protected 等。

(4) 控制语句关键字：if，else，switch，case，continue，break，default，do，while，for，goto，return，throw，try，catch 等。

(5) 运算符关键字：new，delete，true，false，sizeof 等。

(6) 其他关键字：define，namespace，template，this，using，friend，virtual 等。

5.4　常量与变量

5.4.1　常量

在程序运行中，其值不能被改变的量称为常量，常量又被分为直接常量和符号常量两种。

1. 直接常量

直接常量为直接使用数值或文字表示的值，包括以下几种。

(1) 整型常量：不带小数的常量，如 10、−20、0。

(2) 实型常量：带小数的常量，如 2.18、−5.6、2.3E+2、−3.12E−2。不带后缀的实型常量为 double 型，带后缀 F 或 f 可表示单精度实型常量。

(3) 字符型常量：以单引号括起来的单个字符，如 'a'、'3'、'*'。其中对于键盘不便于直接输入的字符，称为转义字符。如回车符、制表符等，通常以 "\" 开头，同 C 语言，读者可参考有关 C 语言教程。

(4) 逻辑型常量：逻辑型又称布尔型(bool)，其常量只有两个 true(真)和 false(假)，在内存中占有一个字节的存储空间。

(5) 字符串常量：由一对双引号括起来的若干字符，如 "abc"。

2. 符号常量

符号常量为直接使用符号表示的常量值，包括宏定义和 const 定义的符号常量。

1) 宏定义

语法形式：

　　#define　宏名　字符串

如：

　　#define　PI　3.14

宏定义在预编译时，只进行简单的替换，不做语法检查。

2) const 定义

用 const 定义的常量称为标识常量。为了读者能更清晰的了解 const 的用法，下节将专门介绍 const。

5.4.2　const 说明符

C++ 语言中用 const 说明符来说明常量，const 的用途主要归纳为以下几种：

(1) const 用来说明常量。

一般格式为

　　　　const 类型 常量标识符 = 常量值;

例如:

　　　　const float PI = 3.14;

说明 PI 是常量，而且这个常量是有类型的，要占用存储空间，可以用指针指向这个值，但不能被修改。

(2) const 用来说明函数的形参。

例如:

　　　　hans(const　int　x);

说明参数 x 的值在函数中不能被修改。

(3) const 用来说明指针变量，分为以下三种情况。

① 声明指针常量。

一般格式为

　　　　类型 * const 指针;

是要把指针本身，而不是它指向的对象声明为常量，指针常量的值只能在定义的时候初始化给定。

例如:

　　　　int x = 0,y = 0;

　　　　int * const p = &x;

　　　　*p = 100;

　　　　p = &b;　　　　//错误，指针常量的值不能修改。

② 声明指向常量的指针。

一般格式为

　　　　const　类型　*　指针;

使指向的对象为常量，而不是指针为常量。

例如:

　　　　const int a = 1;

　　　　int x = 0;

　　　　const int *p;

　　　　p = &a;

　　　　*p = 2;　　　　//错误，p 指向的是常量值不能修改。

③ 声明指向常量的指针常量。

一般格式为

　　　　const　类型　* const　指针;

使两个对象都为常量，指针本身和所指对象的值在定义之后都限制为只读。

例如:

　　　　int x = 0;

　　　　const int a = 1;

　　　　const int * const p = &x;

```
*p = 2;                    //错误，指向对象不能修改。
p = &a;                    //错误，指针变量的值不能修改。
```

5.4.3 变量

程序运行中值可以被改变的量称为变量。变量必须先定义再使用。

(1) 变量定义的一般形式为

　　　　数据类型　变量名 1, 变量名 2, …, 变量名 n;

如：

```
int    a, b, c;
double c;   char *p;
```

(2) 变量的初始化。

一旦定义了变量，该变量就应该有确定的值。定义变量的同时为其赋初值称为变量的初始化。

变量的初始化有两种形式：使用赋值号（"="）或使用括号。

如：

```
float a = 3.14;
```

或

```
float a(3.14);
```

5.4.4 数据类型

C++ 语言的任何一个变量或常量都是有确定的数据类型的，这是因为如果没有数据类型，系统就无法确定为变量分配多少字节的存储空间。在 C++ 系统中为基本数据类型进行了预定义，所以这些基本类型所占的字节数也是固定的。当然，不同的 C++ 语言环境对于字节数的定义可能有所不同，读者使用时应注意。

C++ 语言除了支持基本的数据类型外，还支持复合的数据类型和用户自定义的类型。图 5-4 是 C++ 语言支持的数据类型示意图。

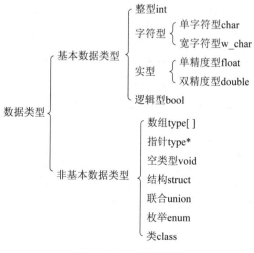

图 5-4　C++ 数据类型

其中，基本数据类型为整型、字符型、实型和逻辑型。

在 VC++ 6.0 开发环境下，基本整型占 4 个字节，这是与 Turbo C 不同的。由此读者可以了解，不同的开发环境为数据类型所分配的字节数有所不同，具体可以参考有关开发环境手册，或者在运行环境下用 sizeof 运算符进行测试。

如"sizeof(int)"用来测试 int 型在系统中所占的字节数，用"cout << sizeof(int);"输出结果即可。

5.5 C++ 运算符

5.5.1 运算符概述

运算符是 C++ 中用来处理不同数据类型进行运行的符号。C++ 包含的运算符基本同 C 语言，除此之外增加了引用(&)、作用域运算符(::)和动态申请和释放存储空间运算符(new 和 delete)，如表 5-1 所示。本节重点讲解这几种运算符的使用，其他运算符读者可参考有关手册学习或 MSDN。

表 5-1 C++ 运算符

优先级	运 算 符	结合性
1	( ) [ ] -> ::	左结合
2	! ~ + - ++ -- &(地址) sizeof new delete . -> *	右结合
3	* / %	左结合
4	+ -	左结合
5	<< >>	左结合
6	< <= >= >	左结合
7	== !=	左结合
8	&(引用)	左结合
9	^	左结合
10	|	左结合
11	&&	左结合
12	||	左结合
13	? :	右结合
14	= *= /= += -= |= <<= >>=	右结合
15	,	左结合

5.5.2 作用域运算符

C++ 把程序中的空间分为：语句、语句块、函数、文件和程序五种域。为了编程中的方便，C++ 允许程序员把某一变量定义在某一域中才可以操作，称为变量的作用域。通常作用域分为全局和局部两种：只能在函数或语句块中起作用的变量称为局部变量或内部变量；可以在一个文件范围内或一个程序的所有文件范围内起作用的变量称为全局变量。当一个程序中同一个变量既是全局变量又是局部变量，那么在局部变量的作用域内，全局变量被屏蔽。

例 5.3

```
#include<iostream.h>
int x = 1;              //全局变量 x
int main()
{
    int x;              //局部变量 x
    x = 2;
    cout << "x = " << x << endl;
    return 0;
}
```

输出结果：

```
x = 2
```

程序分析：语句"int x = 1;"定义在函数的外面，所以 x 变量称为全局变量。全局变量 x 的作用域从定义语句"int x = 1;"开始到整个程序结束；主函数中语句"int x"定义在 main 函数中，所以 x 为局部变量。局部变量 x 的作用域从定义"int x;"开始到主函数结束；在局部变量作用范围内(也就是 main 函数内)全局变量被屏蔽，所以在主函数中是局部变量在起作用，因此主函数中 x 的输出结果为 x = 2。

那么如果用户想在局部变量的作用域内看到全局变量的值该怎么办呢？用作用域运算符来实现。

作用域运算符"::"可以将被屏蔽的全局变量显现，使其作用域在局部范围内可见。

例 5.4

```
#include<iostream.h>
int x = 1;
int main()
{
    int x;
    x = 2;
    cout << "x = " << x << endl;
    cout << "x = "<< ::x << endl;
    return 0;
}
```

输出结果：

```
x = 2
x = 1
```

程序分析："cout << "x = " << x << endl;"语句中 x 为局部变量，此时 x = 2，这是因为当全局变量和局部变量名相同时，局部范围内全局变量 x = 1 被屏蔽；而在语句"cout << "x = " << ::x << endl;"中用作用域运算符"::x"将全局变量显现出来，所以此时 x = 1。

5.5.3 运算符 new 和 delete

大部分的变量一旦定义为某个类型，系统就会为其分配该类型固定长度的存储空间，这样在变量值未知的时候会浪费存储空间，所以需要动态分配方式。

C++ 的运算符 new 和 delete 提供了动态存储分配和释放存储空间的功能，类似 C 语言的 malloc 和 free 函数。

1．运算符 delete

运算符 delete 的使用形式为

　　delete 指针变量

它的作用是释放指针所指向的内存，指针必须是 new 操作的返回值。如果释放的指针是用 new 建立的数组，则在指针变量前面加[]。

如：要释放由 new 申请的指针 p，则为

　　delete p;

　　delete []q;

说明：new 和 delete 都可以被重载。

2．运算符 new

运算符 new 的使用形式为

　　new 类型名(初值列表)

它的作用是在程序执行期间申请用于存放对象的内存空间，并依初值列表赋以初值。返回值是和类型名相同类型的指针，指向新分配的内存首地址，如果有初值，则将该值存储在新申请的空间。如果申请失败则返回空指针(NULL)。

例 5.5

```
#include<iostream.h>
int main()
{
    int    *p;
    p =    new int(10);
    cout << *p << endl;
    return 0;
}
```

输出结果：10

程序分析：程序中用 new int(10)来申请一块用来存放整型变量的内存空间，若申请成功用 p 指针指向该地址，并向该空间存放初值 10。输出*p，则其值为 10。

如果要为数组申请一组连续空间，则 new 的使用形式为

　　new 类型名[表达式]

其中，表达式给出动态创建数组元素的个数，new 函数返回新创建的一组连续内存空间的首地址且返回和类型名相同类型的指针。

例 5.6

```
#include<iostream.h>
#include <stdlib.h>
int main()
{
    int    *q,a[10],i;
    q = new int[10];
    if (q == NULL)
    {
        cout << "request failure!" << endl;
        exit(-1);
    }
    for(i = 0; i<10; i++)            //为数组赋值
    {
        a[i] = i;
        q[i] = a[i]+10;
     }
    for(i = 0; i < 10; i++)     //输出数组元素
        cout << q[i] << " ";
    return 0;
}
```

输出结果：

10 11 12 13 14 15 16 17 18 19

程序分析：new int[10]申请连续的 10 个整型内存空间，若申请成功用 q 指向其首地址，也就是申请含有 10 个元素的数组单元，数组的首地址为 q。后面两个 for 循环分别为数组赋值和输出数组元素。

用 new 申请二维数组空间有以下两种方式：

(1) 用二维数组的定义方式来定义二维数组，格式为

　　new 数据类型[行][列]

用这种方式时，必须注意指向二维数组空间的指针的定义方法，一般必须将其定义为

　　数据类型 (*指针变量)[列];

例如：申请一个 3 行 5 列的二维数组，指针定义方式为

　　int (*p)[5] = new int[3][5];

这 3*5 个地址空间是连续的。

用这种方式申请的二维数组是真正意义的二维，其地址空间连续，所以释放时只需要用 delete []指针变量即可。

如上述这个二维数组空间的释放就可以这样来做：delete []p; 。下面把这个例子完整写出来：

例5.7

```
#include<iostream.h>
void main()
{
        int (*p)[5] = new int[3][5];
        for(int i = 0; i<3; i++)
        for(int j = 0; j<5; j++)
            p[i][j] = i*j;
        for(i = 0; i<3; i++)
        for(int j = 0; j<5; j++)
            cout << p[i][j] << " ";
        cout << "\n";
        delete []p;    //释放动态分配的数组空间
}
```

运行结果：

0 0 0 0 0 0 1 2 3 4 0 2 4 6 8

程序分析：该例中，语句"int (*p)[5] = new int[3][5]; "中 int (*p)[5]定义每行5列元素的二维数组，new int[3][5]动态申请3*5个连续的整型空间赋值给 p 数组。该空间是连续空间，且用指针 p 指向，所以释放该二维空间时，只需用"delete []p"即可。

事实上，既然 int (*p)[5]是定义每行5列的空间，那么，p 指针就可以指向 n(n 为任意整数)行5列的数组，所以该语句还可以定义4*5的数组，如：

```
int (*p)[5] = new int[4][5];
```

或者：

```
int (*p)[5] = new int[5][5];
```

等等。

(2) 利用一维数组的定义方式来定义二维数组。

这种方法是先分配一组指向数组的指针，然后为每一个指针赋值，使它指向一块已分配出来的一维数组。这样做的好处是看起来像二维数组，但实际上内存的分配方法不像二维数组，因为它并不能保证分配的存储空间是连续的。

当然用这种做法申请的空间在释放时，必须每一个指针都要用 delete 释放空间。

下面的代码就是用这种方法定义3行5列二维数组的方法。

例5.8

```
#include<iostream.h>
void main()
{
        int *p[3];
        for(int i = 0; i<3; i++)    //为每一个指针分配一个一维数组
```

```
            p[i] = new int[5];
        for( i = 0; i<3; i++)
        for(int j = 0; j<5; j++)
            p[i][j] = i*j;
        for(i = 0; i < 3; i++)
        for(int j = 0; j < 5; j++)
            cout << p[i][j] << "   ";
        for(i = 0; i<3; i++) //释放每一维用 new 申请的数组空间
            delete []p[i];
    }
```

程序结果与上例相同。

程序分析：该例中，语句"int *p[3];"定义了 3 个指向数组的指针 p[0]、p[1]、p[2]，语句"for(int i = 0; i<3; i++)　p[i] = new int[5];"为每个指针申请连续的 5 个整型空间。这样就形成了 3 个包含 5 个数据的指针，从而实现 3 行 5 列的二维数组。但这种方法跟真正的 3 行 5 列二维数组有区别：该方法实现的 3 行并不是连续的空间，只能保证每行的 5 个空间连续而已；而 3*5 的二维数组的 15 个地址空间都是连续的。无论如何该方法都是一个操作二维数组的方法，且可以充分利用内存容量。delete []p 只能释放连续的存储空间，所以该方法中每一行的连续 5 个空间都要调用一次 delete []p，程序中用语句"for(i = 0; i<3; i++) delete []p[i];"来实现。

5.5.4　引用

　　C++ 在定义变量的时候允许给同一个变量起不同的名字，也就是给变量起别名，这就需要用到引用。事实上，引用不但可以为对象取别名，还有其他的用途。

　　引用主要有三个用途：

　　(1)　独立引用。

　　(2)　引用作为函数参数。

　　(3)　返回引用的函数。

　　下面将分别详细介绍这几种用法。

1．独立引用

引用的定义形式为

　　　　类型　　& 引用名 = 对象名;

　　引用在定义初始化时与对象名绑定，程序中不能对引用重定义。一个对象的别名，从使用方式和效果上，与使用对象名一致。如：

　　　　int a = 2;

　　　　int &b = a;

它创建了一个整数类型的引用 b，引用了整型变量 a，b 就是 a 的别名。

　　在使用引用时，需要注意下列几个方面：

　　(1)　声明引用类型时，必须立即初始化。如：

```
        int a;
        int &b;    //错误，没有初始化。
        b = a;
```
也可以初始化为一个常量，如：
```
        int &x = 1;
```
或
```
        const int &x = 1;
```
它表示 x 引用的是一个常数单元，不能被赋值。

(2) 引用不可重新赋值，不可作为另一个变量的别名。如：
```
        int a,t;
        int &b = a;
        b = &t;    //错误，引用不能重新赋值。
```
(3) 指针是通过地址间接访问变量的，而引用是通过别名直接访问变量的。

(4) 可用 "&" 提取引用类型的地址。

(5) 不允许对位域使用引用。

例 5.9
```
        #include <iostream.h>
        void main ()
        {
            int a = 1;
            int *p;
            int & b = a;      //为变量 a 起别名 b
            p = & a;
            cout << a << '\t' << b << '\t' << *p << endl;
            cout << (&a) << '\t' << ( & b ) << '\t' << p << endl;
            cout << ( &p ) << endl;
        }
```
运行结果如图 5-5 所示。

图 5-5 程序运行结果

程序分析：程序中 a 为 b 的别名，所以输出 a 和 b 的值都是输出 b 的值，输出 a 的地址就是输出 b 的地址，其值是相同的。

下面列出不能使用引用的情况：

(1) 不允许对 void 建立引用。如：

　　void　&r = 10;　//错误

(2) 不能建立引用数组。如：

　　int　a[10];

　　int　&r[10] = a;　//错误

(3) 不能建立引用的引用，不能建立指向引用的指针。如：

　　int　n;

　　int & &r = n;　//错误

　　int &*p = n;　//错误

2．引用作为函数参数

将引用作为函数参数使用，有助于理解引用的概念。C++ 和 C 一样函数采用值传递。当一个函数需要修改用作参数的变量值时，参数应该声明为指针类型。先看一个 C 语言的例子。

例 5.10(a)

```
#include <stdio.h>
void swap(int *p1, int *p2)    //交换两个变量的值
{
    int    p;
    p = *p1;
    *p1 = *p2;
    *p2 = p;
}
main ()
{
    int    a,b;
    scanf("%d, %d", &a, &b);
    if(a < b)
        swap(&a, &b);
    printf("\n%d, %d\n", a, b);
}
```

程序分析：这是典型的 C 语言方法，swap 是用来进行两个变量值交换的函数，因为 C 语言采用值传递的方式，所以要用函数来实现两个变量交换，函数的形参必须为指针变量才能实现双向传值。

C++ 仍允许使用这一方法，但它是通过使用引用参数来实现的。例 5.10(a)可修改为

例 5.10(b)

```
#include <iostream.h>
void swap(int &x,int &y)      //交换两个变量的值
{
```

```
        int    t;
        t = x;
        x = y;
        y = t;
    }
    void main ()
    {
        int   a,b;
        cin >> a >> b;
        if(a<b)
            swap(a,b);
        cout << "a = " << a << "\tb = " << b << endl;
    }
```

程序分析：交换函数 swap 中用引用作为函数的参数，也可以实现双向传值。实参 a 和 b 将值传递给形参 x 和 y，因为 x 和 y 都是引用型变量，所以实际上参数的传递是为实参 a 和 b 起了个别名 x 和 y，并没有为形参 x 和 y 另外分配存储空间，所以对 x 和 y 的交换实际上也就是对 a 和 b 的交换，故而可以实现双向传值。

也可以用 const 约束引用参数。需要注意的是只有用 const 约束的常引用对应的实参，才可以是常量或表达式；而没有用 const 约束的引用参数对应的实参必须是对象名。

例 5.11

```
    include<iostream.h>
    #include<iomanip.h>
    void display( const int & rk )
    {
        cout << dec << rk << " :\n ";
        cout << "dec : " << rk << endl;
        cout << "oct : " << oct << rk << endl;
        cout << "hex : " << hex << rk << endl;
    }
    void main()
    {
        int   x;
        cout << "number : ";
        cin >> x;
        display( x );
        display( 12 );
    }
```

输入 34，运行结果如图 5-6 所示。

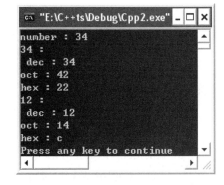

图 5-6　程序运行结果

程序分析：函数 display 实现将一个整型变量分别用十进制、八进制和十六进制表示。函数的形参用的是常引用，当函数的形参用常引用时，实参可以是表达式或常量。主函数中先用变量 x 作为其参数，分别输出其对应的十进制、八进制和十六进制形式，而后用常量作为实参，也能正确输出其对应结果。当然，用表达式如"display(x+10)"也可以正确执行。

3．返回引用的函数

如果函数要返回引用，则"return"后应该是一个引用。函数返回引用，实际上返回的是某个单元，这意味着函数调用可以出现在赋值运算符左边，也就是可以对函数调用赋值。

例 5.12

```
#include<iostream.h>
int a[] = {1,3,5,7,9};          //定义全局变量
int &index(int);                //声明函数
int main( )
{
    index(2) = 4;               //函数调用出现在赋值左边
    cout << index(2);
    return 0;
}
int & index(int i)              //函数的返回值为引用
{ return a[i]; }
```

运行结果：

　　4

程序分析：函数 index 的返回类型为引用，所以函数的返回值实际是变量的别名，可以允许将一个变量或常量赋值给变量的别名，所以在主函数中函数调用 index(2)出现在赋值运算符左边，实现为数组元素 a[2]赋值。

指针与引用的区别：

(1) 指针是一个对象的地址，是对所指对象的间接引用；而引用是一个对象的别名，是对对象的直接引用，修改引用，就是对引用对象的修改。

(2) 引用是一个对象的别名，因此只能始终指向在初始化时指定的对象，相当于指针常量；而指针可以被重新赋值，可以通过修改指针来指向另一个对象。

(3) 指针可以不初始化，而引用是一个对象的别名，必须始终指向某个对象，所以引用要求定义时就必须进行初始化。

5.6　表　达　式

表达式是由运算符和操作数组成的式子。操作数包含了常量、变量、函数和其他一些命名的标识符。

C++ 包含的表达式主要有：算术表达式，关系表达式，逻辑表达式，条件表达式，赋值表达式和逗号表达式。

1．算术表达式

算术表达式为由算术运算符"+、−、*、/、%、++、−−"组成的表达式，如"++x+1*y"。其中"+、−、*、/、%"属于双目运算符，"*、/"的优先级高于"+、−"；"++"和"−−"属于单目运算符，称为自增、自减运算符。单目运算符的优先级高于双目运算符。

说明：对于除法运算符"/"，若操作数均为整数表示整除，若操作数中存在实型数据则表示除法运算。如：1/2 的值为 0；而 1.0/2 的值为 0.5。

求余运算符"%"要求操作数必须均为整数，表示求两个整数的余数。

2．关系表达式

关系表达式为由关系运算符">、>=、<、<=、=="和"!="组成的表达式。

关系运算符都是双目运算符，其结合性均为左结合。关系运算符的优先级低于算术运算符，高于赋值运算符。在六个关系运算符中，"<、<=、>、>="的优先级相同，高于"=="和"!="，而"=="和"!="的优先级相同。这些运算符一般在分支或循环中用于比较两个表达式的关系，其结果为"真"或"假"。例如：若"x=2"，则表达式"x<5"的结果就是"真"。

3．逻辑表达式

逻辑表达式为由逻辑运算符"&&、||、!"组成的表达式。

与运算符"&&"和或运算符"||"均为双目运算符，具有左结合性。非运算符"!"为单目运算符，具有右结合性。如"! x||y+1"。

4．条件表达式

条件表达式为由条件运算符"? :"组成的表达式，是一个三目运算符，即有三个表达式参与运算，具有右结合性。

由条件运算符组成条件表达式的一般形式为

　　　　表达式 1? 表达式 2: 表达式 3

其求值规则：如果表达式 1 的值为真，则以表达式 2 的值作为条件表达式的值，否则以表达式 3 的值作为整个条件表达式的值。条件表达式通常用于赋值语句之中。

5．赋值表达式

赋值表达式为由"=、+=、-=、*=、/="和"%="等组成的表达式，其中"="为简单赋值运算符；其余均为复合的赋值运算符。

简单赋值表达式如"x = x+1"；复合赋值表达式如"x += 5"，它等价于"x = x+5"；其余运算符操作类似。

6．逗号表达式

逗号表达式为由逗号","组成的表达式，其一般形式为

　　　　表达式 1，表达式 2，…，表达式 n

其求值过程是分别求 n 个表达式的值，并以表达式 n 的值作为整个逗号表达式的值。如"max = (a>b)?a:b; "等价于"if(a>b)　max = a; else max = b; "。

7. 表达式混合运算

如果一个表达式中包含有多种运算符，那么就要利用这些运算符的优先级和结合性来进行计算。前面介绍的表 5-1 中列出了各种运算符的优先级和结合性，在计算表达式时遵循"先优先级，再结合性"的原则，也就是先计算优先级高的运算符，再计算优先级低的运算符，在优先级相同的情况下按照运算符的结合性来计算，左结合性表示从左向右计算，右结合性表示从右向左计算。

例如：设 a = 3、b = 4、c = 5，计算表达式 !(x = ++a) && (y=b--) > 0?"ture":"flase" 的值。

分析：整个表达式中既有算术运算符"++、--"，条件运算符">"；又有逻辑运算符"!"、"&&"，条件运算符"？:"，赋值运算符"="；还有括号运算符。其中，括号运算符优先级最高，所以先算括号"(x = ++a)"和"(y = b--)"，括号"(x = ++a)"里"++"运算符的优先级高于"="，所以求解"++a"为 4，再将 4 赋给 x；括号"(y = b--)"里"--"优先级高于"="，先求解"b--"为 4，将 4 赋给 y。至此表达式变为"!4 && 4 > 0? "ture" : "flase""。逻辑运算符"!"的优先级最高，求解"!4"为 0，此时表达式变为"0 && 4 > 0? "ture" : "flase""。关系运算符">"优先级高于"&&"和"？:"，所以表达式变为"0 && 1?"ture":"flase""。逻辑运算符"&&"优先级高于"？:"，求解"0&&4"为 0，此时表达式变为"0? "ture":"flase""。只剩下条件运算符，条件表达式为假(0)，所以整个表达式结果为"false"，至此整个表达式求解完毕。

5.7　C++ 语 句

语句是程序设计的基本组成单位。C++ 语句主要包含控制语句、函数调用语句和复合语句等，其中控制语句包括分支语句、循环语句。这一部分内容和 C 语言基本一致，在此只做简单语法描述，详细内容请参考有关 C 语言教材。

5.7.1　控制语句

控制语句是程序员在编写程序时，实现不同功能结构的语句形式。在 C++ 语言中，主要完成分支结构程序和循环结构程序的控制。C++ 主要包括以下几种控制语句。

1. 分支语句

在 C++ 语言中，分支语句主要有两种：if 语句和 switch 语句。

1) if 语句

一般格式：

```
    if(表达式)
    {
        语句组 1;
        …
    }
    [else]
```

```
        {
                语句组 2;
                     …
        }
```

执行方式：先判断表达式的值是"真"还是"假"，若是"真"，执行语句组 1；否则执行语句组 2。

如：

```
        if (a>b)
                cout << a;
        else
                cout << b;
```

还有一种格式为

```
        if(表达式 1)
                语句组 1
        else if (表达式 2)
                语句组 2
        else if (表达式 3)
                语句组 3
              ⋮
        else if (表达式 N)
                语句组 N
        else
                语句组 N+1
```

执行方式：先判断表达式 1 的值，若为"真"，则执行语句组 1，否则再判断表达式 2 的值；表达式 2 的值若为"真"，则执行语句组 2，否则进一步判断表达式 3，以此类推。

例 5.13

```
        #include<iostream.h>
        void main()
        {
                char c;
                cout << "input a character:" << endl;
                cin >> c;
                if(c<32)
                        cout << "This is a control character\n";
                else if(c >= '0'&&c <= '9')
                                cout << "This is a digit\n";
                        else if(c >= 'A'&&c <= 'Z')
                                        cout << "This is a capital letter\n";
```

```
        else if(c >= 'a'&&c <= 'z')
                cout << "This is a small letter\n";
            else
                cout << "This is an other character\n";
    }
```

运行结果如图 5-7 所示。

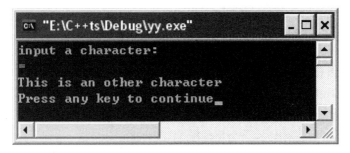

图 5-7 程序运行结果

程序分析：该程序的功能为从键盘任意输入一个字符，若输入的字符 ASCII 值大于 32，则输出 "This is a control character"；若输入 0～9 范围的字符，则输出 "This is a digit"；若输入的字符为 A～Z，则输出 "This is a capital letter"；若输入的字符为 a～z，则输出 "This is a small letter"；以上都不是，则输出 "This is an other character"。程序执行中输入 "=" (其 ASCII 为 61)，首先判断表达式 c<32，不成立条件为假，转去执行"else if(c >= '0'&&c <= '9')"，进一步判断，控制字符的 ASCII 值在数字字符和字母字符之后，所以表达式值为假，进一步执行 "else if(c >= 'A'&&c <= 'Z')" 和 "else if(c >= 'a'&&c <= 'z')"，均不成立，所以执行最后一个 else 后面的语句 "cout << "This is an other character\n""，故而程序的执行结果为 "This is an other character"。

2) switch 语句

一般格式：

```
    switch(表达式)
    {
        case 常量 1:
            语句组 1;   break;
        case 常量 2:
            语句组 2; break;
            ⋮
        case 常量 n:
            语句组 n; break;
        default:
            语句组 n+1;
    }
```

switch 分支语句的执行方式：首先判断表达式的值，如果该值为常量 1，则执行语句组

1；如果为常量 2，则执行语句组 2，以此类推；如果为常量 n，则执行语句组 n；如果都不是，则执行语句组 n+1。

例 5.14

```
#include<iostream.h>
void main()
{
    int a;
    cout << "input a number:";
    cin >> a;
    switch (a){                              //switch 语句
        case 1:cout << "Monday\n"; break;    //a 的值为常量 1，以下同此
        case 2:cout << "Tuesday\n"; break;
        case 3:cout << "Wednesday\n"; break;
        case 4:cout << "Thursday\n"; break;
        case 5:cout << "Friday\n"; break;
        case 6:cout << "Saturday\n"; break;
        case 7:cout << "Sunday\n"; break;
        default:cout << "error\n";
    }
}
```

运行结果：

```
input a number:5
Friday
```

程序分析：该程序的主要功能是从键盘输入整数 1、2、3、4、5、6、7，输出相应数字对应星期的英文。程序执行中输入 5，符合常量 5，所以输出字符串"Friday"。

2．循环语句

循环语句用来控制循环执行的语句，主要有 for 语句、while 语句、do-while 语句等形式。

1）for 语句

一般格式：

```
for(表达式 1; 表达式 2; 表达式 3)
{
    循环体;
}
```

for 语句的执行过程如下：

(1) 先求解表达式 1。

(2) 求解表达式 2，若其值为真(非 0)，则执行 for 语句中循环体，然后执行下面第(3)步；若其值为假(0)，则结束循环，转到第(5)步。

(3) 求解表达式 3。

(4) 转回上面第(2)步继续执行。

(5) 循环结束，执行 for 语句下面的一个语句。

2) while 语句

一般格式为：

```
while(条件表达式)
{
        循环体;
}
```

while 语句的执行方式：求解条件表达式的值，当值为真时，循环执行循环体语句，直到条件表达式为假时，循环结束。

3) do-while 语句

一般格式：

```
do
{
        循环体;
} while(表达式);
```

do-while 语句的执行方式与 while 语句类似，不同在于：它先执行循环中的语句，然后再判断表达式是否为真，如果为真则继续循环；如果为假，则终止循环。因此，do-while 循环至少要执行一次循环语句。

4) continue 及 break 语句

continue 语句的作用是跳过循环体中剩余的语句而强行执行下一次循环。continue 语句只用在 for、while、do-while 等循环体中，常与 if 条件语句一起使用，用来加速循环。break 语句通常用在循环语句和开关语句 switch 中。当 break 用于开关语句 switch 中时，可使程序跳出 switch 而执行 switch 以后的语句；如果没有 break 语句，则将成为一个死循环而无法退出。

5) goto 语句

goto 为无条件转向语句。

一般格式：

```
    goto    语句标号;
```

其中标号是一个有效的标识符，这个标识符加上一个 ":" 一起出现在函数内某处，执行 goto 语句后，程序将跳转到该标号处并执行其后的语句。另外，标号必须与 goto 语句同处于一个函数中，但可以不在一个循环层中。通常 goto 语句与 if 条件语句连用，当满足某一条件时，程序跳到标号处运行。

goto 语句通常不用，主要因为它将使程序层次不清，且不易读，但在多层嵌套退出时，用 goto 语句则比较合理。

6) return 语句

return 语句的功能为从函数返回语句。

下面分别用 for 语句、while 语句、do-while 语句求解 $\sum\limits_{n=1}^{100} n$ 。

例 5.15(a)

```
//for 语句
#include<iostream.h>
void main()
{
    int i,sum = 0;
    for(i = 1; i <= 100; i++)        //for 循环语句
        sum = sum+i;        //循环体
    cout << "1~100 之和为： " << sum << endl;
}
```

运行结果：

　　1~100 之和为：5050

程序分析： 先求解表达式 i = 1，然后求解表达式 i <= 100 的值为真，则执行循环体"sum = sum+i；"。

例 5.15(b)

```
//while 语句
#include<iostream.h>
void main()
{
    int i = 1,sum = 0;
    while( i <= 100)
    {sum = sum+i; i++; }
    cout << "1~100 之和为： " << sum << endl;
}
```

运行结果同上。

程序分析： 先求解表达式 i<100 为真，执行循环体"{sum = sum+i; i++; }"，继续求解表达式 i<100 为真，执行循环体，直到 i<100 为假时循环结束。

例 5.15(c)

```
//do-while 语句
#include<iostream.h>
void main()
{
    int i = 1,sum = 0;
    do
    {sum = sum+i; i++; }
    while( i <= 100);
```

```
cout << "1~100 之和为： " << sum << endl;
}
```

执行结果同上。

程序分析：首先执行循环体"{sum = sum+i; i++; }"，然后求解表达式 i<100 为真，继续执行循环体，进一步求解表达式为真，继续执行循环体，直到表达式为假时循环结束。

5.7.2　其他形式的语句

1．函数调用语句

C++ 有大量的系统函数，程序员也可以自己定义函数，对这些函数的调用可以作为一条语句。

如程序调用系统求平方根的函数：

```
void main()
{
    int x;
    cin >> x;
    if (x >= 0)
    cout << sqrt(x) << endl;
}
```

2．表达式语句

由一个表达式构成一个语句，即在表达式后添加一个分号，如赋值表达式语句等。例如"i = i+1; ""c = 'C'; "等。

3．空语句

空语句只有一个分号，即用"; "。空语句什么也不做。

4．复合语句

将一组简单语句用大括号"{ }"括起来就构成了复合语句。

5.8　函　　数

5.8.1　函数概述

C++ 源程序是由函数组成的。一般程序中只有一个 main()主函数，但实用程序往往由多个函数组成。函数是 C++ 源程序的基本模块，通过对函数模块的调用实现特定的功能。C++ 语言不仅提供了极为丰富的库函数，当然也允许用户自己定义函数。用户可把自己的算法编成一个个相对独立的函数模块，然后用调用的方法来使用函数。

函数包括系统预定义的库函数和用户自定义的函数。

使用库函数时用户只需要用 #include 将对应的函数库包含即可。

例如：要使用系统库中的 sqrt 函数，则将数学库 math.h 包含进程序中，即：

    #include<math.h>

该包含语句说明在 C++ 源程序中可以使用数学库 math.h 中的函数了。

对于其他库函数的使用，读者可以参阅有关库函数手册。

本节主要说明用户自定义函数的使用。

1. 函数定义

函数定义的一般形式为

    函数的返回类型 函数名(形参列表)
    {
      函数体
    }

例如：定义求两个数的最大值的函数。

    int max(int x,int y)
    {return(x >= y?x:y);
    }

函数名为 max，max 前面的 int 为函数的返回类型，max 后面的是函数的形参。该函数用来求 x 和 y 的最大值，返回值为所求得的最大值。x 和 y 是两个整型的形参，真正的值在函数调用时由实参传递。

2. 函数调用

函数调用的一般形式：

    函数名(实参列表);

值得说明的是，在函数调用之前必须对函数进行原型声明，这是为了在编译阶段说明函数的返回类型、函数名、函数形参的个数和类型等情况。

例如：调用求最大值的函数 max，求两个数的最大值。

    int a,b;
    cin >> a >> b;
    cout << max(a,b);

其中：max(a,b)为函数调用，a 和 b 为执行函数功能所需的实际参数(简称实参)。

3. 函数原型

函数原型的一般形式：

    函数的返回类型 函数名(形参 1 的类型 形参 1，形参 2 的类型 形参 2，…);

这里形参名可以省，但形参类型不能省，即使两个形参的类型相同，也不能省略不写。这是因为编译系统是通过形参的类型来判断形参的个数的。

为了简单起见，读者可以直接将函数定义的第一行加上分号，作为函数原型声明即可。

例如：上面的函数声明可以写为

    int max(int ,int);

也可以写为

    int max(int x,int y);

下面介绍一些 C++ 对函数的扩充功能，包括内联函数、带有默认参数的函数和函数重载等。

5.8.2　内联函数

函数是程序设计语言的基本单元，然而调用函数、执行函数功能时常常需要参数传递、执行的时间、空间等开销，这势必增加系统的开销，降低程序的执行效率。为了提高程序的执行效率，就要减少这种时间和空间的开销，怎么减少呢？在 C++ 语言中用内联函数来实现。

在函数说明前加上 inline 表示该函数是一个内联函数。

内联函数的格式：

```
inline　类型说明符　函数名(参数及类型表)
{                函数体                }
```

说明：

(1) 内联函数结合了宏和函数的优点，内联函数调用时像宏一样不是在调用时发生控制转移，而是在编译时将被调函数体代码替换到每一个函数调用处，节省了参数传递、控制转移等开销。对于一些规模较小、频繁调用的函数可声明为内联函数，这样可以提高程序的运行效率。

例 5.16

```cpp
# include <iostream.h>
inline double volume (double );     //函数原型
void main ( )
{
    double   area,   r;
    cin >> r;
    area = volume ( r );
    cout << "area = " << area << endl;
}
double volume ( double radius )
{     return    3.14 * radius * radius; }
```

程序分析：

在编译时，area = volume(r)将被替换为 area = 3.14*r*r，所以在程序执行时，主函数的形式为

```cpp
void main ( )
{
    double   area,   r;
    cin >> r;
    area = 3.14*r*r;
    cout << "area = " << area << endl;
}
```

(2) 只有简单的函数才能成为内联函数，如函数体中一般不能出现循环语句和 switch 语句等复杂语句。

(3) 内联函数的定义必须出现在内联函数第一次被调用之前。

例如可以有两种写法，一种如例 5.16，另一种可以这样写：

```
# include <iostream.h>
inline double volume (double radius)    //函数定义
{ return    3.14 * radius * radius; }
void main ( )
{
    double    area,   r;
    cin >> r;
    area = volume ( r );
    cout << "area = " << area << endl;
}
```

(4) 内联函数是一种用空间换时间的措施。内联函数的替换是在编译时进行的，这样就减少了程序的运行时间，所以是以空间换时间的编程方式。

(5) 内联函数在类体内定义。一般在类内部定义的成员函数，如果没有特殊声明，则该成员函数为内联函数。

5.8.3 带有默认参数的函数

C++ 允许在函数声明或函数定义时为形参指定一个默认值。在调用此类含默认值形参的函数时，如果形参有对应的实参，则将实参传递给形参；如果省略了实参，则将默认值传递给形参。

1. 单参数函数

对于单参数函数来说，如果函数参数有默认值，在进行函数调用时可以有两种形式。

下面声明一个带默认值参数的函数：

```
void    fun(int    val = 0);
```

其中，val 称为缺省参数，在函数调用时对应的实参可以指定，也可不指定。有两种调用形式。如调用形式为

```
fun(1);
```

则说明指定实参的值为 1，将实参的值 1 传递给形参 val。如果调用形式为

```
fun();
```

没有指定实参的值，则函数使用默认值 val 为 0。

2. 多参数的函数

对于多参数函数来说，情况稍微复杂。C++ 对于这种情况规定：如果函数有多个形参，则声明和定义函数时，必须将带默认值的形参放在参数表的右部，即在带默认值的形参的右边不能有未指定默认值的形参。

例如：

```
void    fun1(int    w, int    x = 1, int    y = 1, int    z = 1);   //正确的函数声明
void    fun2(int    w = 1, int    x = 2, int    y = 3, int    z);   //错误的函数声明
void    fun3(int    w = 1, int    x = 2, int    y, int    z = 3);   //错误的函数声明
```

也就是说，默认值的次序必须遵循"由右向左"的原则，如果某个参数有默认值，则其右面的参数必须都有默认值；如果某个参数没有默认值，则其左面的参数都不能有默认值。

例如：

```
int    max1(int a, int b = 10, int c = 20);        //正确，默认值都是右面参数
int    max2(int a, int b = 10, int c);             //错误，参数 b 有默认值，右面 c 没有默认值，
                                                   //违反"由右向左"的原则
int    max3(int a = 5, int b, int c = 30);         //错误，违反"由右向左"原则
```

例 5.17

```
# include <iostream.h>
int    add (int x,    int y = 1);
void main ( )
{
    int a=2,b=5;
    cout    << "使用默认值，结果为："  <<   add (a )   <<   endl;
    cout    << "不使用默认值，结果为："add ( a, b )   <<   endl;
}
int    add ( int    x , int y )
{
    int z;
    z = x+y;
    return z;
}
```

程序运行结果如图 5-8 所示。

```
使用默认值，结果为:3
不使用默认值，结果为：7
Press any key to continue
```

图 5-8　程序运行结果

程序分析：函数调用语句"add(a)"中只给出一个实参，而函数 add 定义中有两个形参，那么将实参 a 的值传递给形参 x，形参 y 使用默认值，所以程序结果为 3；而语句"add(a,b)"给出两个实参，就不需要使用默认值，分别将 a 和 b 的值传递给形参 x 和 y，所以程序结果为 7。

5.8.4　函数重载

C 语言中，同一个程序中函数名不能相同。而在 C++ 语言中可以定义多个相同名字的函数，只要它们形参的个数或类型及顺序不完全一致即可，编译程序根据实参与形参的类型、个数和顺序自动确定调用哪一个同名函数，这就是函数重载，这些同名函数称为重载函数。

例 5.18

```
# include <iostream.h>
```

```
int abs(int x)
{
     return(x<0?-x:x);
}
double abs(double x)
{
     return(x<0?-x:x);
}
void main()
{
     cout << abs(-5) << endl;
     cout << abs(3.14) << endl;
}
```

程序分析：这两个函数有相同的名字 abs，但它们有不同的参数(int 和 double)，C++ 认为它们是不同的函数。如果调用时的实参为 int 型，则编译程序自动选择 abs(int)函数；如果实参是 double 型，则编译程序自动选择 abs(double)函数。当然还可以再定义一个名为 abs 的函数，只要它们的参数能够区分出不同即可。

因此，要正确使用函数重载必须注意以下几点：

(1) 多个同名函数有不同的参数，或者参数个数不同，或者参数类型不同。

(2) 编译器根据不同参数的类型和个数产生调用。

(3) 不能通过返回值类型来区分不同重载函数，如果重载函数参数个数、类型和顺序都相同，只有返回类型不同的话，编译系统将无法通过参数判断调用哪个函数。

例 5.18 中是参数个数相同、类型不同，例 5.19 中是参数个数不同，而例 5.20 和 5.21 则是错误的函数重载。

例 5.19

```
# include <iostream.h>
int   add ( int x ,   int y )
{
     int z;
     z = x+y;
     return z;
}
int   add( int x,   int y,   int   z )
{
     int   t;
     t = x+y+z;
     return t;
}
void main ()
```

```
    {
        cout << add ( 10, 2) << endl;
        cout << add (3, 9, 4 ) << endl;
    }
```

程序分析：程序中两个函数 add 的参数个数不同，函数调用时可以通过函数参数的个数区分调用哪个函数，所以可以实现函数重载。

下面给出两个错误的重载函数例子。

例 5.20

```
    # include <iostream.h>
    int    add ( int x ,    int y )
    {
        int z;
        z = x+y;
        return z;
    }
    int    add( int x,    int y,    int    z = 1)
    {
        int    t;
        t = x+y+z;
        return t;
    }
    void main ()
     {
        cout << add ( 10, 2) << endl;
        cout << add (3, 9, 4 ) << endl;
    }
```

程序分析：系统提示："error C2668: 'add' : ambiguous call to overloaded function"，这是由于函数使用了有默认值的参数，所以调用 add(10,2)时编译系统无法判断调用哪个函数。

例 5.21

```
    # include <iostream.h>
    int    add ( int x ,    int y )
    {
        int z;
        z = x+y;
        return z;
    }
    double    add( int x,    int y)
    {
        double    t;
```

```
        t = x+y;
        return t;
    }
    void main ()
    {
        cout << add ( 10, 2) << endl;
    }
```

程序分析：系统提示："error C2556: 'double add(int,int)' : overloaded function differs only by return type from 'int add(int,int)'"，这是由于参数个数和类型都相同，编译系统不能只依据返回类型不同来判断调用哪个函数。

5.9　本 章 小 结

本章主要介绍了 C++ 语言的基础知识，重点讲述了 C++ 语言对 C 语言上的扩充，包括：输入和输出、内联函数、const 说明符、带有默认参数的函数、函数重载、作用域运算符、运算符 new/delete 和引用等。

C++ 语言的基本语法包括数据类型的定义、运算符及各种表达式，包括算术表达式、关系表达式、逻辑表达式、条件表达式、赋值表达式、逗号表达式等的使用，还有控制语句，包括分支语句(if 语句、switch 语句)、循环语句(for 语句、while 语句和 do-while 语句)。学习了本章的内容后，基本能掌握 C++ 的基本编程方法。

本 章 习 题

1. 将下面的 C 语言程序改写为 C++ 程序。
```
#include<stdio.h>
main()
{
    int x,y; double z;
    printf("input x,y please:\n");
    scanf("%d,%d",&x,&y);
    if (y != 0)     z = (double)x/y;
    else
        printf("除数不能为 0！");
    printf("x/y = %f",z);
}
```

2. 用 sizeof 运算符测试你所用系统为每一个基本数据类型所分配的字节数，并在书中做出记录。

3. 说明函数原型的声明方法。

4. 试分析内联函数和宏定义的区别。

5. 分析下面程序的运行结果：

(1)

```
#include<iostream.h>
int i = 345;
void main()
{
    int i = 789;
    ::i = i*2;
    cout << ::i << i << endl;
}
```

(2)

```
#include   <iostream.h>
int abs(int x)
{return x>0?x:-x; }
double abs(double x)
{return x>0?x:-x; }
long abs(long x)
{return x>0?x:-x; }
void main()
{
    int x1 = 1;
    double x2 = 2.5;
    long x3 = 5L;
    cout << "|x1| = " << abs(x1) << endl;
    cout << "|x2| = " << abs(x2) << endl;
    cout << "|x3| = " << abs(x3) << endl;
}
```

6. 编写程序，求解表达式 "int a = 1,b = 2; double x = 2.5,y = 4.3; !(a>b)&&(x += y)||a++&&b++" 的结果。

7. 编写程序，实现将两个整型变量的值进行交换，要求用函数实现。

8. 编写程序，利用函数重载，求解两个数、三个数和四个数的最大值。

第6章

类 与 对 象

问题的提出：在 C 语言中描述一个包含多个不同类型变量的对象，用结构体或共用体。如描述学生，定义如下类型：

```
struct student{
    char xh;          //学号
    char *name;       //姓名
    int age;          //年龄
};
```

定义结构体变量：

```
struct student zs;
```

这个结构体变量 zs 具有成员 xh、name 和 age，用来描述它的学号、姓名和年龄。在 C++ 中采用类似的方法，将某个对象的类型进行自定义，并将对象的属性封装在类型中。这样不但可以使得对象像结构体一样存取其属性，更重要的是它方便了在此基础上定义新类型。

C++ 允许用户自己定义新的类型即类类型，它是 C 语言对结构体(struct)和共用体(union)的扩充和发展。它能够将一组数据和它们的相关操作封装在一起，实现面向对象中数据封装的特性。对象是其自身所具有的状态特征及对这些状态施加的操作结合在一起所构成的独立实体。

对象有如下几个特性：

(1) 有一个名字以区别于其他对象，类似于结构体变量名。

(2) 有一组变量用来描述它的某些特征，将其称为数据成员，类似于结构体成员。

(3) 有一组操作，每一个操作决定对象的一种功能或行为。主要是对特征的操作，也就是说是针对数据成员的操作。

(4) 对象的操作分两类：一类是自身承受的操作，一类是施加于其他对象的操作。

(5) 对象是对类的实例化。对象的本质是类类型的变量，所以对象是类的实例化。

本章主要介绍类和对象的有关概念。对象和结构体变量有许多类似的地方，所以类的定义和结构体的定义也有类似的方式。

6.1　类与对象的定义

当定义一个变量时，如"int i = 1;"，包含变量的数据类型 int、变量名 i 和初值 1。类也同样，首先定义类的类型，其次定义类的变量即对象并给对象赋值。

6.1.1　类的定义

类(class)是面向对象程序设计(OOP)实现信息封装的基础。类是用户自定义类型，也称为类类型。每个类包含数据说明和一组操作数据或传递消息的函数，分别称为数据成员和成员函数。C++ 包含三种类类型：class 类、struct 类和 union 类。

1．class 类

类的定义：

```
class  类名
{
        public:
                公有成员
        private:
                私有成员
        protected:
                保护成员
}
```

其中，类名是自定义标识符，代表类类型的名称，必须符合标识符的规定。

关键字 public、private 和 protected 称为访问权限约束符。

(1) 关键字 public：定义公有成员，公有部分往往是一些操作，是提供给用户的接口功能。公有数据成员允许类内或类外的函数访问，公有成员函数允许在类内或类外调用。

(2) 关键字 private：定义私有成员，私有成员通常是一些数据成员，用来描述该类中对象的属性，类外对象或函数无法访问它们。私有数据成员只允许类内函数访问，私有成员函数只允许在类内调用。类外函数不允许访问私有数据成员，也不允许调用私有成员函数。

(3) 关键字 protected：定义保护成员。保护数据成员只允许类内或其子类(即派生类)中的函数访问，保护成员函数允许在类内或其子类中调用。其他函数不能访问该类的保护数据成员，也不能调用该类的保护成员函数。

通常，数据成员定义为私有成员，尽量不定义为公有成员。公有成员通常只定义成员函数，这些成员函数提供了使用这个类的外部接口，接口实现的细节在类外是不可见的。这样，类以外的代码不能直接访问类的私有数据，从而实现封装。

若在类体内没有明确指明成员的访问权限，则默认的访问权限为私有；在类体中不允许对所定义的数据成员进行初始化。因为类只是一种类型，而初始化或赋值都是针对变量或对象的。

类中可以分别定义数据成员和成员函数。

1) 数据成员的定义

类的数据成员的定义类似结构体成员的定义，一般定义为

数据类型 1   变量名 1

数据类型 2   变量名 2

⋮

数据类型 n   变量名 n

其中，数据类型可以为 C++基本数据类型，也可以是构造类型甚至是类类型。

2) 成员函数的定义

类中成员函数的定义类似于普通函数的定义，类的成员函数可以定义在类内，也可以定义在类外。如果定义在类内，一般格式为

函数返回类型   成员函数名(参数列表)

{

　　函数体

}

如果类的成员函数定义在类外，则要在函数名前加作用域运算符 "::"，说明为哪个类的成员函数。一般格式为

[inline] 函数返回类型   类名::成员函数名(参数列表)

{

　　函数体

}

例如：类成员函数定义在类内。

```cpp
class complex{
private:
    double real;                //数据成员
    double imag;                //数据成员
public:
    void init(double r, double i)  //成员函数
    {real = r; imag = i; }
    double realcomplex()        //成员函数
    {return real; }
    double imagecomplex()       //成员函数
    {return imag; }
    void print()                //成员函数
    {
        cout << real << " + " << imag << "i" << endl;
    }
};
```

　　说明：定义在类内的函数类似一般函数的写法，而且没有特殊声明时，类内定义的函数为内联函数。

　　下面是类成员函数定义在类外的写法：

```
class complex{
private:
    double real;
    double imag;
public:
    void init(double r, double i);
    double realcomplex();
    double imagecomplex();
    void print();
};
void complex::init(double r, double i)
{real = r; imag = i; }
double complex::realcomplex()
{return real; }
double complex::imagecomplex()
{return imag; }
void complex::print()
{
    cout << real << "+" << imag << "i" << endl;
}
```

　　说明：如果类的成员函数定义在类外，必须在函数名前加"类名::"表示是该类的成员函数。

2．struct 类

　　C++语言允许结构体也能像 class 类一样包含数据成员和成员函数，把这种包含数据成员和成员函数的结构体称为 struct 类。例如：

```
struct complex{
    double real;
    double imag;
    void init(double r, double i)
    {real = r; imag = i; }
    double realcomplex()
    {return real; }
    double imagecomplex()
    {return imag; }
    void print()
```

```
    {
        cout << real << "+" << imag << "i" << endl;
    }
};
```

默认情况下，结构类中数据成员和成员函数都是公有的。如果要在结构类中定义私有成员，需要显式地给出关键字 private。需要说明的是结构体的这种用法 C 语言是不支持的。

3．union 类

C++语言环境下，共用体和结构体一样可以定义自己的数据成员和成员函数。同样这种方法 C 语言是不支持的。例如：

```
union    utype{
    int i;
    char c;
    void print_int()
    {
        cout << i << endl;
    }
    void print_char()
    {
        cout << c << endl;
    }
};
```

说明：C++ 程序员一般习惯用 class 类来定义对象的形式，而用 C 的方式定义结构体和联合体。

6.1.2　对象的定义

类是具有相同属性和行为的一组对象的集合，它为属于该类的全部对象提供了统一的抽象描述，其内部包括属性和行为两个主要部分。

对象是类的实际变量，类似于变量定义"int i = 1;"中整型 int 与整型变量 i 的关系。对象是类的实例化，对象承袭了类中的数据和操作，只是各对象的数据初始化状态不同而已。类的对象是该类的某一特定实体，即类类型的变量。

1．对象定义

对象的定义一般有两种常用的方式。

(1) 先声明类，后定义对象。如：

```
class  类名{
…
};
    类名    对象名列表;
```

例如：

```
class complex{                          //先声明类
private:
    double real;
    double imag;
public:
    void init(double r, double i);
    double realcomplex();
    double imagecomplex();
    void print();
};
complex x;                              //再定义对象 x
```

(2) 声明类的同时，定义对象。如：

```
class  类名{
    …
}对象名列表;
```

例如：

```
class complex{
private:
    double real;
    double imag;
public:
    void init(double r, double i);
    double realcomplex();
    double imagecomplex();
    void print();
} x;                                    //声明类，同时定义对象 x
```

2．访问方式

对象中成员的访问方式为类内成员互访和类外成员互访。

(1) 类内成员互访：直接使用成员名。

(2) 类外成员互访：使用"对象名.成员名"方式访问 public 属性的成员，私有成员类外不能访问。

例 6.1

```
#include<iostream.h>
class complex{
private:
    double real;
    double imag;
public:
```

```
            void init(double r, double i)   //成员函数直接使用数据成员 real 和 imag
            {real = r; imag = i; }
            double realcomplex()            //成员函数直接使用数据成员 real
            {return real; }
            double imagecomplex()           //成员函数直接使用数据成员 imag
            {return imag; }
            void print()                    //成员函数直接使用数据成员 real 和 imag
            {
                cout << real << "+" << imag << "i" << endl;
            }
        };
        void main()
        {   complex X;
            double x, y;
            cin >> x >> y;
            X.real = x; X.imag = y;        //错误！ real 和 imag 为类的私有成员
            X.init(x, y);                  //类外，用对象.成员的方式使用
            X.print();                     //类外，用对象.成员的方式使用
        }
```

运行结果：

```
        3.14 7.8
        3.14+7.8i
```

程序分析：该程序定义了复数类 complex，包含数据成员 real 和 imag，表示复数的实部和虚部；成员函数 init 用来给 real 和 imag 初始化，成员函数 realcomplex 和 imagecomplex 分别实现返回 real 和 imag 的值。X 为具有 complex 类型的对象，其通过"X.init(x, y)"对数据成员 real 和 imag 进行初始化，通过"X.print()"将 real 和 imag 的值打印出来。

如果在主函数 main 中使用语句"X.real"或"X.imag"则错误，因为 real 和 imag 是类 complex 的私有成员。

注意：如果定义的是指向对象的指针，则访问对象成员时，使用"->"操作符。

例 6.2

```
    //更改例 6.1 的主函数
        void main()
        {   complex X;
            complex *p = &X;
            double x, y;
            cin >> x >> y;
            cout << "使用对象名" << endl;
            X.init(x, y);
            X.print();
```

```
        cout << "使用指针变量" << endl;
        p->init(x, y);
        p->print();
    }
```

运行结果如图 6-1 所示。

程序分析：功能和例 6.1 相同，写法上 p 是指针变量，所以引用指针变量的成员时用 "p->" 来表示，而不能用 "p." 表示。

图 6-1　程序运行结果

3. 对象赋值

给对象赋值如同给变量赋值一样，可以给变量赋具体值，也可以将另一个变量的值赋给它。同样，对象也可以给对象赋值，但注意不同类是不能直接赋值的(除非进行类型转换)。同类对象间可以进行赋值，这时所有数据成员会逐个赋值。

例 6.3

```
void main()
{
    complex X, Y;
    double x, y;
    cin >> x >> y;
    X.init(x, y);
    X.print();
    Y = X;
    Y.print();
}
```

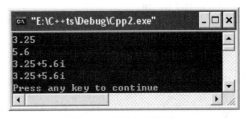

图 6-2　程序运行结果

运行结果如图 6-2 所示。

程序分析：程序通过 "Y = X;" 语句将对象 X 的值赋给对象 Y，则 X 的数据成员逐个赋值给 Y 的各个数据成员，即 Y.real = X.real，Y.imag = X.imag。所以 Y 对象的数据成员分别被赋值为与 X 的数据成员相等的值 3.25 和 5.6。

说明：

(1) 对象赋值时，两个对象的类型必须相同。

(2) 赋值仅使对象的数据相同，那么对象仍是分离的。

(3) 将一个对象赋给另一个对象时，如果类中定义了指针，则可能产生错误。

6.1.3 对象数组与对象指针

定义单个对象可以使用上述"类型 对象"方法，但如果同时定义多个类型相同的对象，则上述方法就显得繁琐而不方便，所以需要采用对象数组来定义。如果要提高数据的存取效率则也可以采用对象指针。

1. 对象数组

多个同类型的对象可以用一维数组来定义。

(1) 对象数组的声明：

　　类名　　数组名[对象个数]

如：

　　complex x[3];

表示将开辟可以存放 3 个 complex 类对象的存储空间来存放对象数组 x。

　　声明一个对象数组时，要求类定义中必须有一个显式的无参构造函数。C++语言执行对象数组的声明语句时，自动为每一个数组元素调用一次无参构造函数，如上述声明语句。若 complex 类定义中没有无参构造函数，则系统将发生错误信息。

(2) 引用对象数组元素的公有成员：

　　数组名[下标].成员名;

(3) 对象数组的初始化。

　　对象数组的初始化就是为数组的每个元素赋初值。数组的每个元素都是一个对象，所以为数组初始化就要为数组中的每个对象初始化。如：

　　complex x[3] = {complex(3.2, 2.5), complex(7.8, 9.56)，complex(12.3, 23)};

这时，系统为数组 x 的每个对象 x[0]、x[1]、x[2] 分别调用一次构造函数，实现对每个元素初始化。

　　例 6.4

```
void main()
{
    complex X[2] = { complex (3.2, 2.5), complex(7.8, 9.56)};
    X[0].print();
    X[1].print();
}
```

运行结果：

　　3.2+2.5i

　　7.8+9.56i

程序分析：complex X[2] 定义了两个 complex 类型的对象 X[0] 和 X[1]，其初值分别用 complex(3.2, 2.5) 和 complex(7.8, 9.56) 获得，从而 X[0].real = 3.2，X[0].imag = 2.5；X[1].real = 7.8，X[1].imag = 9.56。用 X[0].print() 和 X[1].print() 来访问对象的成员函数。

　　分析下面的例子。

　　例 6.5

```
class Ex{
private :
    int    x;
public :
    void init(int a)
    {x = a; }
    void print()
    {cout << x << endl; }
```

```
    };
    void main()
    {
        Ex a[2] = {2, 3};
        cout << a[1].print() << a[2].print() << endl;
    }
```

读者可以调试看看程序中是否存在错误。

这个例子中对对象数组赋值是将 2 赋给对象数组元素 a[1]，3 赋给对象数组元素 a[2]，2 和 3 系统认为是两个整型常量，而 a[1] 和 a[2] 是 Ex 类类型的对象，不能直接赋值。那么这种方式下如果要赋值，就只能采用类似 C 语言的强制类型转换了，如使用 Ex(2)、Ex(3) 进行转换。但读者要注意，C++ 中这种类类型和基本类型之间的转换要用转换函数来实现，有关转换函数将在后面章节进行讲解。

2．对象指针

对象指针是用于存放对象地址的指针变量。

(1) 对象指针的定义。

声明对象指针的语法形式：

```
    类名    *对象指针名;
```

例如：

```
    complex *p;
```

(2) 用指针访问单个对象成员：

```
    对象指针名->成员名;
```

例如：

```
    p->print();
```

(3) 用对象指针访问对象数组：

```
    complex ob[2], *p;
    ob[0].print();
    ob[1].print();
    p = ob;
    p->print();
    p++;
    p->print();
```

3．this 指针

类的每个成员函数都有一个隐含的 this 指针参数，不需要显式说明。this 指针指向调用该函数的对象。

下面介绍一个 this 指针的引例。

例 6.6

```
    #include<iostream.h>
    class A{
```

```
public:
    A(int x1){ x = x1; }
    void disp(){ cout << "x =    " << x << endl; }
private:
    int x;
};
int main()
{
    A a(1), b(2);
    cout << " a: "; a.disp();
    cout << " b: "; b.disp();
    return 0;
}
```

运行结果：

```
a: x = 1
b: x = 2
```

程序分析：在执行上述程序时，系统确定执行哪个 disp 函数，就会输出哪个对象的 x 成员值。因为 disp 函数是类的成员函数，所以在 disp 函数中隐含着一个 this 指针，当用某个对象来调用 disp 函数时，this 指针就指向该对象，从而确定该对象的成员值。所以，如果 a 对象调用成员函数 disp，那么 this 指针就指向对象 a，输出的 x 为 a 对象的 x 成员值；同理当执行语句"b.disp();"时，this 指针指向对象 b，输出的 x 为 b 对象的 x 成员值。

那么程序员如何知道 this 指针的存在呢？下面用一个例子来说明 this 的存在。

例 6.7

```
#include<iostream.h>
class A{
public:
    A(int x)
    { this->x = x; }
    void disp()
    {cout << "when x = " << this->x << ", this = " << this << endl; }
private:
    int x;
};
int main()
{
    A a(10), b(2), c(53);
    a.disp(); b.disp(); c.disp();
    return 0;
}
```

运行结果：

    when x = 10, this = 0x0012FF7C

    when x = 2, this = 0x0012FF78

    when x = 53, this = 0x0012FF74

程序分析：该例充分说明当执行 a(10)时，this 指向对象 a，所以 this 是对象 a 的地址；执行 b(2)时，this 指向对象 b，this 的值是对象 b 的地址；指向 c(53)时，this 指向对象 c，其值为 c 的地址。

6.1.4　向函数传递对象

C++允许对象作为函数的参数，所以可以通过调用函数传递对象。对象作为函数参数可以直接用对象名作为函数参数，也可以用对象的引用或对象指针。是否这几种方法都能有效实现对象间的传递呢？下面分别来进行说明。

1. 使用对象作为函数参数

使用对象作为函数参数，就如同使用变量作为函数参数一样，只能是单向传值，即函数调用时其值只能由实参传递给形参，而不能由形参传回给实参。

例 6.8

```
#include<iostream.h>
class Ex{                          //定义类
public:
    Ex(int i) { x = i; }
    void set(int n){ x = n; }
    int get( ){ return x; }
    void print()
    {cout << "x = " << x << endl; }
private:
    int x;
};
void sqr(Ex ob)                    //定义函数，对象作为函数参数
{
    ob.set(ob.get()*ob.get());
    cout << "sqr of ob with x is: ";
    cout << ob.get() << "\n";
}
int main()
{
    Ex    ob1(2);
    ob1.print();
    sqr(ob1);
```

```
        cout << "But, ob1.x is unchanged in main:";
        cout << "ob1.x = " << ob1.get( ) << endl;
        return 0;
    }
```

运行结果如图 6-3 所示。

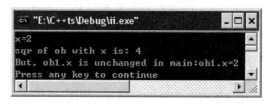

图 6-3　程序运行结果

程序分析：程序中函数 sqr 的形参用对象 ob；主函数中通过函数调用语句"sqr(ob1)；"将实参 ob1 的值传递给 ob，ob1 和 ob 是两个不同的对象，分别有自己的数据成员 x。ob 的成员 x = 2，执行 sqr 函数 x 的值为 4，然而对象的传递像变量的传递一样是"单向传递"，即只能由实参传递给形参，而形参的值不能传递给实参，所以该例中实参 ob1 中的 x 的值并没有发生变化，仍然是 2。

2．使用对象指针作为函数参数

当对象指针做函数的参数时，实参和形参指向实参的地址，所以形参通过地址改变其值时同时也将实参的值做了变化，故而可以认为是实现了双向传值。

例 6.9

```
#include<iostream.h>
class Ex{                         //定义类
public:
    Ex(int i) { x = i; }
    void set(int n){ x = n; }
    int get( ){ return x; }
    void print()
    {cout << "x = " << x << endl; }
private:
    int x;
};
void sqr(Ex *ob)                  //定义函数，对象指针作为函数参数
{
    ob->set(ob->get()*ob->get());
    cout << "sqr of ob with x is: ";
    cout << ob->get() << "\n";
}
int main()
```

```
    {
        Ex    ob1(2);
        ob1.print();
        sqr(&ob1);
        cout << "Now, ob1.x in main() has been changed :";
        cout << "ob1.x = " << ob1.get( ) << endl;
        return 0;
    }
```

运行结果如图 6-4 所示。

图 6-4　程序运行结果

程序分析：用指针作为函数参数可以实现双向传值。因为在函数调用时，实参将其地址值 &ob1 传递给了形参 ob，也就是形参 ob 指向实参 ob1，即 ob = &ob1，所以函数在执行"ob->set(ob->get()*ob->get());"语句时，ob 实际指向了对象 ob1。因此，ob1 的值发生了变化，ob1.x = 4。

3．使用对象引用作为函数参数

例 6.10

```
#include<iostream.h>
class Ex{
public:
    Ex(int i) { x = i; }
    void set(int n){ x = n; }
    int get( ){ return x; }
    void print()
    {cout << "x = " << x << endl; }
private:
    int x;
};
void sqr(Ex &ob)                     //对象的引用作为函数参数
{
    ob.set(ob.get()*ob.get());
    cout << "sqr of ob with x is: ";
    cout << ob.get() << "\n";
}
```

```
int main()
{
    Ex ob1(2);
    ob1.print();
    sqr(ob1);
    cout << "Now, ob1.x in main() has been changed :";
    cout << "ob1.x = " << ob1.get( ) << endl;
    return 0;
}
```

运行结果如图 6-5 所示。

```
E:\C++ts\Debug\ii.exe
x=2
sqr of ob with x is: 4
Now, ob1.x in main() has been changed :ob1.x=4
Press any key to continue
```

图 6-5　程序运行结果

程序分析：前面分析过引用实际是给对象起了个别名，所以当用引用&ob 做函数 sqr 的参数时，实参 ob1 向形参 ob 传递值的过程，实际是给实参 ob1 起别名为 ob 的过程，用别名和用实参本身的名字效果是一样的，因此实参 ob1 的 x 值变化为 4。

综上可知，当试图用对象作为函数参数实现传值时，不能直接用对象名作为函数参数，而必须用对象的地址即对象指针或对象引用。

6.2　构造函数和析构函数

类和对象一旦定义完成后，对象必须进行初始化，就像定义了变量要初始化一样。对象的初始化实质是要对对象中的数据成员进行初始化，这可以采用成员函数来实现。C++ 同时还允许系统自动对数据成员进行初始化，也就是系统自动调用一个特殊函数——构造函数。当对象使用完后，系统也自动调用一个特殊函数——析构函数进行对象的释放。

构造函数和析构函数都是类的成员函数，但它们都是特殊的成员函数，执行特殊的功能，不用显式调用便自动执行，而且要求这些函数的名字与类的名字必须相同。

6.2.1　构造函数

1．构造函数概述

定义了一个类之后，便如同用 int、char 类型声明变量一样，可以用它来创建对象，称为类的实例化。因此，类也可以看做是用户自定义的数据类型。但是，一个类只是定义了一种类型，它并不接收和存储具体的值，只有被实例化生成对象后才能接收和存储具体的值。C++ 允许对象初始化由一种特殊的成员函数来实现，也就是构造函数。构造函数可以由程序显式定义，也可以由系统给出。

构造函数在对象被创建时使用特定的值构造对象，为对象分配空间、对数据成员赋初值、请求其他资源，将对象初始化为特定的状态。

构造函数的名字与它所属的类名相同，被声明为公有函数，且没有任何类型的返回值，在创建对象时被自动调用。

构造函数的定义形式为

  类名(形参列表)

  {参数赋值;

   }

例如为 complex 类定义一个构造函数：

```
complex(double r, double i)
{
    real = r; imag = i;
}
```

函数名与类名相同为 complex，该类中有两个数据成员，所以构造函数形参列表中有两个形参，分别用来给类对象的两个数据成员 real 和 imag 赋值。函数体是为数据成员赋值的语句。当然，构造函数中除了赋值语句也可以有其他语句。

构造函数也可以定义在类外。像其他成员函数一样，构造函数如果定义在类外，就必须在函数名前加类名 "::"。

例如将 complex 类的构造函数定义在类外，则改为

```
complex::complex(double r, double i)
{
    real = r; imag = i;
}
```

2．构造函数的特点

构造函数作为类的一个成员函数，具有一般成员函数所有的特性，它可以访问类的所有数据成员，可以是内联函数，可以带有参数表，还可以带默认的形参值。构造函数也可以重载，以提供初始化类对象的不同方法。

使用构造函数时，必须注意以下几个方面：

(1) 构造函数的函数名与类名相同。

(2) 不能指明构造函数返回值的类型，连 void 也不能有。

(3) 定义对象时，编译系统会自动调用构造函数。

(4) 构造函数应声明为公有函数，构造函数不能在程序中显式调用。

(5) 如果用户没有定义构造函数时，系统提供缺省构造函数，缺省的构造函数什么都不做。

(6) 构造函数作为类的一个成员函数，具有一般成员函数所有的特性，它可以访问类的所有数据成员，可以是内联函数，可以带有参数表，还可以带默认的形参值。函数体可写在类体内，也可写在类体外。

(7) 构造函数可以重载。

　　构造函数是一种特殊的函数，定义时既要符合构造函数的特点，同时也具有一般函数的某些特点，如可以带参数，也可以不带参数，还可以带默认值的参数，可以重载。还可以利用构造函数进行对象的创建和对象赋值。下面将会详细进行说明。

3．带参数的构造函数

　　利用构造函数初始化对象时，因为对象有数据成员，所以要在构造函数中定义形参来对对象的数据成员进行初始化。

　　例 6.11

```
#include<iostream.h>
class complex{
private:
    double real;
    double imag;
public:
    complex(double r, double i)        //构造函数
    {real = r; imag = i; }
    double realcomplex()
    {return real; }
    double imagecomplex()
    {return imag; }
    void print()
    {
    cout << real << "+" << imag << "i" << endl;
    }
};
int main()
{
    complex    A(1.1, 2.2);
    A.print();
    return 0;
}
```

　　程序分析：程序中函数 complex(double r, double i)的函数名与类名相同，可以判断其为构造函数，带有两个参数，构造函数就是利用这两个参数来对数据成员 real 和 imag 进行初始化的，函数体用"real = r; imag = i；"来实现。主函数中声明对象"complex   A(1.1, 2.2)；"时，系统自动调用构造函数执行"real = 1.1; imag = 2.2"。

　　从例 6.11 可以看出，如果类中有带参数的构造函数时，定义对象就必须给出实际参数。该例中如果这样定义对象"complex B；"就会出现错误，因为每当定义一个对象时，系统就会为该对象调用构造函数，而构造函数是带形参的，那么调用时就必须有相应的实参。

　　当然，如果带参数的构造函数带有默认值，则就另当别论了。后面将会介绍带默认值

的构造函数。

4．不带参数的构造函数

有些时候，即使类中有数据成员，也允许定义不带参数的构造函数。不带参数的构造函数对对象的初始化是固定的。

例 6.12

```
class c{
private:
    int a;
public:
    c();
};
c::c()
{    cout << "initialized \n";
    a = 10;
}
```

程序分析：c::c()部分即为构造函数，该构造函数没有参数，参数中给定数据成员 a = 10，则 a 的值就是固定值 10。当定义 c 类型对象时，所有对象的数据成员都被初始化为 10。

5．利用构造函数创建对象

创建对象自然可以使用"类类型 对象"的方法，但同时 C++允许利用构造函数来创建对象。通常，利用构造函数创建对象有以下两种方法：

(1) 利用构造函数直接创建对象，其一般形式为

类名　对象名[(实参表)];

这里的"类名"与构造函数名相同，"实参表"是为构造函数提供的实际参数。如例 6.6 中的对象 a、b、c。

(2) 利用构造函数创建对象时，通过指针和 new 来实现。其一般语法形式为

类名　*指针变量 = new 类名[(实参表)];

例如：

complex *complex1 = new complex(3.4, 5.67);

就创建了对象(*complex1)。

例 6.13

```
//修改例 6.11 主函数
int main()
{
    complex *complex1;
    complex1 = new complex(3.4, 5.67);
    //   以上两条语句可合写成: complex *complex1 = new complex(3.4, 5.67);
    cout << "real : " << complex1->realcomplex() << endl;
    cout << "image : "   << complex1->imagecomplex() << endl;
```

```
    complex1->print();
    return 0;
}
```

程序分析：该程序中没有直接声明一个对象，而是 new complex(3.4, 5.67)创建了一个对象，并用对象指针来指向它，效果与直接声明一个对象相同。

6. 带默认值的构造函数

构造函数作为类的成员函数，它可以跟其他函数一样带默认值。如果构造函数参数带有默认值，那么在定义对象时就不一定非要给出实参的值。

例 6.14

```cpp
#include<iostream.h>
#include<math.h>
class    CComplex
{
private:
    double real;
    double imag;
public:
    CComplex(double r = 0.0, double i = 0.0);
    double abscomplex();
};
CComplex::CComplex (double r, double i)
{    real = r;    imag = i; }
double CComplex::abscomplex()
{
    double t;
    t = real*real+imag*imag;
    return sqrt(t);
}
int main()
{
    CComplex S1;
    CComplex S2(1.1);
    CComplex S3(1.1, 2.2);
    cout << S1.abscomplex() << endl;
    cout << S2.abscomplex() << endl;
    cout << S3.abscomplex() << endl;
    return 0;
}
```

运行结果:

    0

    1.1

    2.45967

程序分析：构造函数也和普通函数一样使用默认值，本例中定义了该类的构造函数，构造函数带默认值。执行 "CComplex S1; " 和 "CComplex S2(1.1); " 语句时，系统调用带默认值的构造函数，对象 S1 由于没有给出任何实参，所以它的两个参数 real 和 imag 都用默认值 0；而对象 S2 给出一个实参值 1.1，则该实参值是传给构造函数的第一个参数的，所以 real = 1.1，第二个参数 imag 则用默认值 0；执行 "CComplex S3(1.1, 2.2); " 语句时，由于对象 S3 明确给出实参的值，所以调用时用实参的值，而不用其默认值，故而对象 S3 的数据成员 real = 1.1，imag = 2.2。

7. 重载构造函数

构造函数既然可以像普通函数一样可以带默认值，当然也可以像普通函数一样可以重载。

例 6.15

```cpp
#include <iostream.h>
class Time
{
public:
    Time();                    //无参数的构造函数
    Time(int h, int m, int s);    //带有参数的构造函数
    void showTime();
private:
    int hour, minues, second;
};
Time:: Time ()
{ hour = 20;    minues = 0; second = 3; }
Time:: Time (int h, int m, int s)
{hour = h;    minues = m;    second = s; }
inline void Time::showTime()
{cout << "the time is " << hour << ":" << minues << ":" << second << endl; }
int main()
{    Time t1;
    Time t2(21, 16, 31);
    t1.showTime();
    t2.showTime();
    return 0;
}
```

运行结果：

the time is 20:0:3

the time is 21:16:31

程序分析：该程序中定义了两个名为 Time 的函数，所以属于构造函数的重载。与普通函数一样，判断重载函数的依据是函数的参数，既可以是参数的个数，也可以是参数的类型。该例中，一个构造函数没有带参数，它实现对数据成员赋值为固定值。另一个构造函数带有三个参数，所以在定义对象时，语句"Time t1；"是正确的，系统为对象 t1 调用没有带参数的构造函数，所以对象 t1 的数据成员值就分别为 hour = 20、minues = 0、second = 3。同样语句"Time t2(21, 16, 31)；"也是正确的，系统为对象 t2 调用带三个参数的构造函数，分别将实参 21、16 和 31 传递给形参 h、m 和 s，所以对象 t2 的数据成员值就分别为 hour = 21、minues = 16、second = 31。

需要注意的是，因为构造函数也可以带默认值，所以当构造函数重载的同时又带有默认值，就有可能出现错误。

例如例 6.15 中如果这样定义构造函数：

Time()；   // 无参数的构造函数

Time(int h = 0, int m = 0, int s = 0)； // 参数带有默认值的构造函数

那么，当定义对象 Time t1 时，系统就不能确定到底是应该调用第一个无参的构造函数，还是调用参数带默认值的构造函数。

8．拷贝构造函数

在利用构造函数对数据成员进行初始化时，如果要使用已有的对象来进行初始化，则就必须使用到另一个特殊的函数——拷贝构造函数。

拷贝构造函数是一种特殊的构造函数，它根据已存在的对象建立一个新对象，实现同类对象之间的赋值。C++ 为类提供默认的拷贝构造函数。

拷贝构造函数具有以下特点：

(1) 因为拷贝构造函数也是一种构造函数，所以其函数名也与类名相同，并且该函数也没有返回值类型。

(2) 该函数只有一个参数，并且是同类对象的引用。

(3) 每个类都必须有一个拷贝构造函数。程序员可以根据需要定义特定的拷贝构造函数，以实现同类对象之间数据成员的传递。如果程序员没有定义类的拷贝构造函数，系统就会自动生成一个缺省的拷贝构造函数。

1) 拷贝构造函数的定义

对于自定义的拷贝构造函数，其定义形式如下：

类名::类名(类名& 对象名)

{

    // 拷贝构造函数的函数体

}

其中，形参形式为"类名& 对象名"，表示已存在的对象。用该函数实现将已存在对象的值赋给新的对象。

例 6.16

```
class Point
{
public:
    Point(int x, int y)          //构造函数
    { X = x; Y = y; }
    Point ( Point & p);          //拷贝构造函数，用对象作为函数的参数
    int GetX()
    { return X; }
    int GetY()
    { return Y; }
    int print()
    {cout << "点坐标为：(" << X << ", " << Y << ")" << endl; }
private:
    int   X, Y;
};
Point::Point (Point & p)
{
    X = p.X*p.X;
    Y = p.Y*p.Y;
}
```

如果定义对象"Point D1(10, 20); Point D2 = D1;"，那么系统为对象 D2 调用拷贝构造函数 Point::Point (Point & p)，用来实现将 D1.X*D1.X 赋值给 D2 的成员 X，将 D1.Y*D1.Y 赋值给 D2 的成员 Y，所以 D2 的成员 X = 100、成员 Y = 400。

如果没有编写自定义的拷贝构造函数，则 C++ 会自动地将一个已存在的对象复制给新对象，这种按成员逐一复制的过程是由缺省拷贝构造函数自动完成的。

例 6.17

```
class Point
{
public:
    Point(int x, int y)          //构造函数
    { X = x; Y = y; }
    int GetX()
    { return X; }
    int GetY()
    { return Y; }
    void print()
    {cout << "点坐标为：(" << X << ", " << Y << ")" << endl; }
private:
```

```
        int    X, Y;
    };
    int main()
    {
        Point p1(30, 40);          //定义类 Point 的对象 p1,
                                   //调用了普通构造函数初始化对象 p1
        Point p2(p1);              //以"列表"法调用缺省的拷贝构造函数,
                                   //用对象 p1 初始化对象 p2
        Point p3 = p1;             //以"赋值"法调用缺省的拷贝构造函数,
                                   //用对象 p1 初始化对象 p3
        p1.print();
        p2.print();
        p3.print();
        return 0;
    }
```

运行结果：

    点坐标为：(30, 40)
    点坐标为：(30, 40)
    点坐标为：(30, 40)

程序分析： 主函数中执行声明语句"Point p1(30, 40)"时，系统自动调用普通的构造函数来实现对 p1 对象进行初始化，p1 的数据成员 x = 30、y = 40；而当执行声明语句"Point p2(p1)"和"Point p3 = p1"时，系统应该调用拷贝构造函数，但因程序中没有显式定义拷贝构造函数，所以系统调用缺省的拷贝构造函数来对 p2 对象和 p3 对象初始化。做法就是将 p1 的 x 值赋给 p2 的 x，将 p1 的 y 值赋给 p2 的 y，所以 p2 的 x 值等于 30、y 值等于 40。同理将将 p1 的 x 值赋给 p3 的 x，将 p1 的 y 值赋给 p3 的 y，所以 p3 的 x 值也等于 30、y 值也等于 40。

2) 调用拷贝构造函数的三种情况

既然构造函数和拷贝构造函数都是系统自动调用，而且都可以显式或隐式定义，那么到底在什么样的情况下系统调用拷贝构造函数呢？

(1) 当用类的一个对象去初始化该类的另一个对象时，系统自动调用它实现拷贝赋值，如例 6.17 所示。

(2) 若函数的形参为类对象，调用函数时，实参赋值给形参，系统自动调用拷贝构造函数。将例 6.17 修改为

```
        #include <iostream.h>
        class Point
        {
        public:
            Point(int x, int y)          //构造函数
```

```
        { X = x; Y = y;
            cout << "构造函数被调用" << endl; }
            Point::Point (Point & p);
            int GetX() { return X; }
            int GetY(){ return Y; }
            void print(){cout << "点坐标为：(" << X << ", " << Y << ")" << endl; }
    private:
            int X, Y;
    };
    Point::Point (Point & p)
    {
            X = p.X*p.X;
            Y = p.Y*p.Y;
            cout << "拷贝构造函数被调用" << endl;
    }
    void fun1(Point p)
    {cout << p.GetX() << endl;
    }
    void main()
    {
            Point A(1, 2);
            fun1(A);            //调用拷贝构造函数
    }
```

运行结果：

构造函数被调用

拷贝构造函数被调用

1

程序分析：主函数中"Point A(1, 2);"语句给定两个参数，所以系统自动调用构造函数；而语句"fun1(A);"参数为对象，所以系统首先调用拷贝构造函数，将实参对象 A 的值传递给形参对象 p，执行 X = p.X*p.X，从而 X = 1*1 = 1，并且输出"拷贝构造函数被调用"，然后执行 fun1 函数功能输出 X 的值 1。

(3) 当函数的返回值是类对象时，系统自动调用拷贝构造函数。

将上例修改为

```
    Point fun2()
    {
            Point A(1, 2);
            return A;    //调用拷贝构造函数
    }
    void main()
```

```
        {
            Point B;
            B = fun2();
        }
```

运行结果：

    拷贝构造函数被调用

程序分析：函数 fun2 的返回类型为 Point 类类型，当主函数中执行语句"B = fun2();"时，系统自动调用拷贝构造函数。

6.2.2 析构函数

一个对象失效时，即需要释放对象，C++中用析构函数来实现。析构函数的功能是用来释放一个对象。析构函数本身并不删除对象，而是进行系统放弃对象之前的清理工作，使内存可用来保存新的数据。它与构造函数的功能正好相反。

析构函数也是类的成员函数，它的名字是在类名前加字符"~"。析构函数没有参数，也没有返回值。析构函数不能重载，也就是说，一个类中只可能定义一个析构函数。

析构函数可以在程序中被调用，也可由系统自动调用。在函数体内定义的对象，当函数执行结束时，对象也就失效了，该对象所在类的析构函数会被自动调用。用 new 运算符动态创建的对象，在使用 delete 运算符释放它时，也会自动调用其析构函数。

如果一个类中没有定义析构函数，则系统也会为它自动生成一个缺省的析构函数。该析构函数是一个空函数，什么都不做。

析构函数的特点：

(1) 析构函数名字为符号"~"加类名。

(2) 析构函数没有参数，不能指定返回值类型。

(3) 一个类中只能定义一个析构函数，所以析构函数不能重载。

(4) 当一个对象作用域结束时，系统自动调用析构函数。

例 6.18

```
    class    intd
    {
        int i;
    public:
        intd(int x)
        {i = x; }
        ~intd()
        {cout << " object is deleted！  " << endl; }
        void print(){cout << i << endl; }
    };
    int main()
    {
```

```
        intd d1(35);
        d1.print();
        return 0;
    }
```

运行结果：

    35

    object is deleted！

程序分析：程序中定义了构造函数 intd 和析构函数~intd，当主函数中定义对象 d1 时，系统就自动调用构造函数，程序执行完 d1.print()后，即可释放对象 d1，系统自动调用析构函数，执行"object is deleted！"。

6.3 友   元

6.3.1 友元的概念

类很重要的一个特点就是可以进行对象的封装，这在很多方面都有较好的应用，然而在类的定义下，有时需要使用类中的普通数据，这就需要对类的概念进行扩充，C++中用友元来实现这个功能。

友元提供了不同类或对象的成员函数之间、类的成员函数与一般函数之间进行数据共享的机制。也就是说，通过友元的方式，一个普通函数或者类的成员函数可以访问到封装于某一个类中的数据。这相当于给类的封装挖了一个小孔，通过它外界可以看到类内部的一些属性。

友元是 C++提供的一种破坏数据封装和数据隐藏的机制。通过将一个模块声明为另一个模块的友元，可以使一个模块能够引用到另一个模块中原本被隐藏的信息。基于此，面向对象编程中提倡慎用友元。

C++语言不但允许利用函数方式来使用友元，也允许通过类方式来使用，所以友元分为友元函数和友元类。

6.3.2 友元函数

如果友元是普通函数或其他类的成员函数，则称为友元函数。友元函数是在类声明中由关键字 friend 修饰的非成员函数。

普通函数声明为友元函数的形式如下：

    friend <类型标识符> 函数名(参数表)

成员函数声明为友元函数的形式如下：

    friend <类型标识符> <类名>::函数名(参数表)

例 6.19

```
    #include<iostream.h>
    #include<string.h>
```

```cpp
class   Student
{
private:
    char   name[10], num[10];
    friend void show(Student& st)    //将 show 函数声明为 Student 类的友元函数
    {
        cout << "Name:" << st.name << endl << "Number:" << st.num << endl;
    }
public:
    Student(char   *s1, char   *s2)
    {strcpy(name, s1); strcpy(num, s2); }
};
class   Score
{
    unsigned   int   mat, phy, eng;
    friend   void   show_all(Student&, Score*);        //友元函数的声明
public:
    Score(unsigned   int   i1, unsigned int   i2, unsigned   int i3)
    :mat(i1), phy(i2), eng(i3)
    {}
};
void   show_all(Student &st, Score*   sc)              //友元函数的定义
{
    show(st);
    cout << "Mathematics:" << sc->mat << "\nPhysics:" << sc->phy
      << "\nEnglish:" << sc->eng << endl;
}
void   main()
{
    Student   wang("Wang", "9901");
    Score   ss(72, 82, 92);
    show_all(wang, &ss);
}
```

运行结果:

Name:Wang

Number:9901

Mathematics:72

Physics:82

English:92

程序分析：程序中，在类 Student 中的函数 show 前加关键字 friend 将其声明为类的友元函数，通过此友元函数就可以访问类 Student 中的数据成员 name 和 num；在类 Score 中的 show_all 函数也被声明为类 Score 的友元函数，所以 show_all 函数可以访问 Score 类中的数据成员 mat、phy 和 eng。

但是提醒读者注意的是：类的友元函数可以访问类中的数据成员，但并不是直接使用，而是以类对象的方式来使用，本例中 show 函数用 Student 类对象 st 作为函数的参数，以对象 st 来引用数据成员 name 和 num。同理 show_all 函数中也定义了 Score 类的对象来引用 Score 类的数据成员 mat、phy 和 eng。

下面改写例 6.19 是将一个类的成员函数定义为另一个类的友元函数。

例 6.20

```cpp
#include<iostream.h>
#include<string.h>
class Student;
class Score
{
    unsigned   int   mat, phy, eng;
public:
    Score(unsigned   int   i1, unsigned int   i2, unsigned   int i3)
    :mat(i1), phy(i2), eng(i3)
    {}
    void   show_all(Student &s);
};
class   Student
{
private:
    char   name[10], num[10];
public:
    Student(char   *s1, char   *s2)
    {strcpy(name, s1); strcpy(num, s2); }
    friend void Score::show_all(Student &s);
};
void   Score::show_all(Student &s)
{
    cout << "xingming:" << s.name << "\nxuehao:" << s.num << endl;
    cout << "Mathematics:" << mat << "\nPhysics:" << phy
      << "\nEnglish:" << eng << endl;
}
void   main()
{
```

```
        Student    wang("Wang", "9901");
        Score    ss(72, 82, 92);
        ss.show_all(wang);
    }
```

运行结果：

　　Name:Wang

　　Number:9901

　　Mathematics:72

　　Physics:82

　　English:92

程序分析：在这个例子中，函数 show_all 是类 Score 的成员函数，将其声明为类 Student 的友元函数，所以 show_all 函数采用对象的方式引用 Student 类中的成员 name 和 num，同时直接访问类 Score 的成员 mat、phy 和 eng。

程序第一行语句"class Student;"是对类 Student 的声明，因为类 Student 的定义在类 Score 之后，而类 Score 中的成员函数 show_all 中要用到 Student 类，所以要提前进行声明。

6.3.3　友元类

C++ 允许将一个类作为另一个类的友元，称为友元类。若 A 类为 B 类的友元类，则 A 类的所有成员函数都是 B 类的友元函数，都可以访问 B 类的私有成员。

声明友元类的语法形式为

```
    class    B
    {    …
        friend class A;    // 声明 A 为 B 的友元类
        …
    };
```

例 6.21

```
    #include <iostream.h>
    #include<string.h>
    class boy;
    class girl{
        char *gname;
        int gage;
        friend boy;            //声明类 boy 为友元类
    public:
        girl(char *n, int d)
        {
            gname = new char[strlen(n)+1];
            strcpy(gname, n);
```

```
            gage = d;
        }
        ~ girl()
        {delete gname; }
        void printg()
        {cout << "girl:" << gname << ":" << gage << endl; }
    };
    class boy
    {
        char *bname;
        int bage;
    public:
        boy(char *m, int n)
        {
            bname = new char[strlen(m)+1];
            strcpy(bname, m);
            bage = n;
        }
        ~boy()
        {delete bname; }
        void printb(girl &x)
        {cout << "boy:" << bname << ":" << x.gage << endl; }
    };
    void main()
    {
        boy A("mingli", 18);
        girl B("wanghua", 20);
        A.printb(B);
        B.printg();
    }
```

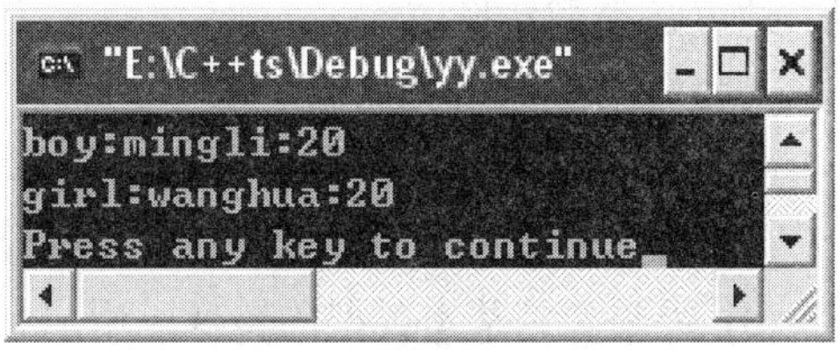

运行结果如图 6-6 所示。

图 6-6　程序运行结果

程序分析：声明类 boy 为类 girl 的友元类，所以允许类 boy 的成员函数访问类 girl 的数据。函数 printb 中，通过 x.gage 来访问类 girl 的成员 gage，所以运行结果"boy:mingli:20"中 mingli 为类 boy 对象 A 的数据成员，而 20 是类 girl 对象 B 的数据成员。

从以上介绍可以看出，使用友元有些时候可以简化一些操作，所以友元有其优点所在，具体体现在以下几个方面：

(1) 一个函数可以是两个类的友元函数，使用友元函数能提高效率，使得表达简洁、清晰。

(2) 在运算符重载的某些场合需要使用友元。

(3) A 类是 B 类的友元类，A 类的成员函数有 this 指针，可以指向 A 类的对象，它们也是 B 类的友元函数；但对于 B 类来说，这些函数没有 this 指针指向 B 类的对象，它们一般都需要 B 类的对象做参数。

在使用友元类的时候需要注意以下几点事项：

(1) 友元类的声明可以在类声明中的任何位置，既可以在 private 区也可以在 public 区，其含义不受影响。

(2) 友元类的所有成员函数都称为友元函数。如果将类 A 声明为类 B 的友元类，那么类 A 的所有成员函数就都称为类 B 的友元函数。

(3) 友元关系是不能传递的。B 类是 A 类的友元，C 类是 B 类的友元，C 类和 A 类之间如果没有声明，就没有任何友元关系，不能进行数据共享。

(4) 友元关系是单向的。如果声明 B 类是 A 类的友元，则 B 类的成员函数就可以访问 A 类的私有数据和保护数据，但 A 类的成员函数却不能访问 B 类的私有数据和保护数据，也就是说 A 类不是 B 类的友元类。

(5) 友元的使用是以牺牲信息隐蔽原则为代价的，友元的存在使得类和类之间的接口增大，这不利于模块化的程序设计，因此不能滥用友元。

6.4 类 型 转 换

不同类型的变量或对象互相赋值时，必须类型相同或兼容。如果不相同或不兼容的变量或对象之间互相赋值，就要进行强制类型转换。对于基本类型即系统预定义的类型，进行强制类型转换时，系统可以做相应的处理，程序员不必做过多的干涉。但是如果是类类型和系统预定义类型，或者不同的类类型之间进行类型转换，则系统肯定不知道应该如何转换，因为类是用户自己定义的，所以就必须在类中定义有类型转换功能的成员函数来实现，这就是类型转换。

类型转换包括以下几种：

(1) 基本类型之间的转换：系统预定义类型之间的转换。

(2) 基本类型到类类型的转换：系统预定义类型向用户自定义的类类型的转换。

(3) 类类型到基本类型的转换：用户自定义的类类型向系统预定义类型的转换。

(4) 类类型到类类型的转换：用户自定义的类类型与用户自定义的类类型之间的转换。

基本类型之间的转换相对比较简单。例如：

    int a; double b;

用"a = (int)b; "就可以实现将 double 型转换为 int 型，在此不再赘述。

涉及类类型的类型转换可以用构造函数和类型转换函数两种方式来实现。一般来说，基本类型到类类型的转换用构造函数来实现；类类型到基本类型或类类型到其他类类型的转换用类型转换函数来实现。

本节重点介绍如何利用构造函数或类型转换函数进行类类型与其他类型之间的这些转换。

6.4.1　基本类型到类类型的转换

基本类型到类类型的转换就是要将系统预定义的基本类型转换为用户自定义的类类型，而基本类型到类类型的转换一般是由构造函数来实现的。因此，类的定义中就必须显式定义构造函数，而不能用系统默认的构造函数了。

构造函数要实现这种转换功能，一般要有如下的显式定义方式：

　　　　类类型(基本类型　参数)

　　　　{构造函数的函数体}

　　例如：

```
class ex{
public:
    ex(double m)
    {x = m; }
    void print()
    {cout << x << endl;
    }
private:
    double x;
};
```

其中，构造函数：

```
ex(double m)
{x = m; }
```

除了进行类对象的初始化以外，还能够将 double 型的数据类型转换为 st 类类型。

　　所以，当定义一个对象：

```
ex obj(1.1);
```

或者：

```
obj = 1.1;
```

都是正确的。第一种是显式调用构造函数，将 1.1 转换为 ex 类类型后赋值给 obj 对象。第二种是隐式调用构造函数，将 double 型的 1.1 转换为 ex 类类型后赋值给 obj 对象。

　　又如：定义对象数组 a[4]并进行初始化，可以定义为

```
ex a[4] = {ex(1.1), ex(2.2), ex(3.3), ex(4.4) };
```

也可以定义为

```
ex a[4] = {1.1, 2.2, 3.3, 4.4};
```

同样，第一种是显式调用构造函数，第二种是隐式调用构造函数，都可以达到初始化的目的，原因在于构造函数可以将 double 型的数据{1.1, 2.2, 3.3, 4.4}分别转换为 ex 类型的数据，并给数组的元素进行赋值。

　　因此，当定义一个对象数组，并需要初始化的时候，完整的程序如例 6.22 所示。

　　例 6.22

```
#include<iostream.h>
```

```
class ex{
public:
    ex(double m)
    {x = m; }
    void print()
    {cout << x << "   ";
    }
private:
    double x;
};
void main()
{
    ex a[5] = {2.12, 3.1, 4.34, 5.0, 6.3};        //隐式调用构造函数进行类型转换
    ex b[3] = {ex(1.1), ex(2.2), ex(3.3)};        //显式调用构造函数进行类型转换
    cout << "array a is:\n";
    for(int i = 0; i<5; i++)
        a[i].print();
    cout << "\narray b is:\n";
    for(i = 0; i<3; i++)
        b[i].print();
}
```

运行结果：
```
array a is:
2.12    3.1    4.34    5    6.3
array b is:
1.1    2.2.    3.3
```

程序分析： 程序中，语句 "ex a[5] = {2.12, 3.1, 4.34, 5.0, 6.3}" 将数组 a 的五个元素分别赋值为 double 型的 2.12、3.1、4.34、5.0、6.3。数组的类型为 ex 类型，该语句是将 double 的值赋给了 ex 类类型，之所以能这样赋值是因为存在构造函数 "ex(double m)"，该构造函数可以起到将 double 型转换为 ex 类型的作用，这种方式是隐式调用转换函数。语句 "ex b[3] = {ex(1.1), ex(2.2), ex(3.3)}" 也是实现对 ex 类型的数组元素赋值，其赋值形式为 ex(1.1)、ex(2.2)、ex(3.3)，是显式调用构造函数，实现将 1.1、2.2、3.3 转换为 ex 类型后为数组元素赋值。

读者可以看出，在该程序中，数组元素之所以可以以这两种形式赋值，是因为构造函数在起作用，所以该程序中如果将构造函数删除，则数组元素的赋值方式就是错误的。

6.4.2 类类型到基本类型的转换

将基本类型转换为类类型可以利用构造函数，但是要将类类型转换为系统预定义的基本类型或转换为另一种类类型时，构造函数就实现不了了，需要另外定义一个成员函数实

现这种转换功能，我们把这种可以将类类型转换为基本类型或类类型的函数称为类型转换函数。

类型转换函数也是类的一种特殊的成员函数。其定义格式一般为

```
X::operator    Type ( )
{   …
        return    Type 类型的变量或对象
}
```

其语义：将 X 类类型转换为 Type 类型。Type 既可以是系统预定义的基本类型，也可以是另一个类类型。

如果要将类类型转换为预定义的基本类型，如整型 int，则类型转换函数写为

```
operator int()
{…
        return (int 类型变量)
}
```

如定义类：

```
class ex{
    int x;
public:
    ex(int i)
    {x = i;
    }
};
```

如果要将 ex 类类型的对象转换为 int 型变量，那么就必须在类 ex 的定义中增加一个进行类型转换的成员函数，定义为

```
ex::operator int()
{return x; }
```

其中，x 是 int 类型的变量，类型转换函数返回 x 实质是返回 x 的数据类型，也就是 int 型，那么在定义 ex 对象时就可以向整型数据来赋值。如：

```
ex e(0); int i = e;
```

这是一种类型转换函数的隐式调用方式。事实上，还可以显式调用类型转换函数，如：

```
int i = int(e);
```

由此可知：类类型转换函数既可以由系统自动调用，也可以显式调用。

需要说明的是：类类型转换函数是类的一种特殊的成员函数，不能定义为类的友元函数。它与一般成员函数一样，既可以定义在类内，也可以定义在类外。

同时根据具体问题，在一个类中也可以同时定义多个类型转换函数。

例 6.23

```
#include<iostream.h>
class ex{
    int x;
```

```
public:
    ex(int i)
    {x = i; }
    operator int()              //类类型 ex 到 int 类型的类型转换函数
    {return x; }
    operator double()           //类类型 ex 到 double 类型的类型转换函数
    {return double(x); }
};
void main()
{
    ex e(0);
    int i = e;                  //隐式调用类型转换函数 operator int
    cout << i << endl;
    double j = double(e);       //显式调用类型转换函数 operator double
    cout << j << endl;
}
```

运行结果：

0

0

程序分析：该例中定义了两个类型转换函数，一个是将类类型转换为 int 类型，用函数 operator int 实现；另一个将类类型转换为 double 类型，用函数 operator double 来实现。只要在类中定义了类型转换函数，那么系统就可以自动调用类型转换函数来进行类型转换了，所以"int i = e; "实际上就是由系统自动调用类型转换函数，将对象 e 转换为 int 类型的数据然后赋值给整型变量 i 的。而在下一句"double j = double(e); "中，是显式调用了类型转换函数将对象 e 转换成 double 类型，然后赋值给 double 型变量 j 的。

6.4.3 类类型到类类型的转换

如果需要将一个用户自定义的类类型转换为另一个用户自定义的类类型，就是类类型到类类型的转换。上节提到要将类类型转换为其他类型的语法格式如下：

```
X::operator   Type ( )
{   …
    return   Type 类型的变量或对象
}
```

根据需要将 X 类类型转换为 Type 类型。上节已经讲过 Type 为系统预定义的基本类型，那么将类类型转换为另一种类类型 Type 就是另一种类类型的对象了。

如有两个类：类 ex1 和类 ex2，如果要将 ex1 类型转换为 ex2 类型，就要在类 ex1 的定义中定义一个名为 operator ex2 的类型转换函数了。

例 6.24

```
#include<iostream.h>
```

```
class ex1{
    int x;
public:
    ex1(int i)
    {x = i; }
    operator int()
    {return x; }
};
class ex2
{
    int y;
public:
    ex2(int j)
    {y = j; }
    operator ex1()
    {ex1 e1(8);
    return e1; }
};
void main()
{
    ex1 e1(0);
    ex2 e2(1);
    e1 = e2; //隐式调用 operator ex1 函数
    cout << int(e1) << endl;
}
```

运行结果：

8

程序分析：该例中定义了两个类 ex1 和 ex2，在类 ex2 的定义内有一个成员函数 operator ex1，它就是将 ex2 类型转换为 ex1 的类型转换函数，所以在主函数中可以直接将对象 e2 赋值给对象 e1，因为，系统隐式地调用了该类型转换函数，将 e2 转换为 ex1 类型，然后再赋值给 ex1 类型的对象 e1 的。

6.5　本　章　小　结

本章主要介绍面向对象中最重要的概念之一：类和对象。类是用来封装数据的，它能够将一组数据和它们的相关操作封装在一起，实现面向对象中的数据封装特性。对象是其自身所具有的状态特征及对这些状态施加的操作结合在一起所构成的独立实体，对象是类的实例化。C++语言主要采用 class 类，类中用三个关键字 public、private 和 protected 作为访问约束符，约束类中成员的访问方式。

介绍了类的构造函数和析构函数的概念。构造函数在对象被创建时使用特定的值构造对象，为对象分配空间、对数据成员赋初值、请求其他资源，将对象初始化为特定的状态。构造函数的名字与它所属的类名相同，被声明为公有函数，且没有任何类型的返回值，在创建对象时被自动调用。析构函数的功能是用来释放一个对象。析构函数本身并不删除对象，而是进行系统放弃对象之前的清理工作，使内存可用来保存新的数据。

友元提供了不同类或对象的成员函数之间、类的成员函数与一般函数之间进行数据共享的机制。也就是说，通过友元的方式，一个普通函数或者类的成员函数可以访问到封装于某一个类中的数据。这相当于给类的封装挖了一个小孔，通过它外界可以看到类内部的一些属性。

类型转换是将一种类型的值转换为另一种类型的值。对于系统预定义的类型，C++提供两种类型转换方式，一种是隐式类型转换，另一种是显式类型转换。对于用户自己定义的类类型来讲，如何实现它们与其他数据类型之间的转换呢？通常可以通过构造函数和类类型转换函数来实现。

本 章 习 题

1．简述类和对象的关系。

2．什么是构造函数？简述构造函数的特点。

3．什么是友元？简述使用友元的优缺点。

4．找出下列程序的错误，并改正。

(1)
```
class A{
    public:
    void init(int a);
    void show();
    private:
      int x = 0;
      };
```

(2)
```
class point{
    public:
    void point(int a = 0, int b = 1);
    ~point();
    private:
      int x, y;
}
```

(3)
```
class complex{
    public:
    complex (double a, double b);
    double set(double x, double y);
    private:
      double imag, real;
        }
    void main()
    {complex X1;
    X1.set(3.14, 2.56);
```

```
}
```

5．补充程序。

(1)　class A{
　　　private:
　　　　　int x, y;
　　　public:
　　　　　A(int a, int b)
　　　　　{_____;
　　　　　_____;
　　　　　}
　　　};

(2)　class comp{
　　　　　double real, imag;
　　　public:
　　　　　comp(double a, double b)
　　　　　{real = a; imag = b; }
　　　　　double re_real() //取复数中实部 real 的值
　　　　　{ _____}
　　　};

(3)　class comp{
　　　　　double real, imag;
　　　public:
　　　　　comp(double a, double b)
　　　　　{real = a; imag = b; }
　　　　　void show()
　　　　　{cout << "这个复数是：";
　　　　　cout << real << "+" << imag << "i"; }
　　　};
　　　void main()
　　　{_____;
　　　X.show();
　　　}

6．阅读程序。

(1)　#include<iostream.h>
　　　class comp{
　　　　　double real, imag;
　　　public:
　　　　　comp(double a, double b)
　　　　　{real = a; imag = b; }
　　　　　comp(comp &X)
　　　　　{cout << "调用拷贝构造函数\n";
　　　　　real = X.real*X.real;
　　　　　imag = X.imag*X.imag; }
　　　　　void C_real(comp X)
　　　　　{real = X.real;
　　　　　imag = X.imag;
　　　　　}
```
```

```
        void show()
        {
        cout << real << "+" << imag << "i" << endl; }
    };
    void main()
    {
        comp A(1.1, 2.2), B(3.1, 4.25);
        A = B;
        cout << "A 复数是： "; A.show();
        cout << "B 复数是： "; B.show();
        A.C_real(B);
        cout << "A 复数是： "; A.show();
        cout << "B 复数是： "; B.show();
    }
```

(2)　
```
    class A{
    private:
        int x, y;
    public:
        A(int a, int b)
        {cout << "调用构造函数" << endl;
        x = a; y = b;
        }
        void print()
        {cout << x << ", " << y << endl; }
    };
    void main()
    {   A X[4] = {A(1, 10), A(2, 20), A(3, 30), A(4, 40)};
        for(int i = 0; i<4; i++)
            X[i].print();
    }
```

7. 建立类 dog，其中有两个 double 类型的私有数据成员 style、color。定义构造函数给数据成员赋值。用 pz 函数返回某个 dog 的 style 值。

8. 编写程序，定义一个订单类 book，包含订单号 D_id 和金额 money，给出 10 个订单，计算订单平均金额和总金额。

9. 编写一个三角形类，包括计算面积、显示面积的功能等，并测试。要求使用有参数的构造函数及拷贝构造函数。

第 7 章

继 承 与 派 生

7.1　继承与派生类的概念

很多时候，程序员在进行面向对象编程时，会发现有些类和其他类间具有相同的特征，同时又有差别或新增部分的特征，而且这些类间具有层次结构，于是，可以把类间的相同部分进行共享，而在新类中添加不同部分，这就是继承。继承性是面向对象程序设计的第二个重要特性，通过继承实现了数据抽象基础上的代码重用。继承能够减少代码冗余，通过协调性来减少相互之间的接口和界面。

例如：已经存在一个描述大学生的类 student，要创建一个描述研究生的新类 postgraduate。

```
class student
{
    char name[10];
    long num;
public:
    void print()
    {cout << name << num << endl;
    }
};
class postgraduate{
    long num;
    char name[10];
    char *major;
public
    void printd()
    {cout << name << num << endl;
     cout << major << endl;}
};
```

不难发现，在类 postgraduate 中存在和类 student 相同的成员 name、num 和 print 函数，这些在类 student 中已经存在的成员在类 postgraduate 中又被重新定义了一遍，这显然不符合代码共享的思想。因此，为了减少程序员的编程量，增加代码的共享度，在定义新的类时，这些重复的内容就可以不用定义，从已存在的类中共享这些内容即可，这就是继承。

7.1.1   继承与派生类的概念

继承性反映了类的层次结构，并支持对事物从一般到特殊的描述。继承性使得程序员可以以一个已有的较一般的类为基础建立一个新类，而不必从零开始设计。建立一个新的类，既可以从一个或多个先前定义的类中继承数据成员和成员函数，而且可以重新定义或加进新的数据成员和成员函数，从而建立类的层次关系。这个新类称为派生类或子类，而已存在的类称为基类或父类。派生类继承基类，基类派生子类，这就是继承和派生。图 7-1 为继承关系示意图。

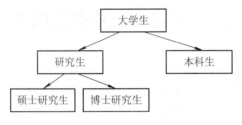

图 7-1   继承关系示意图

图 7-1 中，研究生和本科生为大学生的派生类，大学生为研究生和本科生的基类。研究生又可以派生出硕士研究生和博士研究生。所以基类和派生类的概念也是相对的。

在派生新类时，可以增加新的数据成员，可以增加新的成员函数，可以重新定义基类中已有的成员函数，还可以改变现有成员的访问属性。

7.1.2   继承的种类

派生类可以由一个类继承而成，也可以由两个或多个继承而来，所以从继承源的角度可以将继承分为单继承和多继承。

单继承是指派生类仅从一个已知类派生而来，其继承的基类只有一个。多继承是指派生类由两个或两个以上类派生而来，其基类有两个或两个以上。图 7-2 为单继承示意图，图中类 B 由类 A 派生而来，称类 B 为派生类，类 A 为基类。同理，派生类 D 和派生类 E 从基类 B 派生而来，其基类都只有一个。图 7-3 为多继承示意图，派生类 D 是由基类 A 和基类 B 两个类派生而来的，派生类 E 由基类 B、基类 C 和基类 K 三个基类派生而来。

图 7-2   单继承示意图   图 7-3   多继承示意图

有关派生类定义的详细说明将在下节介绍。

7.2　派　生　类

7.2.1　派生类的定义

派生类既可以继承基类数据成员或成员函数，也可以增加新的数据成员或成员函数。派生类的定义介绍如下。

1. 单继承派生类的定义

单继承派生类定义的一般格式为

```
class    派生类名:继承方式    基类名  {
private:
//派生类新增的私有数据成员和成员函数
public:
//派生类新增的公有数据成员和成员函数
protected:
//派生类新增的受保护数据成员和成员函数
};
```

例如：

```
class student
{
protected:
    char id;
    char *name;
public: //…
};
class postgraduate:public student
{
protected:
    char *major;
    char *supviser;
public: //…
}
```

2. 多继承派生类的定义

多继承派生类定义的一般格式为

```
class  派生类名:继承方式 1    基类名 1, …, 继承方式 n    基类名 n{
    // 派生类新增的数据成员和成员函数
};
```

例如：

```
class A
{
    private://类 A 的私有成员
    protected: //类 A 的受保护成员
    public: //类 A 的公有成员
};
class B
{
    private://类 B 的私有成员
    protected: //类 B 的受保护成员
    public: //类 B 的公有成员
};
class C:publicA, public B
{
private:
    //派生类新增的私有数据成员和成员函数
    public:
    //派生类新增的公有数据成员和成员函数
    protected:
    //派生类新增的受保护数据成员和成员函数
};
```

那么，基类中的成员在派生类中如何使用？C++语言规定，基类中的成员在派生类中的使用取决于派生类对基类的继承方式。为了简化问题，先以单继承为例说明。

7.2.2　派生类的三种继承方式

派生类是由基类继承而来的，那么是不是基类的所有成员都可以在派生类中使用或访问呢？这要依赖于派生类对基类的继承方式，不同的继承方式对基类的访问程度不同。上节给出派生类的定义方式为

```
class 　派生类名:继承方式　基类名 {
    //派生类新增的数据成员和成员函数
};
```

其中，规定了派生类对基类的继承方式。一般地，将继承方式分为 public、protected、private 三种。在这三种不同的继承方式下，基类成员的访问属性在派生类中会发生不同的变化，这将直接影响基类成员在派生类中的使用。

1．public 方式

public 为公有继承。在公有继承方式下，基类中的成员属性在派生类中的变化如下：

(1) 基类中的 public 成员在派生类中仍为 public 成员，在派生类中可以直接使用，也

可以在类外使用。

(2) 基类中的 protected 成员在派生类中为 protected 成员，在派生类中可以直接使用，但在类外不能使用。

(3) 基类中的 private 成员在派生类中不能直接访问。

例 7.1

```
#include <iostream.h>
class R
{ public :
    void    get_R()
    { cout << "input R of the circle : " ;   cin >> r ; }
    void    print_R()
    { cout << "r = "<< r << '\n' ; }
protected:
    int r ;
};
class S : public R                //继承方式为公有继承
{ public :
    double    get_S()
    { s = 3.14*r*r ; return s;}     //使用基类数据成员 r
    void    print_S()
    { cout << "s = "<< s << '\n' ; }
protected:
    double s;
};
void main()
{
    R objR ; S objS ;
    cout << "It is object_R :\n" ;
    objR.get_R() ;
    objR.print_R() ;
    cout << "It is object_S :\n" ;
    objS.get_R() ; //使用基类中的公有成员
    objS.get_S();
    objS.print_S() ;
    cout << "S = " << objS.get_S() << endl ;
}
```

运行结果如图 7-4 所示。

程序分析：程序中 S 类由 R 类派生而来，继承方式为 public，说明 R 类中的公有成员可以作为 S 类的公有成

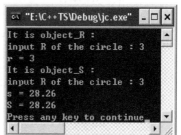

图 7-4　程序运行结果

员，受保护成员作为 S 类的受保护成员，而私有成员不能继承。所以有：

(1) S 类继承了 R 类的成员，所以 S 类中有两个数据成员 r 和 s 均为 protected 成员，其中 r 是从 R 类中继承过来的，因为采用 public 继承方式，所以在派生类 S 中保持其 protected 访问属性；四个成员函数：get_R、print_R、get_S、print_S，其中 get_R、print_R 是从基类 R 中继承过来的，同样因为采用 public 继承方式，所以 get_R、print_R 在 S 类中仍然保持 public 访问属性。

(2) 如果在 R 类中将 "protected: int r ;" 改为 "private: int r;"，则运行出错提示为 "error C2248: 'r' : cannot access private member declared in class 'R';"，说明派生类不能访问基类中的私有成员。

虽然派生类不能继承基类中的私有成员，但在派生类中为基类的私有成员建立了数据空间。

例 7.2

```cpp
#include<iostream.h>
class A
{
public:
    A()
    {x = 2;}
    int mul()
    {return x = x*2 ; }
    void print()
    { cout << x << endl; }
private:
    int x ;
} ;
class B : public A     //公有继承
{
public:
    B()
    {y = 10;}
    int mul()
    {return y = y*5 ; }
    void print()
    { A::print();
    cout << y << endl;}
private:
    int y ;
} ;
void main()
```

```
    {
        A a ;
        B b ;
        b.print();
        cout << "a.x = " << a.mul() << endl ;
        cout << "b.x = " << b.A::mul() << endl ;
        cout << "b.y = " << b.mul() << endl ;
        b.print();
    }
```

图 7-5　程序运行结果

运行结果如图 7-5 所示。

程序分析：虽然基类的私有数据成员在派生类中不能直接访问，但系统为派生类对象建立了私有数据空间。程序中派生类 B 不能直接访问其基类 A 的私有成员 int x，所以不能直接使用 b.x，但用“b.A::mul()”语句可以访问 b 对象中的 x 成员，说明 B 类为 A 类的私有成员 x 建立了数据空间。

2．protected 方式

protected 为保护继承。在保护继承方式下，基类中的成员属性在派生类中的变化如下：

(1) 基类中的 public 成员在派生类中变为 protected 成员，在派生类中可以直接使用，但在类外不能直接使用。

(2) 基类中的 protected 成员在派生类中仍为 protected 成员，在派生类中可以直接使用，但在类外不能直接使用。

(3) 基类中的 private 成员在派生类中不能直接访问。

例 7.3

```cpp
#include <iostream.h>
class R
{ public :
    void    get_R()
    { cout << "input R of the circle : " ;    cin >> r ; }
    void    print_R()
    { cout << "r = "<< r << '\n' ; }
protected:
    int r ;
};
class S : protected R                        //保护继承
{ public :
    int    get_r()
    { get_R(); return r;}                     //使用基类中的成员函数
    double    get_S()
    { s = 3.14*r*r ; return s;}               //使用基类数据成员  r
```

```
        void    print_S()
        { cout << "s = "<< s << '\n' ; }
    protected:
        double s;
    };
    void main()
    {
        R objR ;
        S objS ;
        cout << "It is object_R :\n" ;
        objR.get_R() ;
        objR.print_R() ;
        cout << "It is object_S :\n" ;
        // objS.get_R() ;     //错误，基类中的公有成员变为派生类的受保护成员，
                            //类外不能直接访问。
        objS.get_r();
        objS.get_S();
        objS.print_S() ;
        cout << "S = " << objS.get_S() << endl ;
    }
```

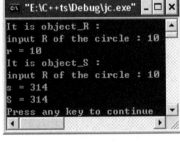

图 7-6　程序运行结果

运行结果如图 7-6 所示。

程序分析：本例采用 protected 继承方式，所以基类的 public 成员和 protected 成员被继承到派生类中都作为派生类的 protected 成员，派生类的其他成员可以直接访问它们，但是类的外部使用者不能通过派生类的对象来访问它们。所以 R 类中的 protected 型数据成员 r 在派生类中仍然是 protected 型数据成员，因而在派生类 S 类中有两个受保护的数据成员 r 和 s。基类 R 中公有成员 get_R 和 print_R 在派生类 S 类中变成了受保护成员，在 S 类中可以直接访问这些成员，但在 S 类外则不能直接访问，所以在主函数执行 objS.get_R()时将出现错误。

3．private 方式

private 为私有继承。在私有继承方式下，基类中的成员属性在派生类中的变化如下：

(1) 基类中的 public 成员在派生类中变为 private 成员，只有在派生类中可以直接使用。

(2) 基类中的 protected 成员在派生类中变为 private 成员，只有在派生类中可以直接使用。

(3) 基类中的 private 成员在派生类中不能直接访问。

例 7.4

```
    #include <iostream.h>
    class R
    { public :
```

```
        void    get_R()
        { cout << "input R of the circle : " ;    cin >> r ; }
        void    print_R()
        { cout << "r = "<< r << '\n' ; }
        int r ;
    };
    class S : private R                          //私有继承，所继承成员为 S 中的私有成员
    { public :
        int    get_r()
        { get_R(); return r;}
        double    get_S()
        { s = 3.14*r*r ;      return s;}         //使用基类数据成员  r
        void    print_S()
        { cout << "s = "<< s<< '\n' ; }
    protected:      double s;
    };
    void main()
    {
        R objR ;     S objS ;
        cout << "It is object_R :\n" ;
        objR.get_R() ;
        objR.print_R() ;
        cout << "It is object_S :\n" ;
        objS.get_r() ;                           //派生类的公有成员可以直接访问
        objS.get_S();
        objS.print_S() ;
        cout << "S = " << objS.get_S() << endl ;
    }
```

运行结果同例 7.1 和例 7.3。

程序分析：派生类 S 类私有继承了基类 R 类，同时又自定义了受保护成员和公有成员，所以基类中的公有成员函数 get_R、print_R 和公有数据成员 r 在派生类 S 类中变成私有成员，因而 S 类中有私有成员：get_R、print_R 和 r；受保护成员 s 和公有成员 get_r、get_S、print_S。

7.2.3　派生类的构造函数和析构函数

派生类也是类，所以也需要构造函数和析构函数，但派生类不能继承基类的构造函数和析构函数。

由于基类的构造函数和析构函数都不被继承，因此需要在派生类中重新定义。既然派生类继承了基类的成员，那么在初始化时，就要同时初始化基类成员。

1. 派生类的构造函数

声明派生类构造函数时，除了需要对本类中新增成员进行初始化外，还要对基类成员进行初始化。

派生类构造函数声明的一般语法形式如下：

```
<派生类名>::<派生类名>(参数总表):
        基类名 1(参数表 1), …, 基类名 n(参数表 n),
        内嵌对象名 1(内嵌对象参数表 1), …,
        内嵌对象名 m(内嵌对象参数表 m)
    {
        派生类新增成员的初始化语句;
    }
```

其中：派生类的构造函数名与派生类名相同。参数总表需要列出初始化基类数据、新增内嵌对象数据及新增一般成员数据所需要的全部参数。冒号之后，列出需要使用参数进行初始化的基类名和内嵌成员名及各自的参数表，各项之间用逗号分隔。在定义派生类对象时，构造函数的执行顺序是先基类(多基类时调用顺序按照继承时说明的顺序)，再对象(调用顺序按照它们在类中说明的顺序)，后自己(派生类本身)。

例 7.5

```cpp
#include<iostream.h>
class data
{
    int x1;
public:
    data(int x)              //构造函数
    {
        x1 = x;
        cout << " it's turn to class data\n";
    }
};
class a
{
    data d1;
public:
    a(int x):d1(x)              //构造函数
    {cout << "it's turn to class a\n";}
};
class b:public a
{
    data d2;
public:
```

```
        b(int x):a(x), d2(x)        //构造函数
        {cout << "it's turn to class b\n";}
    };
    class c:public b
    {
    public:
        c(int x):b(x)                //构造函数
        {cout << "it's turn to class c\n";}
    };
    void main()
    {
        c obj (5);
    }
```

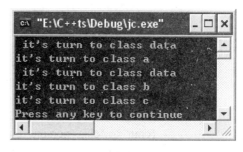

图 7-7   程序运行结果

运行结果如图 7-7 所示。

程序分析：程序中定义了类 c 的对象 obj，系统去调用类 c 的构造函数 "c(int x):b(x)" 时发现其由类 b 继承而来，所以转去调用类 b 的构造函数 "b(int x):a(x), d2(x)"，类 b 又由类 a 继承而来，所以转去调用类 a 的构造函数 "a(int x):d1(x)"，同样转去调用类 data 的构造函数 "data(int x)"，执行结果显示 "it's turn to class data"；返回类 a 构造函数处调用类 a 的构造函数，执行结果显示 "it's turn to class a"；然后返回类 b 的构造函数，类 b 也调用类 data，所以先调用类 data 的构造函数，执行结果为 "it's turn to class data"；再调用类 b 的构造函数，执行结果为 "it's turn to class b"；返回类 c 的构造函数，执行结果为 "it's turn to class c" 程序结束。

从上例可以看出，构造函数的调用严格地按照先基类、再对象、后派生类的顺序执行。

2. 派生类的析构函数

由于基类的析构函数也不能被继承，因此，派生类的析构函数必须通过调用基类的析构函数来做基类的一些清理工作。

派生类与基类的析构函数没有什么联系，彼此独立，派生类或基类的析构函数只做各自类对象消亡前的善后工作。

在定义派生类对象时，析构函数的执行顺序是先执行派生类的析构函数，再执行对象成员类的析构函数(如果有对象成员)，最后执行基类的析构函数。其顺序与调用构造函数的顺序相反。

例 7.6

```
    #include<iostream.h>
    class person
    {
        char *name;
        int age;
        char *add;
```

```
public:
    person()                        //构造函数
    {cout << "class person 的构造!\n";}
    ~person()                       //析构函数
    {cout << "class person 的析构!\n";}
};
class person1:public person         //派生类公有继承
{
    char *department;
public:
    person1()                       //派生类构造函数
    {cout << "class person1 的构造!\n";}
    ~person1()                      //派生类析构函数
    {cout << "class person1 的析构!\n";}
};
class person2:public person         //派生类公有继承
{
    char *major;
public:
    person2()                       //派生类构造函数
    {cout << "class person2 的构造!\n";}
    ~person2()                      //派生类析构函数
    {cout << "class person2 的析构!\n";}
};
void main()
{
    person1 p1;
    person2 p2;
}
```

运行结果如图 7-8 所示。

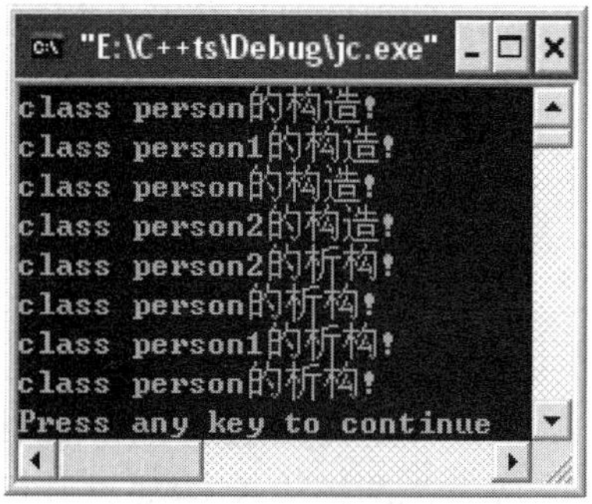

图 7-8　程序运行结果

程序分析：对象 p1 为 person1 类对象，而类 person1 由类 person 派生而来，所以对于构造函数，系统先执行基类 person 的构造函数，然后执行派生类 person1 的构造函数；对于析构函数，系统先执行对象 p1 的类 person1 的析构函数，然后执行基类 person 的析构函数。同理执行对象 p2。

从例 7.6 结果可以看出，析构函数的执行次序和构造函数的执行次序相反。

7.2.4　多继承

当派生类有多个基类时称为多继承或多重继承。单继承可以看作是多继承的一个特例，多继承可以看作是多个单继承的组合，它们有很多相同特性。例如已经存在的 student

类和 employee 类分别表示学生类和职工类，那么如果要创建新类 empstu 去描述在职攻
读学位的人员时，就可以继承 student 类和 employee 类，这样新类的基类就有两个，就
是多重继承。

1．多继承的定义

多继承的定义格式如下：

```
class <派生类名>:<继承方式> <基类名 1>，…，<继承方式> <基类名 n>
{
        <派生类新定义成员>
};
```

例如：

```
class student{          //基类 student
    int num;
    char *name;
    …
};
class employee{      //基类 employee
    int ID;
    char *department;
    …
};
class empstu:public student, public employee{      //派生类 empstu
    char *major;
    …
};
```

2．多继承派生类的构造函数和析构函数

多继承构造函数的定义与单继承构造函数的定义相同，执行顺序与单继承构造函数情
况相同。多个直接基类构造函数执行顺序取决于定义派生类时指定的各个基类的顺序。

一个派生类对象拥有多个直接或间接基类的成员，不同名成员访问不会出现二义性。
如果不同的基类有同名成员，则在对象访问时应该加以识别。

多重继承的析构函数的定义、执行与单继承析构函数的定义、执行情况相同。

3．多继承的二义性

(1) 当一个派生类是多重派生也就是由多个基类派生而来时，假如这些基类中的成员
有成员名相同的情况，如果使用一个表达式引用了这些同名的成员，就会造成无法确定是
引用哪个基类的成员，这种对基类成员的访问就是二义性的。要避免此种情况，可以使用
成员名限定来消除二义性，也就是在成员名前用对象名及基类名来限定。

(2) 如果一个派生类从多个基类中派生，而这些基类又有一个共同的基类，则在这个
派生类中访问这个共同基类中的成员时会产生二义性。要避免此种情况，可以利用 7.3 节
讲到的虚基类。

例 7.7

```cpp
#include <iostream.h>
class I
{ public:
      I(int x)
      { value = x ; }
      int getData()
      { return value ; }
protected:
      int value;
};
class C
{ public:
      C(char c)
      { letter = c; }
      char getData()
      { return letter;}
protected:
      char letter;
};
class N: public I, public C     //公有继承基类 I 和基类 C
{
public :
      N(int i, char c, double r):I(i), C(c)
      {real = r;}                //构造函数
      double getReal()
      {return real;}
      void print()
      {cout << "integer: " << value << "\nchar :" << letter << "\nreal :" << real <<
endl;}
private :
      double real ;
};
void main()
{
    I   i1 ( 0 ) ;
    C   c1 ( 'A' ) ;
    N   n1( 23, 'C', 3.14 ) ;
    n1.print();
```

```
        }
```

运行结果如图 7-9 所示。

程序分析： 程序中类 I 和类 C 分别包含整型和字符型数据，在类 N 中想要包含整型、字符型和实型数据，不必完整定义这 3 个数据成员，只需分别继承类 I 和类 C 中的整型数据成员和字符型数据成员，再添加实型成员即可，所以类 N 属于多继承派生类，"N(int i, char c, double r):I(i), C(c)" 为其构造

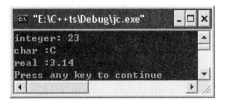

图 7-9　程序运行结果

函数，实现对类 N 中数据成员 value、letter 和 real 初始化。主函数定义对象 n1，系统调用构造函数实现 value = 23、letter = 'C'、real = 3.14。

需要说明的是，多重继承时，多个基类的调用次序与继承声明次序有关，而与派生类构造函数中的声明次序无关。

例如：

```cpp
#include<iostream.h>
class student
{
    char *name;
    int num;
public:
    student()                      //构造函数
    {cout << "class student 的构造!\n";}
};
class employee
{
    int ID;
public:
    employee()                     //构造函数
    {cout << "class employee 的构造!\n";}

};
class empstu:public student, public employee     //派生类公有继承
{
    char *major;
public:
    empstu()                       //派生类构造函数
    {cout << "class empstu 的构造!\n";}
};
void main()
{empstu es1;}
```

运行结果：

      class student 的构造!

      class employee 的构造!

      class empstu 的构造!

若改变派生类中基类的声明次序，其他不变，将派生类

      class empstu:public student, public employee

      {...}

变为

      class empstu: public employee, public student

      {...}

则程序的运行结果变为

      class employee 的构造!

      class student 的构造!

      class empstu 的构造!

下面是一个关于多继承中的二义性问题的例子。

例 7.8

```
#include<iostream.h>
class input
{
public:
    input():x(){}
    void inputx(){ cout << "input...\n"; }
    void get_x(int i){ x = i; }
protected:
    int x;
};
class output
{
public:
    output():x(){}
    void outputx() { cout << "output...\n"; }
    void get_x(int i){ x = i; }
protected:
    int x;
};
class process :public input, public output {
public:
    process(){}
    void processx(){ cout << "process.\n"; }
```

```
    };
    void main()
    {
        process x1;
        x1.inputx();
        x1.processx();
        x1.outputx();
        x1.get_x(126);      // 出现二义性
    }
```

运行提示错误为"error C2385: 'process::get_x' is ambiguous"。

将"x1.get_x(126)"具体化为"x1.input::get_x(126);x1.output::get_x(126);",则程序的运行结果如图 7-10 所示。

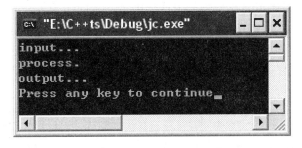

图 7-10　程序运行结果

　　程序分析：类 process 是由类 input 和类 output 派生而来的，在类 input 和类 output 中都有名为 get_x 的函数，在类 process 对象 x1 使用 x1.get_x()时，因不能确定其到底是来自于类 input 还是类 output，这就产生了二义性，所以程序运行错误"'process::get_x' is ambiguous;"。因此，要消除这个二义性，就必须用 x1.input::get_x(126)或 x1.output::get_x(126)来明确说明是哪个类的 get_x 函数。

7.3　虚　基　类

7.3.1　虚基类的概念

　　前面讲到可以多继承，也就是一个派生类可以有多个基类派生而来，那么如果继承如下例会出现什么情况呢？

```
    class A
    {
        void print(){…}
    };
    class B：public A
    {
```

```
    …
    } ;
    class C: public A
    {
    …
    };
    class D:public B, public C
    {
    …
    };
```

类 D 分别继承来自于类 B 和类 C 的 print 函数，而类 B 和类 C 存在共同的基类 A，在类 D 中就存在两个 print 函数，甚至如果这样的继承有多个的话，在一个类中就会存在更多的相同的成员。如果想要实现在一个类中这样由多继承而产生多个相同成员消除重复性，那么该怎么办呢？如图 7-11 所示。如果定义对象 D d1；使用 d1.print()到底是 d1.B::print()还是 d1.C::print()呢？就出现二义性问题。

在 C++ 中提供了虚基类的概念来解决这一问题，如图 7-12 所示。使用 d1.print()就是来自类 A 的 print()，不存在二义性问题。

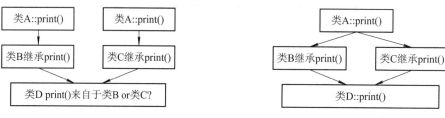

图 7-11   多继承的二义性   图 7-12   采用虚基类后消除二义性

说明：从基类派生新类时，使用关键字 virtual 可以将基类说明成虚基类。一个基类，在定义它的派生类时，在作为某些派生类的虚基类的同时，又作为另一些派生类的非虚基类，这种情况是允许存在的。

7.3.2   虚基类的初始化

既然虚基类是为了解决多继承中的二义性问题而存在的，那么虚基类的初始化与一般的多继承的初始化在语法上是类似的。首先具体来看看虚基类是如何定义的。

虚基类的定义只需要在继承方式前加关键字 virtual 即可，如下例：

```
    class A
    {
        void print(){…}
    };
    class B：virtual    public A
    {
    …
```

```
};
class C：virtual　public A
{
…
};
class D:public B, public C
{
…
};
```

按照这种方式定义就是虚基类，能够消除由多继承有公共基类所带来的二义性问题，如图 7-12 所示。

下面用一个具体实例来说明虚基类的使用。

例 7.9

```
#include<iostream.h>
class A
{public:
    void print(){cout << "from A" << endl;}
};
class B:virtual public A        //虚基类
{public:
    int x;
};
class C:virtual public A        //虚基类
{public:
    int y;
};
class D:public B, public C
{public:
    int z;
};
void main()
{
    D d1;
    d1.B::print ();
    d1.C::print();
    d1.print();
}
```

运行结果：

from A

from A

from A

程序分析：类 B 和类 C 中具有共同的基类 A，它们分别继承了类 A 的 print 成员函数，但是因为在它们继承类 A 时采用了虚继承(关键字 virtual 说明)，故对于 B 和 C 的派生类 D 来说，继承而来的 print 成员函数就是来自于公共基类 A 的 print 成员函数。所以主函数中"d1.B::print ();d1.C::print(); d1.print();"三条语句的执行结果是一样的。由此可以看出，虚基类实际上是为派生类对象访问公共基类提供了一条有汇合点的路径。

对于虚基类的初始化，系统是按照从左向右深度优先的方式进行的。如例 7.9 所示的类的层次关系，先初始化类 B 的 A，再初始化 B，其次初始化类 C 的 A(已经初始化)，然后初始化 C，最后初始化 D。

再如图 7-13 所示，看看初始化的步骤(B 为虚基类)。

第一步：初始化 D 的 A，D 的 B；

第二步：初始化 D；

第三步：初始化 E 的 B(已经初始化，不需重复初始化)，E 的 C 和 K；

第四步：初始化 E；

第五步：初始化 V。

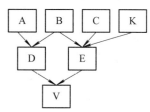

图 7-13　虚基类示意图

至于虚基类初始化的具体实现，主要是通过构造函数来进行的。

7.3.3　虚基类的构造函数和析构函数

1．虚基类的构造函数

虽然虚基类的构造函数与一般多继承的构造函数在语法上相同，但构造函数的调用顺序有所不同。其规则如下：

(1) 先调用虚基类的构造函数，再调用非虚基类的构造函数；

(2) 若同一层次中包含多个虚基类，则其调用顺序按定义时的顺序；

(3) 若虚基类由非虚基类派生而来，则仍按先调用基类构造函数，再调用派生类构造函数的顺序。

为了更清楚地说明虚基类构造函数的调用，请看下面的例 7.10。

例 7.10

```
#include<iostream.h>
class A
{public:
    A(){cout << "from A" << endl;}
};
class B:virtual public A          //虚基类
{public:
    B(){cout << "from B" << endl;}
};
```

```
class C:virtual public A        //虚基类
{public:
    C(){cout << "from C" << endl;}
};
class D:public B, public C    //类 D 继承有公共基类 A 的类 B 和类 C
{public:
    D(){cout << "from D" << endl;}
};
void main()
{    D d1;
}
```

运行结果：

from A

from B

from C

from D

程序分析：按照先调用虚基类构造函数的原则，程序先调用虚基类 A 的构造函数，再按照同一层中包含多个基类的顺序原则，按照顺序调用类 B 和类 C 的构造函数，最后调用派生类 D 的构造函数。

2．虚基类的析构函数

具有虚基类的对象也需要释放，自然也需要析构函数。

和构造函数类似，虽然虚基类的析构函数也和一般多继承的析构函数在语法上基本相同，但执行顺序却不同。事实上，虚基类的析构函数的执行次序与构造函数的执行次序刚好相反。

例 7.11

```
#include<iostream.h>
class A
{public:
    A(){cout << "from A" << endl;}
    ~A(){cout << "release A!" << endl;}
};
class B:virtual public A
{public:
    B(){cout << "from B" << endl;}
    ~B(){cout << "release B!" << endl;}
};
class C:virtual public A
{public:
```

```
    C(){cout << "from C" << endl;}
    ~C(){cout << "release C!" << endl;}
};
class D:public B, public C
{public:
    D(){cout << "from D" << endl;}
    ~D(){cout << "release D!" << endl;}
};
void main()
{
    D d1;
}
```

运行结果如图 7-14 所示。

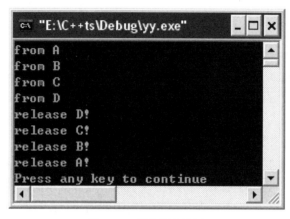

图 7-14   程序运行结果

程序分析：对于类 D 的对象 d1，先调用其虚基类 A 的构造函数，其次按顺序调用基类 B 和基类 C 的构造函数，最后调用派生类 D 的构造函数；释放对象 d1 时，首先调用类 D 的析构函数，其次调用基类 C 和基类 B 的析构函数，最后调用虚基类 A 的析构函数。从程序中可以看出析构函数的执行次序与构造函数的执行次序相反。

7.4 本 章 小 结

本章主要介绍了面向对象重要特征之一：继承和派生。继承性是面向对象程序设计的第二个重要特性，通过继承能够实现数据抽象基础上的代码重用。继承能够减少代码冗余，通过协调性来减少相互之间的接口和界面。派生类可以由一个类继承而成，也可以由两个或多个类继承而来，所以从继承源的角度可以将继承分为单继承和多继承。派生类是由基类继承而来的，基类的成员在派生类中的使用依赖于派生类对基类的继承方式，不同的继承方式对基类的访问程度不同。继承方式分为 public、protected、private 三种。

　　派生类不能继承基类的构造函数和析构函数，需要在派生类中重新定义。由于派生类继承了基类的成员，因此在初始化时要同时初始化基类成员。派生类的析构函数必须通过调用基类的析构函数来做基类的一些清理工作。派生类与基类的析构函数没有什么联系，彼此独立，派生类或基类的析构函数只做各自类对象消亡前的善后工作。

　　虚基类能够解决多继承中的二义性问题。虚基类的初始化，系统是按照从左向右深度优先的方式进行的。虚基类构造函数的调用顺序有所不同，遵循：先调用虚基类的构造函数，再调用非虚基类的构造函数；若同一层次中包含多个虚基类，则其调用顺序按定义时的顺序；若虚基类由非虚基类派生而来，则仍按先调用基类构造函数，再调用派生类构造函数顺序的原则。虚基类析构函数的执行次序与构造函数的执行次序刚好相反。

本 章 习 题

1. 为什么要使用继承？C++ 有几种继承方式？
2. 派生类的构造函数和析构函数是如何执行的？
3. 什么是虚基类？为什么要引入虚基类？
4. 阅读程序。

(1)
```cpp
#include<iostream.h>
class base1{
private:
    int x;
public:
    base1(int a)
    {cout << "执行 base1 类" << endl;}
};
class base2{
private:
    int y;
public:
    base2(int a){cout << "执行 base2 类" << endl;}
};
class Derived:public base1, public base2{
private:
    int z;
public:
    Derived(int a, int b, int c):base2(a), base1(b)
    {
        z = c;
        cout << "执行 Dereived 类" << endl;
```

```
        }
    };
    void    main()
    {
        Derived O(10, 32, 43);
    }
```

(2)   class Base{
    public:
```
        Base(int i)
        { cout << i; }
        ~Base () { }
    };
    class Base1: virtual public Base {
    public:
        Base1(int i,    int j = 0) : Base(j)
        { cout << i; }
        ~Base1() { }
    };
    class Base2: virtual public Base    {
    public:
        Base2(int i, int j = 0) : Base(j)
        { cout << i; }
        ~Base2() { }
    };
    class Derived : public Base2, public Base1    {
    public:
        Derived(int a, int b, int c, int d):mem1(a),mem2(b),Base1(c), Base2(d), Base(a)
        { cout << b; }
    private:
        Base2    mem2;
        Base1    mem1;
    };
    void main()
    {
        Derived objD (1, 2, 3, 4);
    }
```

(3)   #include<iostream.h>
```
    #include<math.h>
    class Point {
```

```
    protected:
        int x, y;
    public :
        Point(){ }
    };
    class Circular : public Point {
    protected:
        double r, area;
    public:
        Circular(int a, int b)
        {    x = a;     y = b;     r = sqrt( x * x + y * y );     area = 3.1415926 * r * r; }
        void printPoint()
        {    cout << "圆形直角坐标: (" << x << ", "<< y << ")" << endl; }
        void printRadius()
        {    cout << "圆的半径:" << r << endl; }
        void printArea()
        {    cout << "圆的面积:" << area << endl; }
    };
    void main()
    {    Circular c(10, 25);    c.printPoint();    c.printRadius();    c.printArea(); }
```

5. 设计一个基类，从基类派生球体，设计成员函数输出它们的面积和体积。

6. 定义 date 类和 time 类，设计一个描述数据的类，其数据类型为 datetime 类型，用于存放出生日期等数据。

7. 编写一个基类 person，包含姓名、性别、年龄、职工号/学号等数据成员。设计学生类和教师类继承 person 类，学生类中职工号/学号改为学号，教师类中职工号/学号改为职工号。编写主函数，分别定义一个学生对象和教师对象，输出学生和教师的基本信息。

第8章

多 态 性

多态性是面向对象程序设计核心概念之一。所谓多态就是指同一个名字有不同的语义，或者不同的对象收到相同的消息产生的动作不同。具体实现时，常常会用同一个名字定义不同的函数，这些函数执行不同但又类似的操作，从而可以使用相同的调用方式来调用这些具有不同功能的同名函数。

8.1 多 态 概 述

8.1.1 问题的提出

当人们"画图"时，以一点为中心一定长度为半径进行平面绘画得到图形"圆形"；以一点为中心一定长度为半径进行空间绘画得到图形"球形"；而以一定长度和一定宽度绘画得到图形"矩形"；甚至可以以此得出各种各样的图形。同样的"画图"(名字)因为方法的不同(动作)可以得到各种各样的图形(结果)，也就是相同的名字因为采用的动作不同而得到不同的结果，虽然动作不同但却相似，这就是多态。

例如用 draw()函数描述"画图"，实现"画圆形"、"画球形"和"画矩形"的不同功能。而向外只用 draw()函数来接口，如图 8-1 所示，最终实现画出"圆形"、"球形"和"矩形"的功能。

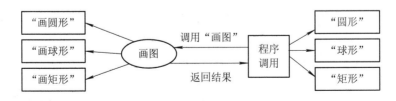

图 8-1 多态"画图"

在 C 语言系统库函数中，用 fabs 函数实现求实型数据的绝对值，而用 abs 函数实现求整型数据的绝对值。在 C++ 中可以将求绝对值函数统一命名为 div，定义一个形参是整型的 div 函数，同时再定义一个形参为实型的 div 函数。当调用 div 函数时，系统会根据实际参数是实型而选择形参为实型的 div 函数，实际参数是整型选择形参为整型的 div 函数，从而实现一个函数名(div)实现不同的功能(求整型绝对值功能和求实型绝对值功能)。

多态性在具体实现时常常以函数的方式进行，这些函数名称相同，但功能不同。C++ 中多态常常体现在三个方面：函数重载、运算符重载、虚函数。

8.1.2　多态的实现

根据多态的实现时机，可以将多态分为静态多态和动态多态。多态可以体现在系统编译时的多态，称为静态多态，也可以体现在系统运行时的多态，称为动态多态。

静态多态是在编译阶段完成的。系统在编译时就决定了如何实现某一动作，即调用哪个函数，也就是在形成可执行文件之前就确定了调用方式。

静态多态的优点是运行速度快，执行效率高；缺点是不灵活，程序太直接，太表面化。

静态多态主要是通过函数重载和运算符重载实现的。

动态多态是运行阶段完成的，系统在运行时实现某一动作，也就是说系统在运行时才决定运行哪个函数的。

动态多态的优点是灵活，层次高，技巧性高；缺点是效率低，但由于现在计算机速度很快，所以一般不再考虑其运行效率问题。

动态多态主要是通过虚函数来实现的。

本章主要从函数重载、运算符重载和虚函数三个方面来讲解多态的概念。

8.2　函　数　重　载

如同多态的定义，同名异义，函数重载就是定义函数时函数名字相同，但功能不同。那么，在名字相同的情况下，调用时如何区分不同功能的函数呢？首先回忆函数的声明：

　　　函数的返回类型　函数名(形参 1 类型　形参 1，形参 2 类型　形参 2，…)；

其中，涉及以下几个方面：函数的返回类型、函数名、形参类型、形参个数。也就是说在声明函数时，除了函数名外还有其他几个因素在影响该函数的功能，那么是否可以照此去区分具有相同函数名的函数。C++ 语言规定，重载函数只能通过参数类型、参数个数和参数顺序的不同来区分，而不能用函数的返回类型来区分函数重载，也就是说两个只有不同返回类型的函数，系统是区分不出到底调用哪个函数的。

8.2.1　函数重载的定义

定义重载函数，就是定义几个函数名相同，参数个数或类型不同的函数，所以函数重载的定义与普通函数的定义类似，具体形式如下：

　　　函数的返回类型　函数名(形参列表)
　　　{
　　　　　函数体
　　　}

如：

```
int div(int a, int b)
{
    return a/b;
}
double div(double a, double b)
{
    return a/b;
}
```

这两个函数名称相同，功能却不同，第一个函数实现两个整型数据整除的功能；第二个函数的功能是进行实型数据的除法运算。这两个函数的函数名相同，具备了重载的前提，其次，参数(形参)类型不同，所以属于函数重载。

8.2.2　函数重载的调用

像普通函数一样，定义函数的目的是为了实现一定的功能，而要真正实现函数的功能，就必须对函数进行调用，重载函数也是如此。

一般地，重载函数的调用形式如下：

函数名(实参列表);

这和普通函数的调用方式是一样的，那么系统如何在重载函数中区分不同的函数呢？前面提到重载函数主要是通过参数类型、参数个数和参数顺序来区分的。

上节定义的两个函数的调用形式如例 8.1 所示。

例 8.1

```
void main()
{
    int x1 = 67, y1 = 7;
    double x2 = 67, y2 = 7;
    cout << div(x1, y1) << endl;
    cout << div(x2, y2) << endl;
}
```

运行结果：

9

9.57143

程序分析：主函数中分别定义了两个整型和实型变量，div(x1, y1)和 div(x2, y2)都调用了函数名为 div 的函数。因为 x1 和 y1 为整型参数，所以系统调用是根据参数数据类型选择调用函数的，那么原型为 int div(int a, int b)的函数就被调用，从而实现两个整型数据的整除运算，结果为 9;同样，x2 和 y2 为实型参数，则系统调用原型为 double div(double a, double b)的函数，实现两个实型的除法运算，结果为 9.57143。

有关函数重载涉及带默认值等情况，在第 5 章中有详细说明，此处从略。

8.3 运算符重载

运算符在任何程序设计语言中都占有非常重要的地位。一般地，每个系统都支持大量的预定义运算符，其中不但可以包括常用运算符如"+、–、*、/"等基本运算符，还可以包括"++、new、delete"等运算符。但很多时候，当运算符的操作数类型不同时，它们的含义也会发生变化，相应的使用方式也会随之变化，而当操作数类型为类类型时，有些运算甚至不被支持。例如用"+"运算"x+y"可以实现两个整型数据的相加，但如果是复数类类型，则两个复数相加就不能简单表示为"x+y"的形式。为了使这些运算符在不同类型下都可以进行相同的操作，就必须将这些运算符进行重载。也就是说，将系统预定义运算符操作数的数据类型由系统预定义类型扩充到用户自定义的类类型。实现真正意义上，一种运算符表现形式如"x+y"，实现不同数据类型相加的功能，包括用户自定义类型。

在学习本节内容的过程中，读者重点注意一下，同样的运算表达式如"x+y"，到底是调用用户自定义的重载运算符功能，还是调用系统的预定义功能？如何区分？

8.3.1 运算符重载概述

运算符重载要求运算符本身是 C++语言中预定义的运算符，但可以允许其产生和预定义功能不同的含义，最主要的体现在数据类型的不同。

当然，在 C++语言中，不是所有系统预定义运算符都可以重载，.、?:、::、.*、sizeof 这几个运算符是不能重载的。

而可以重载的运算符有：+、–、*、/、%、^、&、|、~、!、=、<、>、+=、-=、*=、/=、%、^=、&=、|=、<<、>>、>>=、<<=、==、!=、<=、>=、&&、‖ 、++、--、->*、`、->、[]、()、new、delete。

需要强调的是，重载运算符不能改变运算符的基本功能，例如不能将"+"(加法运算)重载为"–"(减法运算)；也不能改变运算符本身的优先级、结合性和操作数的个数；只是将运算符的操作数类型扩充到类类型。

因为 C++编程的基本单位是函数，所以运算符重载用函数来实现。

8.3.2 运算符重载的规则与方式

既然运算符重载不能改变运算符的基本功能、优先级、结合性和操作数的个数，那么在进行运算符重载时，要遵循什么样的原则才能在保证这些要求的基础上，实现重载呢？

1. 运算符重载的规则

(1) C++ 中的运算符除了少数几个以外，几乎全部可以重载，不能定义新的运算符，只能重载已有的这些运算符。

(2) 运算符重载函数不能是带默认值的函数。

(3) 重载之后运算符的优先级和结合性都不能改变。

(4) 不能创建新的运算符。

(5) 运算符重载是针对新类型数据的实际需要，对原有运算符进行适当的改造。一般来讲，重载的功能应当与原有功能相类似，不能改变原运算符所需操作数的个数，同时至少要有一个操作数是自定义类型，一般就是类类型。

总之，当 C++ 语言原有的一个运算符被重载之后，它原先所具有的语义并没有消失，只相当于针对一个特定的类定义了一个新的运算符。

2. 运算符重载的方式

上面提到，运算符重载要用函数来实现，在 C++中，运算符重载只能使用成员函数和友元函数两种形式。究竟采用哪一种形式，主要取决于实际情况和用户的习惯。可以参考以下经验：

(1) 单目运算符最好重载为成员函数，该重载函数不需要形参。

(2) 对于复合的赋值运算符，如 "+=、-=、*=、/=、&=、!=、~=、%=、>>=、<<="，建议重载为成员函数。

(3) 有些运算符如 "=、()、[]、->、new、delete"，只能使用成员函数进行重载。

(4) 对于其他运算符，建议重载为友元函数。

除了赋值运算符外，其他运算符函数都可以由派生类继承，并且派生类还可有选择地重载自己所需要的运算符。

8.3.3　运算符重载函数的定义和调用

要实现运算符的重载必须对运算符的功能重新定义，C++ 中定义功能只能采用函数的形式，所以实际上运算符重载就是函数重载。在实现过程中，首先把指定的运算表达式转化为对运算符函数的调用，运算对象转化为运算符函数的实参，然后根据实参的类型确定需要调用的函数，这个过程是在编译过程中完成的。

1. 运算符重载函数的定义

运算符重载函数的定义，在成员函数和友元函数两种形式下的语法有所不同。

(1) 运算符重载函数为成员函数，其语法形式如下：

```
<返回值类型> operator <运算符>(<参数表>)
{
        <函数体>;
}
```

其中，operator 是定义运算符重载函数的关键字，<运算符>为要重载的运算符，<参数表>中最多有一个形参，这是因为成员函数是由该类的对象调用的，所以其中的一个参数值是由调用该函数的对象给出的，另一个参数由形参给出。因此，如果重载运算符为单目运算符，则参数表为空，一个操作数直接由对象给出；为双目运算符，则左操作数由对象给出，右操作数由参数表给出，参数表只有一个类类型的形参。

(2) 运算符重载函数为友元函数，其语法形式如下：

```
friend <返回值类型> operator <运算符>(<参数表>)
{
        <函数体>;
```

```
        }
```

其中，friend 为友元函数关键字，operator 为定义运算符重载函数的关键字，<运算符>为要重载的运算符，<参数表>最多有两个形参。

因为友元函数不属于类，所以函数的参数均由函数的形参给出。因此，如果重载运算符为单目运算符，参数表为一个形参；为双目运算符时，参数表只有两个类类型的形参。

单目运算一般定义为成员函数，所以，单目运算除了对象以外没有其他参数，那么重载如"++"和"--"这样的单目运算符时，如何区分是前缀操作如"++i"还是后缀操作"i++"呢？C++ 语言约定，为了区分单目运算符的前缀和后缀操作，在定义重载函数时，参数表为空表示前缀；而在参数表中放上一个整型参数，表示后缀运算符。如 void operator ++()表示前缀，而 void operator ++(int)表示后缀。这里的 int 并没有实际含义，只是为了区分前缀和后缀而设立的。

2. 运算符重载函数的调用

前面讲到重载运算符只是扩充运算符的使用类型，而运算符的基本功能和使用方式应该和预定义的运算符是一样的，所以运算符重载函数的调用实际上是对重载运算符的使用，也和预定义运算符的使用是一样的，但是单目运算符和双目运算符在重载为成员函数和友元函数时系统的解释是不一样的。

1) 单目运算符

单目运算符函数的调用形式如下：

　　　　object　op　　或者　op object

当重载为成员函数，编译系统将其解释为"object.operator op()"，操作数由对象 object 通过 this 指针隐含传递。

当重载为友元函数，编译系统将其解释为"operator op(object)"，操作数由参数表的参数 object 提供。例 8.2 为单目运算符"-"(取相反数)的定义和调用。

例 8.2

```cpp
#include<iostream.h>
class n
{public:
    n(int i){value = i; }
    void operator-()          //单目运算符-重载函数的定义
    { value = -value;         //此处的"-"是预定义运算符
    }
    void print()
    {cout << value << endl;
    }
private:
    int value;
};
void main()
```

```
{   n n1(10);                        //定义类对象
    -n1;                             //重载运算符的使用
    cout << "the oppsite number is ";
    n1.print();
}
```

运行结果：

the oppsite number is -10

程序分析: void operator- ()函数实现对取反运算符"-"进行重载，主函数中语句"-n1；"是对重载函数的调用，这是因为 n1 是 n 类型的对象，系统将其解释为"n1.operator-()；"。调用重载函数时，n1 为实参，因为 n1 是类对象，所以可以判断调用的是重载函数而不是预定义取反运算。

而函数内 value = -value 中"-"运算符的操作数 value 是预定义 int 型，所以"-"是预定义运算符。由此可以总结出，如果预定义运算符的类型是类类型，则其使用的是运算符重载功能，如果是基本数据类型则使用的是预定义运算符的预定义功能。

这个例子是用成员函数的方式进行运算符重载的。当然也可以用友元函数的方式进行重载，更改重载函数如下：

```
friend void operator-(n &obj)        //单目运算符-重载为友元函数的定义
{
    obj.value = -obj.value;          //此处的"-"是预定义运算符
}
```

当重载为友员函数，编译系统将其解释为"operator op(object)"，操作数由参数表的参数 object 提供。所以程序运行时，-n1 将被解释为"operator-(n1)"，参数传递将实参对象 n1 传递给形参对象 obj，执行"n1.value = -n1.value"，故而 n1.print 在执行完后的结果仍为"the oppsite number is -10"。

从这个例子进一步可以说明，重载既可以用成员函数的方式进行，也可以以友元函数的方式进行，但读者需注意它们使用和调用方式的不同。

需要注意：当重载为友员函数时，要用对象的引用作为函数的参数。

2) 双目运算符

双目运算符函数的调用形式如下：

Leftobject   op   Rightobject

当重载为成员函数时，解释为"Leftobject.operator op(Rightobject)"，左操作数由 Leftobject 通过 this 指针传递，右操作数由参数 Rightobject 传递。

当重载为友元函数时，解释为"operator op(Leftobject, Rightobject)"，左右操作数都由参数传递。例 8.3 重载加法运算可以对复数进行加法运算。

例 8.3

```
#include<iostream.h>
class complex
{public:
```

```
        complex(double r = 0, double i = 0)      //构造函数
        {real = r; imag = i; }
        complex operator+ (complex c1)      //成员函数，重载加法运算符"+"
        {
                complex t;
                t.real = real+c1.real;
                t.imag = imag+c1.imag;
                return t;
        }
        void print()
        {cout << real << "+" << imag << "i" << endl;
        }
    private:
        double real, imag;
    };
    void main()
    {
        complex c1(2.1, 3.14), c2(9.1, 7.45), c;      //定义类对象
        cout << "c1: ";
        c1.print();
        cout << "c2: ";
        c2.print();
        c = c1+c2;                                //调用重载运算符+
        cout << "c1+c2: ";
        c.print();
    }
```

运行结果如图 8-2 所示。

图 8-2　程序运行结果

程序分析：首先系统分别为对象 c1、c2、c 调用构造函数，语句 c = c1+c2 中操作数均为 complex 类类型，所以该语句调用重载运算符函数 complex operator+ (complex c1)，实参为 c1 和 c2，系统将其解释为 c1.operator +(c2)，实现 c1.real+c2.real 和 c1.imag+c2.imag，从而实现 c1+c2 的运算。

该重载函数也可以用友元函数的方式进行，将重载函数定义如下：

```
friend complex operator+ (complex &c1, complex &c2) //友元重载加法运算符"+"
{
    complex t;
    t.real = c1.real+c2.real;
    t.imag = c1.imag+c2.imag;
    return t;
}
```

双目运算在重载为友员函数时，被解释为"operator op(Leftobject, Rightobject)"，左右操作数都由参数传递，所以函数中分别用对象 c1 和 c2 的引用做参数。执行调用语句 c = c1+c2 时，系统将其解释为 operator+(c1，c2)，实现 c1.real+c2.real 和 c1.imag+c2.imag，从而实现两个复数对象的加法运算。

3．使用成员函数和友元函数的区别

(1) 对双目运算符而言，成员运算符函数带有一个参数，而友元运算符函数带有两个参数；对单目运算符而言，成员运算符函数不带参数，而友元运算符函数带一个参数。

(2) 双目运算符一般可以被重载为友元运算符函数或成员运算符函数。

(3) 成员运算符函数和友元运算符函数可以用习惯方式调用，也可以用它们专用的方式调用。也就是说重载函数的调用有如下两种形式：

```
Obj2 op Obj2            //习惯调用方式
operator op(Obj1, obj2)    //专有调用方式
```

如果是单目运算符，这两种形式分别如下：

```
op obj                 //习惯调用方式
operator op(obj)          //专有调用方式
```

这两种方式完全等价。一般地，为了符合读者的使用习惯，通常用习惯调用方式。如：

```
c1+c2
```

这样，无论是系统预定义的运算符功能还是重载运算符功能，使用时都可以采用同样的方式，方便读者掌握。

前面两个例子均采用习惯调用方式，读者也可以试试将其改为第二种方式。

8.3.4　几种典型运算符的重载

前面提到 C++语言中大多数运算符是可以重载的，又详细讲解了重载运算符的规则、定义和调用，读者基本上可以自己编程实现运算符的重载，本节讲解几种典型运算符的重载。

例 8.4

```
#include<iostream.h>
class exaddmus
{ public:
    exaddmus(int x) { i = x; }
```

```
        void operator ++ ();              //重载单目运算符++
        void operator -- ();             //重载单目运算符--
        int geti()
        { return i; }
    private:
        int i;
    };
    void exaddmus::operator ++ ()        //运算符++重载函数的定义
    {
        i ++;
    }
    void exaddmus::operator --()         //运算符--重载函数的定义
    {
        i --;
    }
    void main()
    {
        exaddmus e(32);
        cout << "initnal:" << e.geti() << endl;
        ++e;                             //调用重载运算符++
        cout << "after ++:" << e.geti() << endl;
        --e;                             //调用重载运算符--
        cout << "after --:" << e.geti() << endl;
    }
```

运行结果如图 8-3 所示。

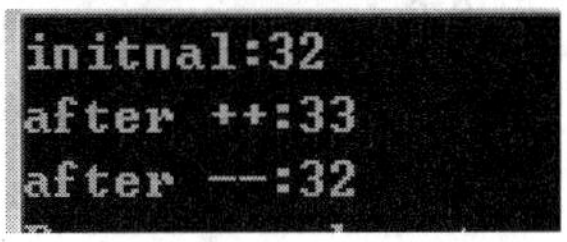

程序分析：该例中对运算符"++"和"--"进行重载。

本例中都将重载函数定义在类外，它们均为单目运算符。前面曾经提到，重载如"++"和"--"这样的运算符时，不能

图 8-3　程序运行结果

区分是前缀操作还是后缀操作，C++ 约定，在参数表中放上一个整型参数，表示后缀运算符，如"void operator ++();"表示前缀，而"void operator ++(int)"表示后缀，所以本例中均为前缀运算。程序中 e 为类对象，编译系统将语句++e 解释为 e.operator++，实参为 e，对 e 进行自增运算，根据函数功能，对对象 e 进行自增运算实质是对 e 的数据成员 i 进行自增；将--e 解释为 e.operator--，实参为 e，对 e 进行自减运算。同样，对对象 e 进行自减运算实质进行的是对 e 对象的数据成员 i 的自减运算，所以 e 的初始值为 32，++e 后，对象 e 的数据成员 i 变为 33，--e 后对象 e 的数据成员 i 变为 32。

例 8.5

```
    #include<iostream.h>
    class  array
    { public :
```

```
        array( int    n )
        {p = new    int [ n ]; size = n; }
        ~ array ( )
        { delete [ ] p; size = 0; }
        int & operator [ ] ( int    i )
        {return    *(p+i); }
    private :
        int * p , size;
    };
    void main ( )
    {
        array a ( 10 );
        a [ 0 ] = 20;
        cout << a [ 0 ] << endl;
    }
```

运行结果：

20

程序分析：这是一个重载下标运算符"[]"的例子。语句"a[0] = 20;"中，a[0]使用的是系统预定义的方括号运算符还是重载的方括号运算符？因为 a 是对象名，所以可以判定a[0]是调用重载方括号运算符。重载运算符"[]"时，返回一个 int 型的引用，这样的使用可以使重载的运算符"[]"用在赋值语句的左边，因而在主函数 main 中，语句"a[0] = 20;"将 a[0]放在赋值号左边，用来为数据的第一个元素赋值。C++ 中允许这样的使用方式是为了程序员可以更灵活地进行程序编写。

例 8.6

```
    #include<iostream.h>
    class ex
    {
    public:
        double k;
        ex *operator -> ()
        {
            return this;
        }
    };
    void main()
    {
        ex ex1;
        ex1 -> k = 254;
        cout << "ex1.k is:" << ex1.k << endl;
```

```
            cout << "ex1 -> k is :" << ex1 -> k << endl;
      }
```

运行结果：

```
      ex1.k is: 254
      ex1 -> k is: 254
```

程序分析：这是一个重载指针运算符"->"的例子。判断的依据依然是调用该运算符的是对象还是普通指针类型的变量。可以看出，ex1 为 ex 类的对象，所以"ex1->"的用法就是在调用"->"运算符重载函数。重载函数通过 this 指针返回指针变量的值。程序中 ex1 为类对象，语句 ex1 -> k 调用重载函数，系统将其解释为"ex *operator -> ()"，通过 this 指针返回类类型指针所指对象的值，而 ex1.k 是用类对象 ex1 来使用类的公有数据成员 k 而已。

8.4　虚函数与抽象类

在 C++中为什么要有虚函数的概念呢？为了方便读者理解，请先看下面这个例子。

例 8.7

```
      #include<iostream.h>
      class parent
      {
      public:
            void    print( )
            { cout << "parent::print " << endl; };
      };
      class child : public    parent
      {
      public:
            void    print( )
            { cout << "child::print " << endl; };
      };
      void main()
      {
            parent    *p;
            child    c;
            p = &c;    p -> print();
      }
```

程序中基类 parent 和子类 child 中都定义了 print 函数，那么语句 p -> print()到底执行的是基类 parent 的 print 函数还是子类 child 的 print 函数？程序的运行结果是"parent::print()"。这是为什么呢？

这是因为，C++ 语言规定，基类的对象指针可以指向它的公有派生的对象，但是当其指向公有派生类对象时，它只能访问派生类中从基类继承来的成员，而不能访问公有派生类中定义的成员。

那么，如果想通过 p -> print()执行 child::print()，这个问题该如何解决呢？

如果想通过基类指针 p 调用派生类中覆盖的成员函数 child::print()，那么只有使用虚函数。

虚函数提供了一种更为灵活的多态性机制。虚函数允许函数调用与函数体之间的联系在运行时才建立，也就是在运行时才决定如何动作，即所谓的动态联编。

虚函数同派生类的结合可使 C++ 支持运行时的多态性，实现了在基类定义派生类所拥有的通用接口，而在派生类定义具体的实现方法，它能够帮助程序员处理较为复杂的程序。这就是所谓的动态多态性的表现。

8.4.1   虚函数的定义与调用

虚函数就是在基类中被关键字 virtual 说明，在派生类中重新定义的函数。虚函数的作用是允许在派生类中重新定义与基类同名的函数，并可以通过基类指针或引用来访问基类和派生类中的同名函数。

1．虚函数的定义

定义虚函数的方法如下：

```
virtual  函数类型  函数名(形参表)
{
    函数体
}
```

其中 virtual 为声明虚函数的关键字，函数类型为函数的返回类型，其他与普通函数意义类似。

注意：虚函数的定义在基类中。

例如：

```
virtual void print()
{ cout << "parent::print" << endl; }
```

2．虚函数的调用

虚函数也是函数，所以它的调用方式和普通函数调用方式类似。也就是说，虚函数的调用方式为

```
基类指针  ->  虚函数
```

而所不同的是虚函数的调用结果，基类指针如果指向基类对象，其执行基类中的函数；而当基类指针指向派生类对象时，那么它所访问的就是派生类的同名函数。

例 8.8

```
#include<iostream.h>
class parent
{
public:
```

```
        int x;
        parent(int i)
        { x = i; }
        virtual void show()                //定义虚函数 show()
        {
            cout << "parent:" << endl;
            cout << "member x = " << x << endl;
        }
    };
    class child : public parent
    {
        int y;
    public:
        child(int i, int j):parent(i){y = j; }
        void show()                //重新定义虚函数 show()
        {
            cout <<    "child: " << endl;
            cout << "member x = " << x << " , " << "member y = " << y    << endl; }
    };
    void main()
    {
        parent p1(101), *p;
        child c2(23, 56);
        p = &p1;
        p -> show();                //调用基类 parent 的 show()
        p = &c2;
        p -> show();                //调用派生类 child 的 show()
    }
```

运行结果如图 8-4 所示。

```
parent:
member x=101
child:
member x=23 ,member y=56
```

图 8-4 程序运行结果

程序分析：程序中 p 为基类 parent 的对象指针，所以用 p -> show 输出基类的成员 x 的值分别为 101。基类 parent 中用 virtual void show()定义了虚函数 show，在派生类中对 show 函数进行了重新定义。这样，在基类指针 p 调用派生类对象 c2 时，可以调用到在派生类中重新定义的函数 show，从而输出 c2 的成员 x 和 y 的值 23、56。这就是虚函数的作用，它能通过基类指针访问在派生类中重新定义的同名函数。

在使用虚函数时，需要注意以下几点：

(1) 实现运行时多态的关键首先是要说明虚函数，且虚函数的定义在基类中进行。另外，必须用基类指针调用派生类的同名函数。

(2) 基类指针虽然能获取派生类对象的地址，但只能访问派生类从基类继承的成员，不能访问派生类中新增成员，所以必须通过虚函数以用基类指针方式访问派生类的成员。

(3) 虚函数必须是类的成员函数。

(4) 一个虚函数，在派生类中相同的重载函数都保持虚特性。

(5) 不能将友员函数说明为虚函数，但虚函数可以是另一个类的友员函数。

(6) 析构函数可以是虚函数，但构造函数不能是虚函数。

(7) 在派生类中重载基类的虚函数要求函数名、返回类型、参数个数、参数类型和参数顺序完全相同，也就是说同一程序内所有虚函数的函数原型必须完全相同。

(8) 如果函数原型不同，仅函数名相同，则丢失虚特性，作为普通重载函数处理。

(9) 如果仅仅是函数的返回类型不同，C++ 认为是错误重载，则既不当虚函数处理，也不当普通重载函数来处理。

但是，如果有些时候，某些函数在基类中的含义并不确定或明确，只是在说一种抽象的概念，可以将其具体化为一种或多种的事务，那么基类中该函数的定义就无法具体说明，例如基类中只是要求说明学生的基本情况，但是本科生和研究生的基本情况不一样，这种情况该如何处理呢？在 C++ 语言中，类似这种问题用纯虚函数来解决，它是一种特殊的虚函数。

8.4.2　纯虚函数和抽象类

1．纯虚函数

纯虚函数是一个在基类中说明的虚函数，在基类中没有定义，要求在派生类中定义。

声明纯虚函数的一般形式如下：

    virtual　类型　函数名(参数表) = 0;

这个定义形式与虚函数的定义类似，只不过在后面加了"=0"，这是纯虚函数的标志，没有实际含义。当声明为纯虚函数后，基类中就不用给出函数的实现部分，即纯虚函数没有函数体，只有函数原型，其目的是为其派生类保留一个名字，以便派生类根据实际需要对其进行重新定义。

因为纯虚函数没有函数体，所以就不具备函数的基本功能，故而不能对纯虚函数进行调用。

下面来看一个有关纯虚函数的例子。

例 8.9

```
#include<iostream.h>
#include<string.h>
class student {
public:
```

```
        student(int x, char y[20])
        {    sno = x;
        strcpy(name, y); }
        virtual void show() = 0;              //定义纯虚函数 show()
        int sno;
        char name[20];
};
class graduate : public student{
public:
        graduate(int x, char y[20], char z[20]):student(x, y)
        {strcpy(major, z); }
        void show()                  //具体化虚函数 show()
        {
            cout << "graduate:\n";
            cout << " 学号:" << sno << "\n 姓名:" << name << "\n 专业:" << major <<
endl;
        }
        char major[20];
};
class undergraduate:public graduate{
public:
        undergraduate(int x, char *y, char *z, char *m):graduate(x, y, z)
        {strcpy(super, m); }
        void show()                  //重新具体化虚函数 show()
        {
            cout <<    "undergraduate:\n";
            cout << " 学号:" << sno << "\n 姓名:" << name << "\n 专业:" << major
             << "\n 导师:" << super << endl;
        }
        char super[20];
};
void main()
{
        student *pa;
        graduate st1(22001, "wang ming", "computer");
        undergraduate st2(32002, "pang ping", "computer", "wu ping");
        pa = &st1;
        pa -> show();                        //调用派生类 graduate 的 show 函数
        pa = &st2;
```

　　　　　　　pa -> show();   //调用派生类 undergraduate 的 show 函数
　　}
运行结果如图 8-5 所示。

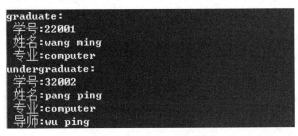

图 8-5   程序运行结果

　　程序分析：在这个程序中，要输出学生的基本信息，不同类型的学生基本信息不同。本科生有学号、姓名、专业等信息，而研究生还有导师等信息，这样，在基类 student 中就不能定义一个输出学生信息的函数，具体输出本科生的信息由派生类 graduate 中的 show 函数进行，而输出研究生的信息由派生类 undergraduate 中的 show 函数进行。所以在基类中定义了一个纯虚函数 virtual void show() = 0，而在派生类 graduate 和 undergraduate 中进行具体定义，从而输入相关信息。

　　一般地，程序员可以根据实际需要在类中定义一个或多个纯虚函数。

　　那么存在纯虚函数的类与一般的类是否完全相同呢？或者说存在纯虚函数的类对象的使用是否和普通类对象的使用完全相同呢？请看下面这个例子。

　　在例 8.9 的主函数中加入以下语句：

　　　　student st(001, "zhang tao");

则会运行提示出错信息：

　　　　error C2259: 'student' : cannot instantiate abstract class due to following members:

这是为什么呢？这就要引出下一个概念——抽象类。

2．抽象类

　　为了区分含有纯虚函数的类和一般类，将含有纯虚函数的类称为抽象类。那么上面例子中使用"student *pa;"是正确的，而使用"student st(001, "zhang tao");"却是错误的。这是为什么呢？这是因为 C++ 对于抽象类有以下特殊规定：

　　(1) 由于抽象类中至少包含有一个没有定义具体功能的纯虚函数，所以抽象类只能用作其他类的基类，而不能建立抽象类的对象。

　　(2) 抽象类不能用作参数类型、函数返回类型。但可以声明指向抽象类的指针变量，也可以定义抽象类的引用。

　　(3) 如果在抽象类的派生类中没有重新定义纯虚函数，则该函数在派生类中仍然为纯虚函数，而这个派生类仍然是一个抽象类。

　　下面再看一个抽象类的例子。

　　该例计算工人的月工资，其中有的工人是计时工人，有的是计件工人，也就是说不同工人的工资计算方法不同。计时工人依据工作的时间按照单位时间工资进行计算，也就是说计时工人的工资等于工作时间×单位时间工资；计件工人则依据工作物的件数按单位件数工资进行计算，即计件工人的工资等于工作物件数×单位件数工资。

例 8.10

```cpp
#include<iostream.h>
#include<string.h>
class worker
{ public:
    worker(long n, char *m )
    {number = n; strcpy(name, m); }
    virtual ~worker()
    {}
    virtual double earnings() = 0;          //定义纯虚函数计算不同工人的月薪
    virtual void print() = 0;               //定义纯虚函数输出工人的月薪
protected:
    long number;                //工人编号
    char *name;                 //工人姓名
};
class HourlyWorker : public worker      //计时工人
{ public:
    HourlyWorker(long n, char *m, double w = 0.0, int h = 0 ):worker(n, m)
    {wage = w; hours = h; }
    ~HourlyWorker( )
    { }
    void setWage(double w)
    {wage = w; }
    void setHours(int h)
    {hours = h; }
    virtual double earnings()           //计算计时工人的月薪
    {return wage*hours; }
    virtual void print()                //重新定义输出函数输出计时工人月薪
    {cout << "hours worker:" << wage*hours << endl; }
private:
    double wage;                //计时单位工资
    double hours;               //工作时间
};
class PieceWorker : public worker       //计件工人
{ public:
    PieceWorker(long n, char *m, double w = 0.0, int q = 0 ):worker(n, m)
    {wageperpiece = w; quantity = q; }
    ~PieceWorker()
```

```
        { }
        void setWage ( double w )
        {wageperpiece = w; }
        void setQuantity ( int q )
        {quantity = q; };
        virtual double earnings()
        {return wageperpiece*quantity; }
        virtual void print()                //重新定义输出函数输出计件工人的月薪
        {cout << "piece worker:" << wageperpiece*quantity << endl; }
    private:
        double wageperpiece;                //计件单位工资
        int quantity;                       //工作件数
    };
    void main()
    {
        HourlyWorker hw1 ( 25001, "王珊", 5, 8*20 );
        HourlyWorker hw2 ( 38039, "李志臣" );
        hw2.setWage ( 10.5 );
        hw2.setHours ( 8*30 );
        PieceWorker pw1 ( 23002, "罗芝芝", 1.5, 2011 );
        PieceWorker pw2 ( 23006, "张峰" );
        pw2.setWage ( 1.55 );
        pw2.setQuantity ( 2568 );
        worker *wr;                         //使用抽象类指针，调用不同派生类的同名函数
        wr = &hw1; wr -> print();           //使用抽象类指针，对不同派生类同名函数的使用
                                            //方式相同
        wr = &hw2; wr -> print();
        wr = &pw1; wr -> print();
        wr = &pw2; wr -> print();
    }
```

运行结果如图 8-6 所示。

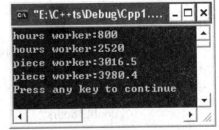

图 8-6　程序运行结果

　　程序分析：该例中计时工人的工资和计件工人的工资计算方式不同，所以工资数目也自然不同，故而在基类 worker 中工资的计算和输出没有具体的内容，定义为纯虚函数，所以 worker 为抽象类。在派生类 HourlyWorker 中分别对工资的计算函数和输出函数进行重新定义。

　　注意：在基类 worker 中的析构函数定义为虚函数，也就是说析构函数可以定义为虚函数而构造函数不能定义为虚函数。

　　主函数中仍然遵循：抽象类只能作为其他类的基类来使用，不能建立抽象类对象(但可

以定义抽象类指针，如 worker *wr)，其纯虚函数的实现在派生类中重新定义。

下面再将本章开始的问题用抽象类的方法实现如下：

```cpp
class figure
{
public:
    virtual void draw() = 0;                    //定义纯虚函数 draw
};
class circle:public figure
{
public:
    void draw(){cout << "Draw a circle\n"; }   //重新定义函数 draw，实现"画圆形"
};
class rect:public figure
{
public:
    void draw()
    {cout << "Draw a rectangle\n"; }           //重新定义函数 draw 实现"画矩形"
};
class round:public figure
{
public:
    void draw()
    {cout << "Draw a roundness\n"; }           //重新定义函数 draw，实现"画球形"
};
void main()
{
    figure *dw;                                //定义抽象类指针
    circle c;
    rect r;
    round r1;
    dw = &c;
    dw -> draw();
    dw = &r;
    dw -> draw();
    dw = &r1;
    dw -> draw();
}
```

读者可以自己上机调试看看。

8.5 本章小结

多态是面向对象程序设计核心概念之一。多态就是指同一个名字有不同的语义，或者不同的对象收到相同的消息产生的动作不同。具体实现时，常常会用同一个名字定义不同的函数，这些函数执行不同但又类似的操作，从而可以使用相同的调用方式来调用这些具有不同功能的同名函数。

多态可以体现在系统编译时的多态，也可以体现在系统运行时的多态，称为静态多态和动态多态。

静态多态是在编译阶段完成的，系统在编译时就决定了如何实现某一动作，即调用哪个函数，也就是在形成 exe 文件之前就确定了调用方式。静态多态的优点是运行速度快，执行效率高；缺点是不灵活，程序太直接，太表面化。静态多态主要是通过函数重载和运算符重载实现的。

动态多态是运行阶段完成的，系统在运行时才决定运行哪个函数。动态多态的优点是灵活，层次高，技巧性高；缺点是效率低，但由于现在计算机速度很快，所以一般不再考虑其运行效率问题。动态多态主要是通过虚函数来实现的。

本章主要从函数重载、运算符重载和虚函数三个方面进行多态概念的阐述。

本 章 习 题

1. 什么是函数重载？函数重载有几种形式？
2. 什么是运算符重载？运算符重载有几种形式？运算符重载的实质和规则是什么？
3. 什么是虚函数？什么是抽象类？
4. 说明函数重载和虚函数的异同。
5. 阅读程序。

(1)
```
#include<iostream.h>
class TriCoor
{ public:
    TriCoor( int mx = 0, int my = 0, int mz = 0 )
    { x = mx; y = my; z = mz; }
    TriCoor operator + ( TriCoor t )
    {
        TriCoor temp;
        temp.x = x+t.x;   temp.y = y+t.y;   temp.z = z+t.z;
        return temp;
    }
    TriCoor operator = ( TriCoor t )
```

```
            { x = t.x;   y = t.y;   z = t.z;   return * this; }
            TriCoor operator ++ ()
            { x ++;   y ++;   z ++;   return *this; }
            void show()
            { cout << x << " , " << y << " , " << z << "\n"; }
            void assign( int mx, int my, int mz )
            { x = mx;   y = my;   z = mz; }
        private:
            int x, y, z;
        };
         void main()
        {
            TriCoor a( 1, 2, 3 ), b, c;
            a.show();
            b.show();
            c.show();
            for( int i = 0;   i < 5;   i ++ )
                ++ b;
            b.show();
            c.assign( 3, 3, 3 );
            c = a + b + c;        c.show();
            c = b = a;        c.show();
        }
(2)    #include<iostream.h>
       class Base{
       public:
            Base(double a)    {r = a; }
            virtual double v() = 0;
            virtual double s() = 0;
       protected:
            double r;
       };
       class Qiut:public Base{
       public:
            Qiut (double a):Base(a)
            {}
            double v()
            {return 3.14*r*r*r*4/3; }
            double s()
```

```
        {return 4*3.14*r*r; }
    };
    class Yuanzt:public Base{
    public:
        Yuanzt (double a, double b):Base(a)
        {h = b; }
        double v()
        {return 3.14*r*r*h; }
        double s()
        {return 2*3.14*r*r+2*3.14*r*h; }
    protected:
        double h;
    };
    void main()
    {
        Base*p;
        Qiut Q1(10); Yuanzt YZ(10, 20);
        p = &Q1;
        cout << "球体的表面积是" << p -> s() << " ";
        cout << "球体的体积是" << p -> v() << endl;
        p = &YZ;
        cout << "圆柱体的表面积是" << p -> s() << " ";
        cout << "圆柱体的体积是" << p -> v() << endl;
    }
```

6. 编写程序，利用加法运算符和减法运算符的重载，实现将两个矩阵进行相加、相减。

7. 编写程序，定义一个基类线性表类，两个派生类链表类和顺序表类，利用虚函数实现输入、输出该线性表中存储的数据。

第 9 章

模　　板

　　模板是面向对象程序设计提高软件开发效率的一个重要手段，是 C++ 语言一个重要特征。采用模板编程能够使程序员迅速建立具有类型安全的类库集合和函数集合，更大程度地提高了代码的重用性，更方便进行大规模软件的开发。

9.1　模　板　概　述

问题的提出：如果要求某个数的绝对值，则根据参数的数据类型可定义重载函数。

```
int abs(int x)
{
    if (x < 0)
        return -x;
    else
        return x;
}
float abs(float x)
{
    if (x < 0)
        return -x;
    else
        return x;
}
double abs(double x)
{
    if (x < 0)
        return -x;
    else
```

```
                return x;
        }
        long double abs(long double x)
        {
                if (x < 0)
                        return -x;
                else
                        return x;
        }
```

可以看出：这几个重载函数除了数据类型不同外，实现功能完全相同，代码也自然完全相同，这样的函数重载增加了源程序的长度，而且也使系统运行开销增大，如何解决这样的问题呢？

解决方案：可以使用带参数的宏，即可以将上述的函数改为

```
        #define abs(x) x < 0?-x:x
```

宏展开是在编译时完成的，不占运行时间，但是，宏展开时并不检查类型，只是进行替换，一旦替换中出现 x 为字符型，这个宏定义就没有任何意义，或者，可能出现结构体类型或类类型与 0 的比较运算，这些都会导致程序在运行时出现错误。

那么该怎样解决呢？既然函数中只有类型不同，那么是不是可以设想将类型设定为一个参数，也就是类似函数形参那样，将这些函数中的类型也设为一个形参呢？

例如：

```
        T abs(T x)
        {
                if (x < 0)
                        return -x;
                else
                        return x;
        }
```

C++语言允许以这样的方式来定义函数，这就是模板。类型参数用在函数定义中，称为函数模板；类型参数用在类的定义中，称为类模板。也就是说，C++语言不但可以允许用户构造函数模板还允许构造类模板。采用模板方式定义函数或类时不确定某些函数参数或数据成员的类型，而将它们的数据类型作为模板的参数。在使用模板时根据实参的数据类型确定模板参数的值(数据类型)。

9.2　函数模板

函数模板是指在定义函数时，函数的形参类型用参数来实现，在函数模板被调用时根据实际参数的类型决定这些函数模板参数的类型。

函数模板与函数重载不同：函数模板扩展了函数重载，利用函数重载可以让多个函数

共享一个函数名，只要所重载的函数的参数类型或个数有所不同即可。但是，由于参数的类型不一样，虽然这些函数所完成的功能完全一样，也必须为每一个重载函数编写代码；一个函数模板可用来生成多个功能相同但参数和返回值类型不同的函数。

9.2.1 函数模板的定义

函数模板的定义形式如下：

```
template    < class    T >
T   函数名( T   形参名 )
{
    函数体
}
```

其中，模板定义以关键字 template 开头，关键字 class 后面的标识符 T 由用户自定义，称为类型参数，是函数模板中没有确定数据类型的参数的类型。标识符 T 不但可以定义函数的参数和返回值，也可以在函数体中用来声明变量。

上述求绝对值的函数模板如下：

```
template    < class    T >
T   abs( T   x )
{
    if (x < 0)
        return -x;
    else
        return x;
}
```

上述的方式只能定义一个类型参数，如果要在模板中包含多个类型参数，则定义如下：

```
template < class    T1, class T2, … , class Tn>
Ti   函数名( T1  形参 1, T2  形参 2, ... , Tn  形参 n)
{
    函数体
}
```

其中，T1、T2、…、Tn 为类型参数标识符，每一个标识符前都必须带关键字 class，标识符之间用逗号隔开。在函数中多个形参之间也用逗号隔开。Ti 表示函数返回类型，标识符可以是 T1、T2、…、Tn 中的任何一个。

定义三个数中的最大值的函数模板如下：

```
template < class    T1, class T2, class T3>
T1 max(T1    x, T2    y, T3    z)
{
    T1 m;
    m = x;
    if(m<y)
```

```
        m = y;
    if(m < z)
        m = z;
    return m;
}
```

9.2.2   函数模板的实例化

函数模板将函数参数的数据类型参数化，这使得在程序中能够用不同类型的参数调用同一个函数模板。在调用函数模板时，将模板中的类型标识符具体化为确定的数据类型，按照这个确定的数据类型执行函数的功能，这个过程称为函数模板的实例化。

函数模板的实例化由编译器完成，编译时函数模板本身并不产生可执行代码，只有在函数模板被实例化时，编译器才按照实参的数据类型进行类型参数的替代，生成新的函数，这个新的函数称为模板函数。

如"int x; abs(x); "就是将函数模板 abs(T x)实例化为

```
    int abs(int x)
    {
        if (x < 0)
            return -x;
        else
            return x;
    }
```

其中，标识符 T 具体化为 int 型。

如果 x 为 double 型，则函数模板 abs 就实例化为

```
    double abs(double x)
    {
        if (x < 0)
            return -x;
        else
            return x;
    }
```

又如："double x; float y; int z; "模板函数 max 可以被实例化为

```
    double max(double x, float y, int z)
    {
        double m;
        m = x;
        if(m < y)    m = y;
        if(m < z)    m = z;
        return m;
    }
```

例 9.1
```
#include<iostream.h>
template <class T>
double avg(T n, T *a)
{
    T sum = 0;
    double avg;
    int i;
    for(i = 0; i<n; i++)
    sum = sum+a[i];
    avg = sum*1.0/n;
    return avg;
}
void main()
{
    int a[10] = {1, 2, 3, 4, 5, 6, 7, 8, 9, 10};
    double b[8] = {89, 98.5, 67, 89, 90, 94.5, 74.5, 56};
    cout << avg(10, a) << endl;
    cout << avg(8.0, b) << endl;
}
```
运行结果:

5.5

82.3125

程序分析:程序中 avg 为函数模板,T 为模板中的标识符。在主函数中用 avg(10, a)时,编译系统按照实参 int a[10]类型 int 将函数模板中的 T 替换为 int 类型,从而将函数模板实例化为

```
double avg(int n, int *a)
{
    int sum = 0; double avg;
    int i;
    for(i = 0; i<n; i++)
    sum = sum+a[i];
    avg = sum*1.0/n;
    return avg;
}
```
该函数的功能是求 10 个整型数据的平均值。而当调用 avg(8.0, b)时,编译系统按照实参 double b[8]将函数模板中的类型替换为 double 型,从而函数模板实例化为

```
double avg(double n, double *a)
{
```

```
        double sum = 0; double avg;
        int i;
        for(i = 0; i<n; i++)
        sum = sum+a[i];
        avg = sum*1.0/n;
        return avg;
    }
```

该函数实现对 8 个实型数据求平均值。

在这个例子中无论求什么类型数据的平均值，所得结果均为实型，故而在程序中将函数结果显式说明为 double 型，而没有用模板标识符代替。如果在有些情况下，函数结果的类型会根据参数类型的不同而不同时，可以在函数模板中将参数和函数的返回结果都用类型标识符标示。请看下面的 9.2。

例 9.2

```cpp
#include<iostream.h>
template <class    T1, class T2, class T3>
T1 max(T1    x, T2    y, T3    z)
{
    T1 m;
    m = x;
    if(m<y)    m = y;
    if(m<z)    m = z;
    return m;
}
void main()
{
    double a1, b1, c1;
    char a2;
    int a3, b3, c3;
    cout << "input a1(double), a2(char), a3(int):\n";
    cin >> a1 >> a2 >> a3;
    cout << "the max of a1, a2, a3 is :" << max(a1, a2, a3) << endl;
    cout << "input a1(double), b1(double), c1(double):\n";
    cin >> a1 >> b1 >> c1;
    cout << "the max of a1, b1, c1 is :" << max(a1, b1, c1) << endl;
    cout << "input a3(int), b3(int), c3(int):\n";
    cin >> a3 >> b3 >> c3;
    cout << "the max of a3, b3, c3 is :" << max(a3, b3, c3) << endl;
}
```

运行结果如图 9-1 所示。

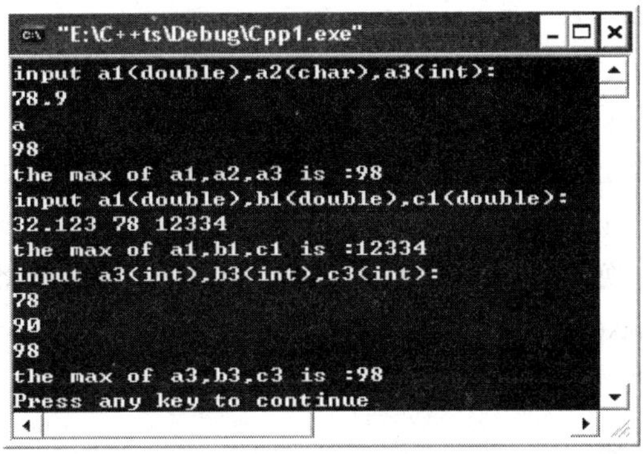

图 9-1　程序运行结果

程序分析：函数模板 max 是用来求三个数中的最大值，这三个数可以分别是三个不同类型的数据。主函数语句 max(a1, a2, a3)中，a1 是 double 型，a2 是 char 型，a3 是 int 型，所以编译系统按照实参类型将 T1 替换为 double 型，T2 替换为 char 型，T3 替换为 int 型。将函数模板实例化为

```
double max(double x, char y, int z)
{
        double m;
        m = x;
        if(m < y)   m = y;
        if(m < z)   m = z;
        return m;
}
```

而在语句 max(a1, b1, c1)中，a1、b1、c1 均为 double 型，编译系统将 T1、T2、T3 都替换成了 double 型。函数模板实例化为

```
double max(double x, double y, double z)
{
        double m;
        m = x;
        if(m < y)   m = y;
        if(m < z)   m = z;
        return m;
}
```

同样，语句 max(a3, b3, c3)中，a3、b3、c3 均为整型数据，所以编译系统将 T1、T2、T3 都替换为 int 型。函数模板实例化为

```
int max(int x, int y, int z)
{
        double m;
        m = x;
        if(m<y)   m = y;
```

```
        if(m<z)    m = z;
        return m;
    }
```

从这个例子中可以看出，当模板中有若干个不同的标识符时(如例中 T1、T2、T3)，在进行编译替换时，这些标识符既可以用不同的类型来代替(如例中 max(a1, a2, a3)语句，T1替换为 double 型，T2 替换为 char 型，T3 替换为 int 型)，也可以将这些不同的标识符替换为相同的类型(如例中 max(a1, b1, c1) 将 T1、T2、T3 都替换成了 double 型，max(a3, b3, c3)中将 T1、T2、T3 都替换为 int 型)。

9.2.3   函数模板的重载

问题的提出：如果将例 9.2 的函数模板修改为

```
    template <class    T>
    T max(T x, T y, T z)
    {
        T m;
        m = x;
        if(m < y)    m = y;
        if(m < z)    m = z;
        return m;
    }
```

那么，当出现上例中的 max(a1, b1, c1)时，因为 a1、b1 和 c1 的数据类型各不相同，所以会出现替换错误的问题 "error C2782: 'T __cdecl max(T, T, T)' : template parameter 'T' is ambiguous   could be 'char' or   'double'"。编译系统不知道 T 应该替换为 double 型还是char 型。甚至于当出现 max(a2, a3，b3)这样的调用时，也会出现 "error C2782: 'T __cdecl max(T, T, T)' : template parameter 'T' is ambiguous   could be 'int' or   'char'"。

而读者应该知道，C++ 语言中有些情况下 int 型和 char 型是可以互用的。为了解决类似这样的问题，C++ 允许函数模板进行重载。

所谓函数模板重载，是指程序员可以用非模板函数去重载一个同名的函数模板。如可以定义上述问题为

```
    template <class    T>            //函数模板
    T max(T x, T y, T z)
    {
        T m;
        m = x;
        if(m<y)    m = y;
        if(m<z)    m = z;
        return m;
    }
    void main()
```

```
{
    int a2, b2, c2;
    char a3, b3, c3
    int max(int, int, int);          //显式声明函数 max(int, int, int)，不是模板函数
    max(a3, b3, c3);                 //正确，调用函数模板 max(char, char, char)
    max(a2, a3, b3);                 //正确，调用重载函数 max(int, int, int)
    max(a2, b2, c2);                 //正确，调用重载函数 max(int, int, int)
}
```

程序中用非模板函数 max(int, int, int)重载了函数模板 max(T x, T y, T z)。当出现语句 max(a3, b3, c3)时，调用的是函数模板，而当出现调用 max(a2, a3, b3) 和 max(a2, b2, c2)时，系统执行的是重载的非模板函数 int max(int, int, int)。

在 C++ 语言中，函数模板和同名的非模板函数的重载方法遵循以下约定：

(1) 首先，寻找一个参数完全匹配的函数，如果找到，就调用它。

(2) 其次，在函数模板中寻找一个能将其实例化而产生一个匹配的模板函数，如果找到，就调用它。

(3) 最后，在重载函数中，如果可以通过类型转换产生匹配，则调用它。

(4) 如果以上均未找到匹配的函数，则提示错误信息，说明调用错误。

事实上，C++ 语言允许用重载函数来使用函数模板，可能会产生一些不必要的函数重复定义，所以使用这个功能时，应谨慎对待。

9.3　类　模　板

既然模板是将函数中参数的类型用标识符表示的，那么在类的定义中成员函数或者数据成员也有数据类型，能不能也进行参数化呢？答案是肯定的，这些数据类型也可以用标识符标识，也就是说类也可以模板化。

9.3.1　类模板的定义

为了起到模板的作用，与函数模板一样，定义一个类模板时必须将某些数据类型作为类模板的类型参数。

模板类的实现代码与普通类没有本质上的区别，只是在定义类时，其数据成员或成员函数的参数类型或返回类型不用确定的数据类型，而是用参数代替，这就是类模板的类型参数。

类模板定义的一般格式如下：

```
template   < class   T >
class   C1
{
private:
    T    x;                    //类型参数 T 用于声明数据成员
```

```
public:
    成员函数 1( T    a )    //类型参数 T 用于声明成员函数的参数
    { x = a; }
    T    成员函数 2( )        //类型参数 T 用于声明成员函数的返回值
    { return    x; }
};
```

从格式中可以看出，类型标识符 T 既可以用于声明数据成员的类型，也可以用于声明成员函数的参数类型或返回类型。

同样上述的方法只能在类中使用一种类型参数，如果要在一个类中使用多个类型参数，则用下列格式：

```
template  < class  T1，...，class  Tn >
class    Classname
{    ...  }
```

如：

```
template  <class  T1, class  T2>    //使用 2 个类型参数
class    C2                        //定义类模板
{
private:
    T1   x;
    T2   y;
public:
    C2(T1   a, T2   b)
    { x = a; y = b; }
};
```

如果在类模板的外部定义类模板的成员函数，必须采用如下形式：

```
template    < class   T >            //不能省略模板声明
返回类型    classname < T > :: 函数名( T    a )
{
    函数体
}
```

如：

```
template    < class   T >            //不能省略模板声明
void    C1 < T > :: print( T    a )
{ x = a;
cout << x << endl;
}
```

利用类模板定义的只是对类的描述，它本身还不是一个实实在在的类，必须依据此类模板来声明对象，类模板才具有真正类的含义。

9.3.2 类模板的实例化

9.3.1 节提到利用类模板定义的只是对类的描述，它本身还不是一个实实在在的类。与函数模板不同，类模板不是通过调用函数时依据实参的数据类型来确定类型参数具体所代表的类型的，而是通过在使用模板类声明对象时所给出的实际数据类型确定类型参数的。

要声明类模板的对象，也就是将类模板实例化。类模板的实例化也是编译阶段由编译器完成的。

类模板实例化的格式如下：

> 类模板名 <实际的类型>
>
> 类模板名 <实际的类型> <对象名>[(实际参数表)];

如：

> C1 < int > obj1;

编译器首先用 int 替代类模板定义中的类型参数 T，生成一个所有数据类型已确定的类 C1；然后再利用这个类创建对象 obj1。类模板实例化后的类称为模板类。

例 9.3

```
#include<iostream.h>
template  <class  T1, class  T2>      //使用 2 个类型参数
class  ex_class1                      //定义类模板
{
private:                              //类模板中数据成员的定义中包含类型标识符
    T1   x;
    T2   y;
public:                               //类模板中成员函数的定义中包含类型标识符
    ex_class1(T1   a, T2   b)
    { x = a; y = b; }
    T1 GetX()
    { return x; }
    T2 GetY()
    { return y; }
    void print()
    {cout << x << ", " << y << endl; }
};
void main()
{   ex_class1<int, int> obj1(10, 20);      //声明类模板的对象
    ex_class1<double, int> obj2(10, 20);   //声明类模板的对象
    cout << obj1.GetX() << endl;
    cout << obj1.GetY() << endl;
    obj2.print();
}
```

运行结果：

　　10

　　20

　　10，20

程序分析：程序中 ex_class1 是类模板，在该类模板的定义中，数据成员 x 和 y，成员函数 ex_class1、GetX、GetY 中都用到类型标识符。在主函数中语句"ex_class1<int, int> obj1(10, 20)"声明对象 obj1，并将对象 obj1 的数据成员 x 和 y 的数据类型，以及 GetX 和 GetY 函数的返回类型都替换为 int 型(T1 和 T2 均为 int)。

由此，针对对象 obj1 将类模板实例化为

```
class    ex_class1
{
private:
    int    x;
    int    y;
public:
    ex_class1(int    a, int    b)
    { x = a; y = b; }
    int GetX()
    { return x; }
    int GetY()
    { return y; }
    void print()
    {cout << x << ", " << y << endl; }
};
```

所以 obj1 对象是类 ex_class1(int, int)的对象。主函数中 obj1.GetX()和 obj1.GetY()分别输出 x 和 y 的值，为 int 型的 10 和 20。

语句"ex_class1<double, int> obj2(10, 20)"声明类模板的对象 obj2，并将 T1 实例化为 double 型，T2 实例化为 int 型。obj2 对象中数据成员 x 的数据类型和函数 GetX 的返回类型被替换为 double 型，数据成员 y 的数据类型和函数 GetY 的返回类型被替换为 int 型。由此，obj2 对象将类模板实例化为

```
class    ex_class1
{
private:
    double    x;
    int    y;
public:
    ex_class1(double    a, int    b)
    { x = a; y = b; }
    double GetX()
```

```
        { return x; }
        int GetY()
        { return y; }
        void print()
        {cout << x << ", " << y << endl; }
    };
```

故而 obj2 是类 ex_class1(double, int)的对象。主函数中语句"obj2.print()"用来输出 double 型的 x 值 10 和 int 型的 y 值 20。

从此例可以看出：类模板依据它所声明的对象的不同，可以实例化为许多不同的具体类。每一个具体类的数据成员和成员函数的基本功能都是相同的，不同点在于不同类的数据成员的数据类型和成员函数中参数或函数的返回类型不同。

9.3.3　类模板的派生

通过 9.3.2 节的介绍，读者可以知道类模板一旦被实例化就跟普通的类没有什么差别，那么既然普通类可以继承和派生，类模板可不可以继承和派生呢？

首先来回顾类的派生和继承，如：

```
    class student
    {
    protected:
        char id;
        char *name;
    public:
        //成员函数的定义
    };
    class postgraduate:public student
    {
    protected:
        char *major;
        char *supviser;
        int age;
    public:
        //成员函数的定义
    }
```

基类 student 中有 char 型的数据成员 id 和 name，派生类中除了继承基类中的 id 和 name，又添加了数据类型为 char 型的 major、supviser 和 int 型的 age 数据成员，因而派生类 postgraduate 中共有五个数据成员 id、name、major、supviser、age。由此可以看出，新添加的数据成员可以定义为任何数据类型。

既然类模板中只是将类型参数化，而派生类中可以添加任何类型的成员，那么自然可以将类模板继承和派生。

1. 类模板派生的定义

类模板的派生包含以下两种类型：① 类模板可以派生类模板。这时，派生类模板的参数表中应包含基类模板的参数。② 类模板也可以派生非模板类。

模板类与普通类一样也具有多继承，即模板类之间允许有多继承。

1) 类模板派生类模板

类模板派生类模板，就是用已有的类模板派生出新的类模板。当然，在派生类模板的参数表中应包含基类模板的参数。类模板派生类模板的一般形式如下：

```
template    < class    T >
class    base
{    }
template <class T>
class derive:public base<T>
    {    }
```

例 9.4

```
#include<iostream.h>
template    <class   T>
class    ex_class1                //定义类模板
{
public:
    T x;
    ex_class1(T   a)
    { x = a; }
    T GetX()
    { return x; }
};
template <class T, class T1>
class ex_class2:public ex_class1<T>
{
private:
    T1 y;
public:
    ex_class2(T a, T1 b): ex_class1<T>(a)
    {y = b; }
    T1 GetY()
    { return y; }
    void print()
    {cout << x << ", " << y << endl; }
};
```

```
        void main()
        {    ex_class1<int> obj1( 20);              //声明基类对象
             ex_class2<double, int> obj2(3.14, 10);  //声明派生类对象
             cout << obj1.GetX() << endl;
             cout << obj2.GetY() << endl;
             obj2.print();
        }
```
　　运行结果：
　　　　20
　　　　10
　　　　3.14, 10

　　程序分析：此例中派生类模板 ex_class2 由基类模板 ex_class1 派生而来，采用公有继承方式。在基类模板中含有一个类型参数 T，派生类模板中又新添加了类型参数 T1，所以派生类模板 ex_class2 中有两个类型参数 T 和 T1，故而在模板声明中用"template <class T, class T1>"说明，至此派生类模板相当于是：

```
        template <class T, class T1>
        class ex_class2
        {
        private:
             T1 y;
        public:
             T x;
             T GetX()
             { return x; }
             ex_class2(T a, T1 b)
             {x = a; y = b; }
             T1 GetY()
             { return y; }
             void print()
             {cout << x << ", " << y << endl; }
        };
```

　　也就是 ex_class2 为有两个类型参数的类模板。主函数中 obj1 对象为基类模板 ex_class1 的对象，系统在将基类模板实例化时用 int 型替换类型参数 T，并为 int 型数据 x 赋值为 20。obj2 对象为派生类 ex_class2 的对象，系统将其派生类模板参数实例化为 double 型和 int 型，所以 double 型的数据 3.14 赋给了由基类模板继承而来的数据成员 x，int 型数据 10 为成员 y 的值。也就是说对象 obj2 将 x 类型实例化为 double 型，y 类型实例化为 int 型。

　　2) 类模板派生非模板类
　　从类模板可以派生出非模板类，在派生中，作为模板类的基类，必须是类模板实例化后的模板类，并且在定义派生类前不需要模板声明语句。

类模板派生非模板类的一般形式如下：

```
template    < class    T >
class    base
{ }
class derive:public base<double>        //派生类前不需要模板声明语句
    { }
```

如可修改例 9.4 为下例。

例 9.5

```
#include<iostream.h>
template    <class    T>
class    ex_class1                       //定义模板类
{
public:
    T x;
    ex_class1(T    a)
    { x = a; };
    T GetX()
    { return x; }
};
class ex_class2:public ex_class1<int>    //派生类前不需要模板声明
{
private:
    double y;
public:
    ex_class2(int a, double b):ex_class1<int>(a)
    {y = b; }
    double GetY()
    { return y;        }
    void print()
    {cout << x << ", " << y << endl; }
};
void main()
{    ex_class1<int> obj1(10);
    ex_class2 obj2(20, 3.14);
    cout << obj1.GetX() << endl;
    cout << obj2.GetY() << endl;
    obj2.print();
}
```

程序结果：

10

3.14

20, 3.14

程序分析：例 9.5 与例 9.4 基本相同，所不同的是派生类不是类模板而是普通类，在由类模板派生为非模板类时，在继承方式中必须将基类模板中类型参数实例化为具体类型。本例将基类 ex_class1 实例化为 int 型，如语句 "class ex_class2:public ex_class1<int>"。C++语言规定，在这种情况下，不需要进行模板声明，所以在派生类 ex_class2 定义前没有语句 "template <class T>" 声明语句。

2．类模板派生的构造函数和析构函数

由于类模板派生的构造函数和析构函数不能被继承，所以在派生类中需重新定义其构造函数和析构函数。

1) 类模板派生的构造函数

类模板派生为类模板和类模板派生为非模板类其构造函数有所不同，具体介绍如下。

(1) 类模板派生为类模板的构造函数定义形式如下：

派生类模板名(总参数列表): 基类模板名<基类模板类型参数列表>(基类模板参数名列表)

{派生类模板中新添加数据成员的初始化}

其中，总参数列表包含基类模板的参数类型，参数名和派生类的参数类型，参数名；基类模板类型参数列表为基类中参数表示符如 T1、T2 等，基类参数名列表为总参数列表中基类的参数名称。

如例 9.4 中的构造函数 ex_class2(T a, T1 b):ex_class1<T>(a) {y = b; }中，派生类模板 ex_class2 的总参数为继承而来的 a 和新添加的 b，T 为基类模板的类型标识符，ex_class1<T>(a)对基类成员初始化，y = b 是对派生类模板中新添加数据的初始化。

(2) 类模板派生为非模板类的构造函数定义形式如下：

派生类名(总参数列表): 基类模板名<基类模板数据类型列表>(基类参数名列表)

{派生类中新添加数据成员的初始化}

其中，总参数列表包含基类模板的参数类型，参数名和派生类的参数类型，参数名；基类模板数据类型列表为将基类中类型参数实例化后的类型名列表如 int、double 等，基类参数名列表为总参数列表中基类模板的参数名称。

如例 9.5 中构造函数 ex_class2(int a, double b):ex_class1<int>(a) {y = b; }中，派生类 ex_class2 的总参数为一个整型和一个实型，其中整型数据 a 是从基类模板继承而来的，基类模板中类型参数被实例化为 int。

构造函数的调用次序为：先调用基类模板的构造函数再调用派生类模板的构造函数。

2) 类模板派生的析构函数

由于基类模板的析构函数也不能被继承，因此，派生类模板的析构函数必须通过调用基类的析构函数来做基类模板的一些清理工作。

派生类模板与基类模板的析构函数没有什么联系，彼此独立，派生类模板或基类模板的析构函数只做各自类模板对象消亡前的善后工作。

析构函数的调用次序为：先调用派生类模板的析构函数，再调用基类模板的析构函数，其顺序与调用构造函数的顺序相反。

为了读者能更清楚的理解构造函数和析构函数的调用时机和调用次序，例 9.6 是在例 9.5 的基础上，对构造函数和析构函数稍作修改而成的。

例 9.6

```cpp
#include<iostream.h>
template   <class   T>
class    ex_class1                                    //定义模板类
{
public:
    T x;
    ex_class1(T    a)
    { x = a; cout << "基类构造函数调用" << endl; } //基类模板构造函数
    T GetX()
    { return x; }
    ~ex_class1()
    {cout << "基类模板析构函数调用" << endl; }          //基类模板析构函数
};
class ex_class2:public ex_class1<int>
{
private:
    double y;
public:
    ex_class2(int a, double b):ex_class1<int>(a)        //派生类模板构造函数
    {y = b; cout << "派生类构造函数调用" << endl; }
    double GetY()
    { return y; }
    void print()
    {cout << x << ", " << y << endl; }
    ~ex_class2()
    {cout << "派生类模板析构函数调用" << endl; }        //派生类模板析构函数
};
void main()
{    ex_class1<int> obj1(10);
    ex_class2 obj2(20, 3.14);
    cout << obj1.GetX() << endl;
    cout << obj2.GetY() << endl;
    obj2.print();

}
```

运行结果如图 9-2 所示。

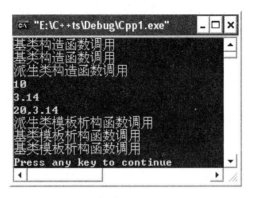

图 9-2 程序运行结果

程序分析：主函数中定义基类模板对象 obj1，系统自动调用其构造函数，执行结果显示 "基类构造函数调用"；当执行到派生类对象 obj2 的声明时，系统首先调用基类的构造函数结果显示 "基类构造函数调用"，然后调用派生类构造函数，显示 "派生类构造函数调用"；紧接着执行输出 obj1.GetX() 和 obj2.GetY() 及 obj2.print()，当对象 obj1 和 obj2 使用完后系统自动调用析构函数，调用的次序与构造函数的调用次序相反。

9.4 本 章 小 结

模板是一个将数据类型参数化的工具，它把 "一般性的算法" 和其对 "数据类型的实现" 区分开来。模板分为函数模板和类模板两种。一个模板并非一个实实在在的类或函数，仅仅是一个类或函数的描述，是参数化的函数和类。

函数模板是对一组函数的描述，它以任意类型 T 为参数及函数返回值。它不是一个实实在在的函数，编译系统并不产生任何执行代码。

当编译系统在程序中发现有与函数模板中相匹配的函数调用时，便生成一个重载函数，该重载函数的函数体与函数模板的函数体相同。该重载函数称为模板函数，它是函数模板的一个具体实例，只处理一种唯一的数据类型。

利用类模板定义的只是对类的描述，它本身还不是一个实实在在的类。与函数模板不同，类模板不是通过调用函数时按照实参的数据类型来确定类型参数具体所代表的类型的，而是通过在使用模板类声明对象时所给出的实际数据类型确定类型参数的。要定义类模板的对象，即将类模板实例化。

模板提高了软件的重用性。当函数参数或数据成员可以是多种类型而函数或类所实现的功能又相同时，使用模板在很大程度上简化了编程。

本 章 习 题

1. 什么是模板？什么是类模板？

2．什么是函数模板？什么是模板函数？

3．类模板的一般形式是什么？

4．函数模板的一般形式是什么？

5．阅读程序。

```cpp
#include<iostream.h>
template <class T>
void swap(T &x, T &y)
{
    T temp;
    temp = x;
    x = y;
    y = temp;
}
void swap(int &x, int &y)
{
    int temp;
    temp = x;
    x = y;
    y = temp;
}
void main()
{
    int i = 1, j = 2;
    char c1 = 'a', c2 = 'b';
    double f1 = 1.2, f2 = 3.4;
    cout << "交换前：i, j:" << i << ", " << j << endl;
    swap(i, j);
    cout << "交换后：i, j:" << i << ", " << j << endl;
    cout << "交换前：c1, c2:" << c1 << ", " << c2 << endl;
    swap(c1, c2);
    cout << "交换后：c1, c2:" << c1 << ", " << c2 << endl;
    cout << "交换前：f1, f2:" << f1 << ", " << f2 << endl;
    swap(f1, f2);
    cout << "交换后：f1, f2:" << f1 << ", " << f2 << endl;
}
```

第10章

C++ 的 I/O 流

　　流是 C++ 中一个非常重要的概念，也是其不同于 C 语言的重要标志。读者应该记得在 C 语言中编程时，输入/输出用的是系统库函数 scanf 和 printf，而在 C++ 中则用的是输入/输出流。所以在 C 语言编程时，应该包含标准输入/输出库函数 "stdio.h"，它里面包含了对输入/输出函数 scanf 和 printf 的定义；而在 C++ 编程时必须包含类库函数 "iostream.h"，因为有关输入/输出流的定义在这个文件中。

10.1　流　概　述

　　既然流是 C++ 区分于 C 的一个重要标志，那么到底为什么 C++ 中要用流，而不沿用 C 语言的输入/输出函数呢？

　　首先回忆 C 语言中，输入/输出函数的使用方式如下：

```
scanf("%d", &i);
printf("%f", m);
```

其中，输入函数中的 "%d" 和输出函数中的 "%f" 都是用来说明后面参数 i 和 m 的数据类型的，也就是说 i 为整型，m 为实型。可以看出，这些类型在 C 语言中都有对应的标识符号(如实型用 "%f"，字符型用 "%c" 等)，而且仅限于基本数据类型。如果变量类型为类类型，那么则没有对应于类类型的格式符，这是因为 scanf 函数和 printf 函数只能识别预定义类型标识，而不能识别用户自定义的复合数据类型和类类型。例如：

```
class dog
{
    char *name;
    int age;
    char *color;
};
dog dog1;
```

要输出对象 dog1 的相关数据，就不能用 "printf("%dog", dog1);" 来输出，因为每一个用户自定义的类型都可能不同，系统没有办法用一个统一的格式符来代替，所以在 C++ 中采用输入/输出流来进行变量或对象的输入和输出。

10.1.1 流的层次结构

流是指数据从一个对象流向另一个对象，是从源到终端的数据流的抽象引用，它是描述数据流的一种方式。C++语言的输入输出系统是对流的操作，也就是将数据流向流对象，或从流对象流出数据。流动的方向不同，构成输入/输出流，即 I/O 流。流是 C++ 流库用继承方法建立起来的一个输入/输出类库，它具有两个平行的基类即 streambuf 类和 ios 类，所有其他的流类都是从它们直接或间接地派生出来的。streambuf 类用来管理流的缓冲区；ios 类提供格式、错误监测和状态信息，ios 类有 4 个直接派生类，即输入流类 istream、输出流类 ostream、文件流类 fstreambase、串流类 strstreambase，istream 是通用输入流类，这 4 种流做为流库中的基本流类。流类库的基本层次如图 10-1 所示。

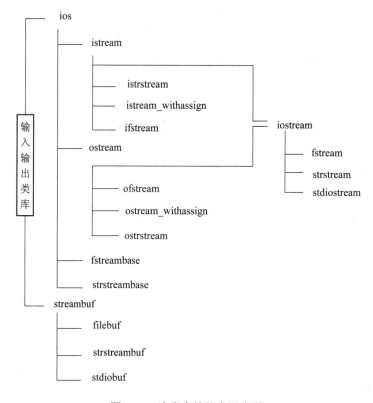

图 10-1 流类库的基本层次图

10.1.2 iostream 流类库

iostream 类库中不同的类的声明被放在不同的头文件中，用户只需在自己的程序中用 #include 命令包含不同的头文件，即可使用在头文件声明的类和对象。表 10-1 列出了 iostream 类库中有关的头文件。

表 10-1　iostream 流中常用头文件

头文件名	说　明
iostream	包含对输入/输出流进行操作所需的基本信息
fstream	包含对文件 I/O 操作的各种类和对象
strstream	用于字符串流 I/O
stdiostream	用于混合使用 C 和 C++ 的 I/O 操作
iomanip	用于格式化 I/O 操作

iostream 头文件中包含系统标准的输入/输出流信息,称其为系统预定义的输入/输出流。系统标准的输入是指从键盘输入数据到程序中;标准的输出是指将程序运行的结果或数据输出到显示器上。下面将详细介绍这部分内容。

10.2　预定义的 I/O 流

10.2.1　预定义的流对象

预定义的流对象主要依靠流对象 cin 和 cout 进行输入和输出。当然与之相匹配的还有提取运算符">>"和插入运算符"<<"。在 C++ 语言头文件 iostream 中对它们进行了定义。

在 iostream 中预定义了 4 个流对象,主要针对用户的输入和输出设备。表 10-2 给出了这 4 个流对象。

表 10-2　iostream 中常用流对象

对象	对应的类	含　义	对应设备
cin	istream	标准输入流	键盘
cout	ostream	标准输出流	显示器
cerr	ostream	标准错误流(不带缓冲区)	显示器
clog	ostream	标准错误流(带缓冲区)	显示器

说明:

(1) cin 是 istream 的对象,它与输入设备关联,如键盘等。在 iostream.h 头文件中作为全局对象定义如下:

    istream cin(stdin);

其中,stdin 表示标准输入设备名,一般指键盘。

">>"是预定义的提取运算符,作用在流类对象 cin 上,实现默认格式的键盘输入。使用 cin 将数据输入到变量的格式如下:

    cin >> V1 >> V2 >> … >> Vn;

其中,V1、V2、…、Vn 都是变量,功能是暂停执行程序,等待用户从键盘输入数据,不同数据间用空格或 Tab 键分隔,输入的数据类型要与变量定义的类型一致,输完后按回车键结束。

(2) cout 是 ostream 的对象,与输出设备如显示器等关联。cout 是 ostream 流类的对象,它在 iostream.h 头文件中作为全局对象定义如下：

    ostream cout(stdout);

其中，stdout 表示标准输出设备名，一般指显示器。

  "<<"是预定义的插入运算符，作用在流类对象 cout 上，实现默认格式的屏幕输出。使用 cout 输出表达式值到屏幕上的格式如下：

    cout << E1 << E2 << … << Em;

其中，E1、E2、…、Em 均为表达式，功能是计算各表达式的值，并将结果输出到屏幕当前的光标位置处。

  有关这部分内容前面章节已有许多说明，在此从略。

  (3) cerr 是 ostream 的对象，与错误输出设备如显示器等关联。它将错误信息输出到显示器等设备。

  (4) clog 是 ostream 的对象，主要处理日志信息，与标准错误输出设备如显示器等关联。它将出错信息存入缓冲区中，待缓冲区满或者结束时将错误信息输送给显示器。

10.2.2　输入输出的格式控制

  C++提供了两种进行输入/输出格式控制的方法：一种是用 ios 类成员函数进行格式化；另一种是用专门的操作符函数进行格式化。

1. 用 ios 类成员函数格式化

  ios 类成员函数主要是通过对状态标志、输出宽度、填充字符以及输出精度的操作来完成输入/输出格式化的。

  枚举量定义在 ios 类中，因此引用时必须包含 ios::前缀。使用时应该全部用符号名，绝不能用数值。

  ios 类有 3 个成员函数可以对状态标志进行操作，并且定义了一个 long 型数据成员记录当前状态标志。这些状态标志可用位或运算符"|"进行组合。

  常用的格式控制包括：

  (1) 设置状态标志。用 setf 函数设置状态标志，其一般格式如下：

    long ios::setf(long flags)

  (2) 清除状态标志。用 unsetf 函数清除状态标志，其一般格式如下：

    long ios::unsetf(long flags)

  (3) 取状态标志。用函数 flaps 取状态标志有两种形式，其格式分别如下：

    long ios:: flags()

    long ios::flags(long flag)

  (4) 设置输出宽度。设置输出宽度函数有两种形式，其格式分别如下：

    int ios::width(int len)

    int ios::width()

  第一种形式是设置输出宽度，并返回原来的输出宽度；第二种形式是返回当前输出宽度，输出宽度为 0。

  设置浮点数输出精度有两种形式，其格式分别如下：

int ios::precision(int p)

int ios::precision()

第一种形式是重新设置输出精度，并返回设置前的输出精度；第二种形式是返回当前的输出精度。

2. 用操作符函数格式化

为了不直接以标志位的方式去处理流的状态，C++标准库提供了标准的操作符函数专门操控这些状态。

这组函数不属于任何类成员，定义在"iomanip.h"头文件中。

系统将操作符函数用在提取运算符">>"或插入运算符"<<"后面来设定输入/输出格式，即在读写对象之间插入一个修改状态的操作。

操作符是一种特殊的操作符函数，这些操作符函数由于没有参数，所以称为操作符。

常用的操作符函数包括：

(1) 设置输入/输出宽度函数 setw(int)。

(2) 设置输出填充字符函数 setfill(int)。

(3) 设置输出精度函数 setprecision(int)。

(4) 设置输入/输出整型数制函数 dec、hex 和 oct。

(5) 取消输入结束符函数 ws。

(6) 控制换行操作符 endl。

(7) 代表输出单字符"\0"的操作符 ends。

有关操作符函数的详细说明，读者可参考有关的 C++ 手册。

下面这个例子是将员工的姓名和联系电话按照上下对齐方式打印。

例 10.1

```cpp
#include <iostream.h>
#include <iomanip.h>//格式头文件
void main(){
    char *names[ ] = {"李洪", "张晓光", "王爱芳", "翟志红"};
    char *phone[ ] = {"010-98561254", "13820513221", "15245654654", "029-78945612"};
    for (int i = 0; i<4; i++)
        cout << setw(8) << names[i] <<":"<< setw(15) << phone[i] << endl;
}
```

运行结果如图 10-2 所示。

程序分析：

setw 是用来控制输入/输出宽度的操作符函数，setw(8)用来说明姓名(names[i])的宽度为8(当然宽度包括任意字符在内)，不足的用空格补充，默认情况空格补在左边。同理，setw(15)用来说明联系电话的宽度为15，不足的左边补空格。

图 10-2　程序运行结果

如果想要将信息按左对齐或右对齐输出，则将输出语句改为

    cout << left<<setw(8) << names[i] << ":" << right << setw(15) << phone[i] << endl;

输出结果变为如图 10-3 所示的结果。

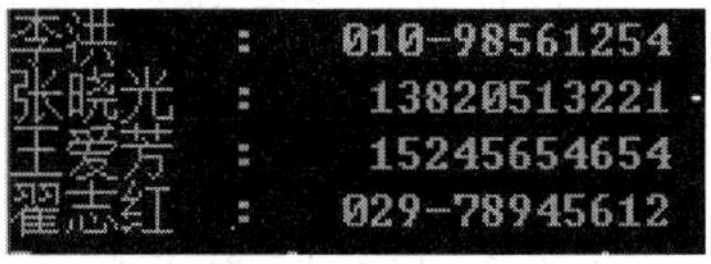

left 用来限定姓名左对齐，自然空格就补在了右边；right 用来限定联系电话右对齐，故空格就补在了左边。

图 10-3　程序运行结果

下面这个例子是采用十进制、八进制、十六进制分别显示一个整数。

例 10.2

```
#include <iostream>
#include <iomanip>
using namespace std;
void main( ) {
    int x = 34;
    cout << setw(15) << "默认格式：";
    cout << right << setw(10) << x << endl;                        //默认采用十进制输出
    cout << setw(15) << "十进制格式：";
    cout << right << setw(10) << dec << x << endl;                 //采用十进制输出
    cout << setw(15) << "八进制格式：";
    cout << right << setw(10) << showbase << oct << x << endl;     //采用八进制输出，
                                                                   //并输出前缀 0
    cout << setw(15) << "十六进制格式：";
    cout << right << setw(10) << hex << x << endl;                 //采用十六进制输出
}
```

运行结果如图 10-4 所示。

程序分析：该例中 left、right 和例 10.1 一样，用来规定其后参数左对齐或右对齐，setw 用来规定其后参数的宽度。参数前的 dec 表示该参数以十进制形式输出；oct 表示

图 10-4　程序运行结果

该参数以八进制形式输出，为了将八进制前的标志"0"输出，故使用 showbase 参数说明；hex 表示该参数以十六进制形式输出，并且系统自动附加十六进制标志"0x"；如果不说明用什么形式输出参数，系统默认为十进制形式。

下面的例 10.3 是布尔型数据的输出。

例 10.3

```
#include <iostream>
#include <iomanip>
using namespace std;
void main( )
{
    bool b1 = true, b2 = false;
    cout << b1 << "  " << b2 <<   endl;
```

```
        cout << boolalpha << b1 << "    " << b2 << endl;
        cout << noboolalpha << b1 << "    " << b2 << endl;
    }
```

运行结果：

```
    1    0
    ture    false
    1    0
```

boolalpha 表示用布尔型的 ture 或 false 输出 bool 型变量的值。noboolalpha 表示用 0 和 1 输出布尔型变量的值，其中用 0 输出布尔型的 false，用 1 输出布尔型的 ture。从程序的运行结果可以看出，默认情况下，布尔型是用 0 和 1 输出的。

有些时候，当程序的输入或输出的数据量比较大时，程序员更希望将输入或输出以磁盘文件的方式进行，C++语言中提供了这样的方式，称为文件输入/输出流。

10.3　文件 I/O 流

文件是指存储在外部介质上的具有名字的一组相关数据的集合。系统和用户都可以将具有一定功能的程序模块、一组数据命名为一个文件。

C++中把文件看作是一个字符(字节)序列，即由一个个字符(字节)按顺序组成。根据数据的组织形式，文件分为 ASCII 文件(文本文件)和二进制文件。

(1) ASCII 文件(文本文件)：文件中信息形式为 ASCII 码字符，每个字符占一个字节。

(2) 二进制文件：是内部格式文件，把内存中的数据按其在内存中的存储原样输出到磁盘上。数值数据按二进制方式存储，字符仍按 ASCII 方式存储。

10.3.1　文件流

要以磁盘文件为对象进行输入输出，必须建立一个文件流对象，通过文件流对象将数据从内存输出到磁盘文件，或者通过文件流对象从磁盘文件将数据输入到内存。

由于文件流 ifstream、ofstream 和 fstream 是从 istream、ostream 和 iostream 类派生的，所以在标准 I/O 流类中的输入/输出操作，仍适用于文件 I/O 操作。

建立流的过程就是定义流类对象。如：

```
    ifstream in;   //定义文件输入流对象 in
    ofstream out; //定义文件输出流对象 out
    fstream io;    //定义文件输入输出流对象 io
```

利用文件流进行文件操作的一般步骤如下：

(1) 为文件定义一个流类对象。

(2) 使用 open()函数建立或打开文件。如果文件不存在，则建立该文件；如果磁盘上已存在该文件，则打开该文件。

open 函数打开文件的一般格式如下：

```
    <流类对象名>.open(<文件名>, <使用方式>, <访问方式>);
```

文件的使用方式和访问方式可以统称为打开方式，C++ 的文件打开方式如表 10-3 所示。

表 10-3　文件打开方式含义表

打开方式	含　义
ios::in	打开一个文件，以便进行输入操作
ios::out	打开一个文件，以便进行输出操作
ios::nocreate	打开一个文件，文件不存在则打开失败
ios::noreplace	打开一个文件，文件存在则打开失败
ios::app	打开一个输出文件，用于将数据添加到文件尾部
ios::ate	打开一个现存文件，把文件指针移到文件尾
ios::trunc	打开一个文件，若文件存在，删除全部数据，不存在则新建文件
ios::binary	以二进制方式打开文件，默认为文本文件

说明：当用"ios::nocreate"方式打开文件时，表示不建立新文件，在这种情况下，如果要打开的文件不存在，则函数 open( ) 调用失败。相反，如果使用"ios::noreplace"方式打开文件，则表示不修改原来文件，而是要建立新文件。因此，如果文件已经存在，则 open( ) 函数调用失败。

当使用"ios::trunc"方式打开文件时，如果文件已存在，则清除该文件的内容，文件长度被压缩为零。实际上，如果指定"ios::out"方式，且未指定"ios::ate"方式或"ios::app"方式，则隐含为"ios::trunc"方式。

(3) 进行读写操作。在建立或打开的文件上执行所要求的输入/输出操作。一般来说，在内存与外设的数据传输中，由内存到外设称为输出或写，反之则称为输入或读。

文件的读写可以采用以下两种方式：

① 使用流运算符直接读写。

② 使用流成员函数读写。

(4) 使用 close()函数关闭文件。

当完成操作后，应把打开的文件关闭，避免误操作。

将文件关闭。就是将打开的文件与流对象断开，这样就不能通过文件流对该文件进行输入或输出操作了。

close 函数用来关闭打开的磁盘文件。其一般格式如下：

　　输出流对象名.close( )

其中，close 函数既无参数，也无返回值。实际上，当程序正常结束时不用此函数也可以完成同样的作用。

10.3.2　文件输出流

文件输出流主要用 ostream 类和 ofstream 类实现。

ostream 类最适合顺序文本的输出，通常使用 cout、cerr 或 clog 这些预定义的对象实现输出操作。

ofstream 类支持磁盘文件的输出。C++ 中，磁盘文件被看作一个字节序列。

1. 定义输出流对象

要处理磁盘文件，就需要定义文件输出流对象。

定义文件输出流有两种方式：

(1) 先定义文件对象，然后调用 open 成员函数打开该文件。例如：

```
    ofstream outfile;           //建立文件输出流对象
    outfile.open("mydatal.txt", ios::out); //打开文件，使流对象与文件"mydatal.txt"联系
```

(2) 在定义文件输出流对象时初始化打开文件。例如：

```
    ofstream outfile("mydatal、txt", ios::out);   //缺省了 open 函数名
```

例 10.4

```cpp
    #include < fstream.h >
    void main()
    {
        char a[100];
        ofstream writeFile("text.txt");
        int i;
        while(1)
        {
            cin >> a;
             if(a[0] == '$')    return;
             i = 0;
            while(a[i] != '\0')
            {
                if( a[i] >= 65 && a[i] <= 90)
                a[i] = a[i] + 32;
                i++;
            }
            writeFile << a<<" ";
        }
    }
```

程序中没有用 open 函数显式打开文件 text.txt，而是定义输出流对象 writeFile 时打开文件。打开方式采用输出流默认的打开方式 ios::out。"writeFile << a<< " "; "语句将数组 a 的值输出到文件流 writeFile 对象，而 writeFile 流对象指向文件 text.txt，所以数组 a 的值就输出到了文件 text.txt 中。

2. 输出流常用成员函数

1) put 函数

put 函数用来输出一个字符，返回当前输出流对象。一般格式如下：

```
    输出流对象名.put(ch)
```

例如：

```
cout.put('A').put('t');
```

输出结果：

```
At
```

又如：

```
char c = 'a';
cout.put(c);
```

2) write 函数

write 函数用来输出字符指针 s 所指向的字符串中的 n 个字符。当 s 所指字符串不足 n 时补空格，函数返回当前输出流对象。一般格式如下：

```
输出流对象名.write(s, n)
```

例如：

```
cout.write("12345", 3).write("ABCDE", 7).put('t');
```

输出结果：

```
123ABCDE    t
```

又如：

```
char *c = "HELLO! MIKE";
cout.write(c, 5);
```

输出结果：

```
HELLO
```

3) seekp 函数

将输出文件中写指针移动到指定位置。一般格式如下：

```
seekp(文件中的位置)
```

表示将写指针从文件的开头移动到指定位置。或者为

```
seekp(位移量，参照位置)
```

表示将文件从参照位置移动若干位移量。参照位置有三种取值，分别是：

  ios::beg：文件开头

  ios::cur：文件当前位置

  ios::end：文件结尾

例如：

```
seekp(10)
```

表示从文件头开始向后移动 10 个字节。

```
seekp(-10，ios::cur)
```

表示从当前位置向前移动 10 个字节。

4) tellp 函数

tellp 函数用来返回输出文件写指针的当前位置。

5) eof 函数

eof函数用来判断文件是否结束。若遇到文件结尾，则返回非0值，否则返回0。

一般格式如下：

输出流对象.eof( )

例如：

　　if(in.eof ())　cout << " 已经到达文件尾！";

10.3.3　文件输入流

文件的输入流类主要是 istream 和 ifstream。istream 最适合输入顺序文本，通常使用预先定义的流对象 cin 处理；ifstream 支持磁盘文件的输入。这些文件或是一个文本文件，或是一个二进制文件。

与处理磁盘输出文件类似，要处理磁盘输入文件也必须先定义文件输入流对象。

1．定义文件输入流

同输出一样，定义文件输入流也有两种形式：

(1) 先定义文件对象，然后调用 open 函数打开文件，与指定文件建立关联。例如：

　　ifstream infile;　　　　　　　　　//建立文件输入流对象

　　inflie.open("mydatal.txt", ios::in);　　//打开文件，使流对象与文件建立联系

(2) 在定义文件输入流对象时初始化，打开相关联的文件。例如：

　　ifstream infile("mydata1.txt", ios::in);

注意：输出流打开方式用 ios::out，而输入流打开方式用 ios::in。

例 10.5

```
#include<iostream.h>
#include<fstream.h>
void main()
{
    ifstream ifile("itest.txt");
    ofstream ofile("otest.txt");
    char c;
    if(!ifile)
    {cout << "文件打不开!" << endl;    return;    }
    if(!ofile)
    {cout << "没有正确建立文件!" << endl;    return;    }
    while(1)
    {
        ifile >> c;
        if(ifile.eof())
        {
            ifile.close;
            return;
        }
        cout << c;
```

```
                    ofile << c;
            }
    }
```

ifile 为输入流对象，所以声明中没有明确指出打开方式，系统默认用输入流打开方式 ios::in；同理 ofile 为输出流对象，所以系统默认用输出流打开方式 ios::out。

2. 输入流常用成员函数

1) get 函数

get 函数主要用来获取一个字符。一般地，get 函数有以下三种主要使用形式：

形式 1：

　　　　输入流对象名.get( )

这种形式的 get 函数是从输入流中获取一个字符(包括空白符)作为函数值。所谓空白符指的是空格符、制表符、换行符以及转义字符 \r、\t、\f、\n、\v 等。

形式 2：

　　　　输入流对象名.get(c)

这种形式的 get 函数也是从输入流中获取一个字符(包括空白符)，并存放在变量 c 中。

形式 3：

　　　　输入流对象名.get(字符地址 s, 字符个数 n, 终止字符 De)

这种形式的 get 函数是从输入流中最多获取 n−1 个字符(包括空白符)，并存放在数组 s 中，缺省终止符为换行符，且自动将换行符转换为字符串结束标志符插入到字符串尾部。该函数返回当前输入流对象。此函数的结束条件除了上面提到的已读入 n−1 个字符、遇到换行符或指定结束符外，当遇到流输入结束符 ctrl+z(EOF)时也结束。

2) getline 函数

getline 函数用来获取一行字符。它的一般使用形式如下：

　　　　输入流对象名. getline (字符地址, 字符个数, 终止字符)

例如：读取一行最多 10 个字符的字符串，可以用"cin.getline(s, 10, '#');"实现，"#"为终止字符，系统默认的终止符为"\n"，所以也可以写为"cin.getline(s, 10);"，遇到"\n"，读取结束。

getline 函数与 get 函数的区别：用 getline 函数从输入流读字符时，遇到终止标志字符时结束，指针移到该终止标志字符之后，下一个 getline 函数将从该终止标志的下一个字符开始接着读入。而 get 函数从输入流读字符时，遇到终止标志字符时停止读取，指针不向后移动，仍然停留在原位置。下一次读取时仍从该标志位开始读取。如当 get 函数遇到终止符"\n"时，不会自动下移，而 getline 函数遇到终止符"\n"时则自动移动下一个字符。因此，在使用 get 函数时要注意使用其他方法跳过终止标志字符。

3) read 函数

read 函数从输入流中读取 n 个字节，其中含换行符在内的空格、回车、"\0"等都是可读入的字符，遇到输入流结束符(ctrl+z)时结束操作。读入后存入 buf 指针所指存储区，且不在字符串尾添加字符串结束字符"\0"。一般使用格式如下：

　　　　输入流对象.read(字符地址, 字符个数)

该函数返回当前输入流对象。

4) seekg 函数

seekg 函数将输入文件中读指针移动到指定位置。一般格式如下：

      seekg(文件中的位置)

表示将读指针从文件的开头移动到指定位置。或者为

      seekg(位移量，参照位置)

表示将文件从参照位置移动若干位移量。

5) tellg 函数

tellg 函数用来返回输入文件读指针的当前位置。

说明：

(1) 输入流中的 seekg 函数和 tellg 函数与输出流中的 seekp 函数和 tellp 函数意义基本类似，只不过前者用在输入"g"(get 首字符)后者用在输出"p"(put 首字符)。

(2) 输出流中只有输出指针，同样，输入流中只有输入指针。对于输入/输出文件流，两种指针都可以利用。

下面这个例子是从键盘输入一个字符串，并逐个将字符串的每个字符传送到磁盘文件中，字符串的结束标记为"!"。

例 10.6

```
#include <iostream.h>
#include <fstream.h>
void main()
{
    ofstream myf("d:\\myabc.txt");      //默认 ios::out 和 ios::trunc 方式
    static char str[255];
    cin.getline(str, 255);
    for(int i = 0; i < 255; i++)
    {
        if (str[i] == '!')
        break;
        myf << str[i]; //通过输出流对象 myf 将内容输出到磁盘文件 myabc 中
    }
}
```

运行结果：

    this is an example

打开 d:\myabc.txt 文件，如图 10-5 所示。

程序分析：语句"ofstream myf("d:\\myabc.txt");"用来创建文本文件，由于没有给出打开方式，因此系统用默认 ios::out 和 ios::trunc 方式打开。语句"cin.getline(str, 255)"

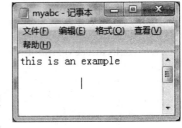

图 10-5 文件内容

将最多 255 个字符通过键盘输入到 str 数组中。for 循环语句将 str 数组中的内容逐个字符写

入到文件中，myf 是文件输出流对象，通过 myf << str[i]方式将 str[i]输出到 myabc 文本文件中。

说明：文件类的 ofstream 类、ifstream 类 和 fstream 类所有这些类的成员函数 open 都包含了一个默认打开文件的方式，这三个类的默认方式各不相同，其中 ofstream 类参数的默认方式为 ios::out l ios::trunc；ifstream 类参数的默认方式为 ios::in；fstream 类参数的默认方式为 ios::in l ios::out。只有当函数被调用时没有显式声明打开方式参数的情况下，默认值才会被采用。如果函数被调用时声明了任何参数，默认值将被完全改写，而不会与调用参数组合。

下面这个例子是类 student 用来描述学生的学号、姓名、C++成绩、数据库成绩，分别建立文本文件和二进制文件，将若干学生的信息保存在文件中，读出该文件的内容。

文本文件：另外二进制文件的读写只需打开文件时，加选项 ios::binary，读写方式可以用文本文件，也可以使用 read 和 write。

例 10.7

```
#include <iostream.h>
#include <fstream.h>
class student
{
public:
    int num;
    char name[10];
    float c;
    float database;
    friend ostream & operator << (ostream &out, student &s);
                              //重载  << 运算符为友元函数
    friend istream & operator >> (istream &in, student &s);
                              //重载>>运算符为友元函数
};
ostream & operator << (ostream &out, student &s)
{
    out << s.num << " " << s.name << " " << s.c << " " << s.database << endl;
    return out;
}
istream & operator >> (istream &in, student &s)
{
    in >> s.num >> s.name >> s.c >> s.database;
    return in;
}
void main( )
{
```

```
        ofstream ofile;
        ifstream ifile;
        ofile.open("s.txt");
        student s;
        for(int i = 1; i< = 3; i++)
        {
            cout << "请输入第" <<i<< "个学生的学号，姓名，C++成绩，数据库成
        绩" << endl;
            cin >> s;
            ofile << s;                        //调用运算符 " << " 重载函数
        }
        ofile.close( );
        ifile.open("s.txt");
        cout << "\n 读出文件内容" << endl;
        ifile >> s;
        while(!ifile.eof())
        {
            cout << s;
            ifile >> s;
        }
        ifile.close( );
    }
```

运行结果如图 10-6 所示。

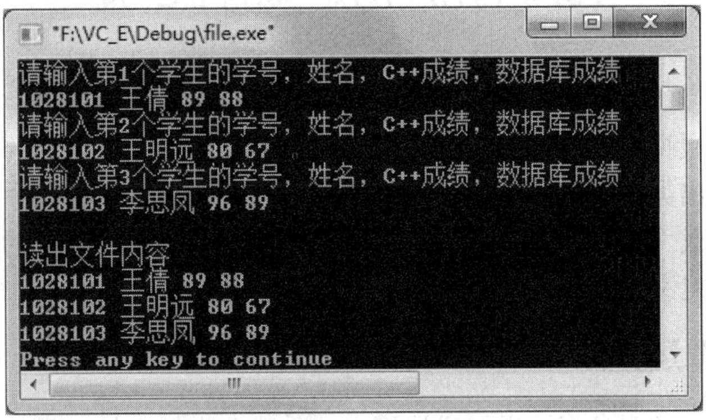

图 10-6　程序运行结果

程序分析：对于文本文件的读写只需使用重载运算符"<<"和">>"。重载运算符"<<"
函数中将输入的信息"学号、姓名、C++成绩"和"数据库成绩"输出到文件，主函数中
语句"ofile << s"调用该重载函数，实现通过文件流对象 ofile 将数据输出到磁盘文件 s 中。

语句"ifile >>s "调用重载运算符">>"函数，通过文件流对象 ifile 从磁盘文件 s 中
将数据输入到对象 s 中，并用语句"cout << s"输出到屏幕上。

例 10.8

```
#include <iostream.h>
#include <fstream.h>
void main()
{
    fstream File("test.txt", ios::in | ios::out);
    File << "Hi!";                    //将 "Hi!" 写入文件
    char str[10] = {"fujia"};
    File.seekg(ios::beg);             //回到文件首部
    File >> str;
    for(int i = 0; i<10; i++)
        cout << str[i];
    cout << '\n';
    File.close();
}
```

运行结果：

　　Hi!　a

程序分析：File 流对象是一个输入/输出流对象，说明 File 中既有输入指针又有输出指针。"File << "Hi!""将字符串"Hi!"输出到文件 test 中，此时，文件 test 的内容为"Hi!"，文件指针位于文件结尾。seekg 函数将文件指针移动至文件开始位置，"File >> str"语句将文件内容输入到字符串 str 中，所以 str 内容变为"Hi!　a"。

10.4   用户自定义的 I/O 流

对于用户自定义的数据类型，其输入与输出也可以像系统标准类型的输入与输出那样直接方便，用户可根据自己的需要为插入运算符和提取运算符赋以新的含义，使它能够按用户自己的意愿输出类的内容，这在 C++中是采用重载运算符"<<"、">>"来实现的。

当然，因为重载"<<"、">>"运算符是为了使用用户自定义类型的数据，所以这两个运算符的重载一般定义为类的友元函数，而且其参数用对象的引用。

10.4.1   重载提取运算符

提取运算符的重载跟多态性里一般运算符的重载有类似之处，都是通过重新定义一个函数名为"operator+运算符"的用户自定义函数来实现的。

通过重载输入的提取运算符">>"来实现用户自定义类型的输入，定义格式如下：

```
istream& operator >> (istream&in, user_type&obj)
{
    in >> obj.数据成员 1;
    in >> obj.数据成员 2;
```

```
        in >> obj.数据成员 3;
        //…
        return in;
    }
```

其中，user_type 为用户自定义类型；obj 为用户自定义类型的对象的引用。

10.4.2　重载插入运算符

插入运算符的重载同样采用一般运算符类似的重载方式。

通过重载插入运算符"<<"来实现用户自定义类型的输出，定义格式如下：

```
    stream& operator << (ostream&out, user_type& obj)
    {
        out << obj.数据成员 1;
        out << obj.数据成员 2;
        out << obj.数据成员 3;
        //…
        return out;
    }
```

同样，user_type 为用户自定义类型；obj 为用户自定义类型的对象的引用；item1、item2 和 item3 为用户自定义类型中的各个成员。

下面的例 10.9 是设计一个留言类，实现以下的功能：

(1) 程序第一次运行时，建立一个 message.txt 文本文件，并把用户输入的信息存入该文件。

(2) 以后每次运行时，都先读取该文件的内容并显示给用户，然后由用户输入新的信息，退出时将新的信息存入这个文档。文件的内容，既可以是最新的信息，也可以包括以前所有的信息，用户可自己选择。

例 10.9

```
        #include <iostream.h>
        #include <fstream.h>
        class Message
        {
        public:
            char msg[20];
            friend ostream & operator << (ostream &out, Message &s);
                                            // "<<" 运算符重载为友元函数
            friend istream & operator >> (istream &in, Message &s);
                                            // ">>" 运算符重载为友元函数
        };
        ostream & operator << (ostream &out, Message &s)
        {
```

```
        out << s.msg <<'\n';
        return out;
}
istream & operator >> (istream &in, Message &s)
{
        in >> s.msg;
        return in;
}
void main( )
{
        ofstream ofile;
        ifstream ifile;
        Message s;
        int option;
        ifile.open("message.txt", ios::nocreate);
        if(ifile.fail())                                //第一次运行建立文件，输入信息
        {
            ofile.open("message.txt");
            cout << "请输入一条信息: " << endl;
            cin >> s;
            ofile << s;
            ofile.close(); ifile.close();
        }
        else                                    //以后运行首先显示文件内容
        {
            cout << "文件的内容为: " << endl;
            ifile >> s;
            while(!ifile.eof())
            {
                cout << s;
                ifile >> s;
            }
            ifile.close();
            for(;; )                         //显示菜单以供用户进行选择
            {
                cout << "请选择: " << endl
                    << "1----------追加信息" << endl
                    << "2----------覆盖原有信息" << endl
                    << "3----------显示文件信息" << endl
```

```
        << "0----------退出" << endl;
    cin >> option;
    switch(option){
    case 1:
        ofile.open("message.txt", ios::app);
        cout << "请输入一条信息：" << endl;
        cin >> s;
        ofile << s;
        ofile.close();
        break;
    case 2:
        ofile.open("message.txt", ios::trunc);
        cout << "请输入一条信息：" << endl;
        cin >> s;
        ofile << s;
        ofile.close();
        break;
    case 3:
        ifile.open("message.txt");
        ifile >> s;
        while(!ifile.eof())
        {
            cout << s;
            ifile >> s;
        }
        ifile.close();
        break;
    case 0:
        ofile.close();
        return;
    }
        }
    }
}
```

运行结果：

　　请输入一条信息：

输入：

　　first

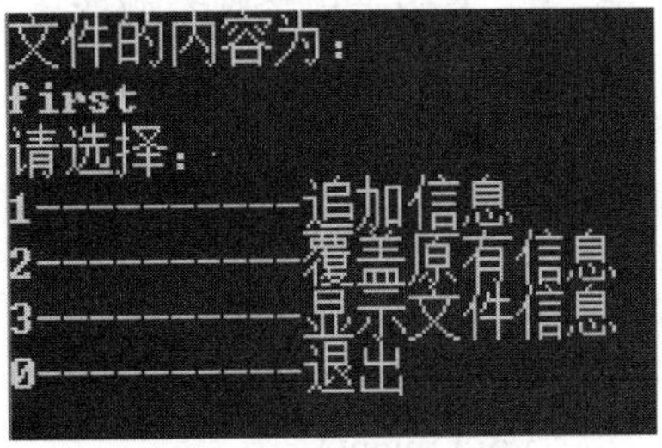

图 10-7　程序运行结果

第二次运行该程序时，运行界面变为如图 10-7 所示的结果。

程序分析：程序中定义类 Message，为了实现字符内容的输入/输出，用友元函数的方式重载了"<<"运算符和">>"运算符，程序第一次运行时，用输入流对象 ifile 创建 message.txt 文件，并提示"输入一条信息"，用输出流 ofile 输出文件。使用完后关闭输入/输出流文件。第二次运行程序时，首先输出文件内容，提示用户选择"1--追加信息"、"2--覆盖原有信息"，"3--显示文件内容"、"0--退出"。当用户选择"1"时，提示"请输入一条信息"，用户输入：second，此时再选择 3 时屏幕首先显示：

    first

    second

程序中，ifile.eof()用来判断文件是否结束。fail()函数表示如果有任何输入/输出错误(不是在文件末尾)发生，它将返回非零值。

10.5　本章小结

在 C++语言系统中所有的流式输入输出操作都是借助 ios 类及其派生类对象实现的。

流，是指数据从一个对象流向另一个对象，是从源到终端的数据流的抽象引用，它是描述数据流的一种方式。C++的输入输出系统是对流的操作，也就是将数据流向流对象，或从流对象流出数据。流动的方向不同，构成输入/输出流，即 I/O 流。

预定义的流对象主要依靠流对象 cin 和 cout 进行输入输出。当然与之相匹配的还有提取运算符">>"和插入运算符"<<"。输入输出的格式由 ios 类来完成。ios 类的成员函数主要是通过对状态标志、输出宽度、填充字符以及输出精度的操作来完成输入/输出格式化的。

要以磁盘文件为对象进行输入输出，必须建立一个文件流对象，通过文件流对象将数据从内存输出到磁盘文件，或者通过文件流对象从磁盘文件将数据输入到内容。

本章习题

1. 什么是文本文件？什么是二进制文件？二者有什么区别？
2. ios 类的成员函数有哪些格式控制操作符，各有什么功能？
3. 阅读程序。

(1)

```cpp
#include<iostream.h>
#include <iomanip.h>
#include<strstrea.h>
void main()
{
    ostrstream s;
    char *string;
```

```
        s << "ID :" << setw(10) << setfill('@') << "120305012" << ends;
        string = s.str(); //str 为 ostrstream 的成员函数
        cout << string << endl;
    }
```

(2)

```
    #include <iostream.h>
    void PrintString(char *s)
    {
        cout.write(s, strlen(s)).put('\n'); //write 返回的是一个输出流对象
        cout.write(s, 6) << "\n";
    }
    void main(){
        char str[] = "I love you?";
        cout << "The string is: " << str << endl;
        PrintString(str);
        PrintString("this is a string");
    }
```

(3)

```
    #include <iostream.h>
    #include <iomanip.h>
    void main( ){
        double d = 34.123;
        cout << fixed << d << "    ";          //以定点格式输出，带小数点
        cout << scientific << d << endl;    //科学计数法
                                            //setprecision(2)设置小数点后有 2 位有效数
        cout << setprecision(2) << fixed <<d << "    " << scientific << d << endl;
    }
```

(4)

```
    #include<iostream.h>
    #include<fstream.h>
    void main()
    {
        ifstream    ifile;
        ofstream    ofile;
        int    id;
        char name[20];
        float salary;
        float total;
        ofile.open("d:\\gongzi.txt");
```

```
        if(!ofile)
        {
            cout << "cannot open gongzi.dat file" << endl;
            return;
        }
        ofile << 1001 << " " << "Wangfang" << " " << 2098.5 << endl;
        ofile << 1002 << " " << "Lijinping" << " " << 6740.5 << endl;
        ofile.close();
        ifile.open("d:\\gongzi.txt");
        if(!ifile)
        {
            cout << "cannot open gongzi.dat file" << endl;
            return;
        }
        total = 0;
        for(int i = 1; i <= 2; i++)
        {
            ifile >> id >> name >> salary;
            cout << id << ":" << name << ":" << salary << endl;
            total = total+salary;
        }
        cout << "工资总数是： " << total << endl;
        ifile.close();
    }
```

4. 编写程序，实现职工工资管理基本功能。职工有关信息为工号、姓名、工资。要求将键盘输入的职工基本信息存入磁盘文件，再从磁盘文件读出，并统计平均工资。

5. 编写程序，实现学生成绩管理。学生的有关信息有学号、姓名、成绩 1、成绩 2。要求将学生信息从键盘输入，并保存至磁盘文件。从磁盘文件读出学生数据求出成绩 1 的最高分，成绩 2 的最低分，并将对应学生的信息保存至另一磁盘文件中。

第三篇

面向对象建模实例

第11章

面向对象建模实例

　　MIS(Management Information System，管理信息系统)是基于计算机技术和数据库技术的应用软件，主要用于管理、记录各种数据并进行处理，为企业或组织的运行、管理和决策提供信息支持。随着信息化进程的推进，越来越多的行业、企业需要建立自己的管理信息系统以提高组织、利用资源的能力和管理决策的水平。本章以图书管理系统为例将前面介绍的面向对象分析与设计方法和编程技术综合起来，形成一套完整的系统模型实例，并最终在软件上得以实现。整个系统的分析设计过程按照面向对象的软件设计实现，下面将详细介绍具体的分析、设计、实现过程。

11.1 需 求 分 析

　　系统开发的目的和结果是满足用户需求，因此系统设计人员必须充分理解用户对系统的业务需求。无论开发大型的商业软件还是简单的应用程序，首先要做的就是确定系统需求，即系统能够实现的功能。采用面向对象方法，基于 UML 的可视化系统需求分析，因为有用户的积极参与，所以既可以加快设计者对于问题的理解，又能够在系统描述方面减少语义差异，保证分析的正确性。在面向对象的分析方法中，这一过程可以使用用例图来描述。

　　图书管理系统需求信息的文字描述如下：

　　在本系统中主要满足借书者、图书管理员和系统管理员三方面的需求。对借书者来说主要是查询个人信息、查询图书信息。系统管理员主要负责系统的维护工作，涉及读者信息管理，图书信息管理(定期或不定期对图书信息进行入库、修改、删除等图书信息管理)，系统状态维护等。系统管理员要为每个读者注册并建立借阅账户，同时给读者发放不同类别的借阅证。持有借阅证的读者可以通过管理员借阅、归还图书。不同类别的读者可借阅图书的范围、数量和期限不同。

　　图书管理员是系统的主要使用者，负责借书处理和还书处理。借阅图书时，先输入读者的借阅证号，系统验证借阅证的有效性(系统中是否存在借阅证号所对应的账户)和读者是否可继续借阅图书(借阅者所借阅的图书是否超过了规定的最大数量或者借有逾期未还的图书)，无效则提示其原因，有效则显示读者的基本信息，供管理员人工核对。然后输入要借阅的书号，系统查阅图书信息数据库，显示图书的基本信息，供管理员人工核对。最后提交借阅请求，若被系统接受则存储借阅记录，并修改可借阅图书的数量。归还图书时，输入读者借阅证号和图书号，系统验证是否有此借阅记录以及是否超期借阅，无则提示没有借阅信息，有则显示读者和图书的基本信息供管理员人工审核。如果有超期借阅或丢失情况，先转入过期罚款或图书丢失处理程序，然后提交还书请求，系统接受后删除借阅记录，并更新学生可借阅图书的数量。系统的功能分析如图 11-1 所示。

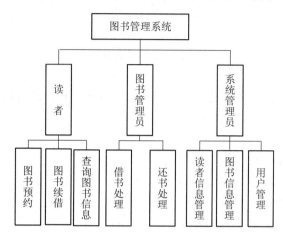

图 11-1　图书管理系统功能分析图

11.1.1　用例建模

首先进行角色识别，角色识别的任务是找出所有可能与系统发生交互行为的外部实体、对象、系统。它们的行为不受系统控制，但是可以提供输入给系统。通过对系统需求陈述的分析，可以确定系统参与者：读者、图书管理员和系统管理员，各参与者简要描述如下。

(1) 读者：通过互联网或图书馆查询终端，查询图书信息和个人借阅信息。

(2) 图书管理员：代理读者完成借阅、归还图书以及收取罚款等借阅管理工作。

(3) 系统管理员：主要负责读者账户的建立、删除；图书信息的维护(读者类别、读书借期、罚款金额的设置)，另外可以添加、删除管理员。

在识别出系统的参与者后，从参与者的角度就可以发现系统的用例，并对用例进行细化处理完成用例建模。

读者所包含的用例有：

- Login 用例：读者可以通过登录该系统进行各项功能的操作。
- QueryBook 用例：书籍信息的查询业务，包括网上查询和在馆内查询两种方式。
- RenewBook 用例：对书籍的续借业务。
- SubcribeBook 用例：预定图书。
- Check 用例：检查图书是否可以续借。

读者用例图如图 11-2 所示。

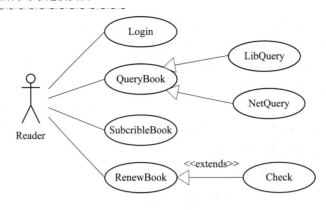

图 11-2 读者用例图

图书管理员所包含的用例有:

- Login 用例: 管理员可以通过登录该系统进行各项功能的操作。
- Borrowbook 用例: 图书借阅处理。
- ReturnBook 用例: 图书归还处理。
- QueryLoanInfo 用例: 查询借阅信息。
- ProcessOverTime 用例: 对借阅者是否有超期图书的判断。
- DisplayLoans 用例: 显示借阅信息。

图书管理员用例图如图 11-3 所示。

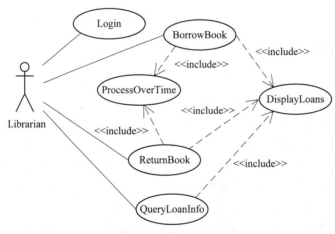

图 11-3 图书管理员用例图

系统管理员所包含的用例有:

- Login 用例: 系统管理员可以通过登录该系统进行各项功能的操作。
- MaintenanceBookInfo 用例: 增加、删除、修改图书。
- MaintenanceManagerInfo 用例: 包含添加、浏览、删除图书管理员。
- MaintenanceBaseData 用例: 包含图书类型、读者类型、罚款的设置。
- AddBook 用例: 完成图书书目的添加。
- DeleteBook 用例: 删除书目处理。
- AddManagerInfo 用例: 增加读者处理。

系统管理员用例图如图 11-4 所示。

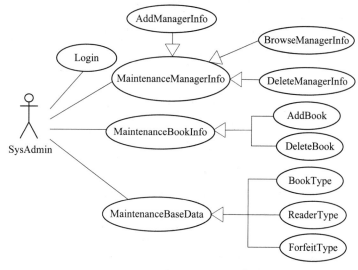

图 11-4　系统管理员用例图

11.1.2　用例描述

为了使得每个用例更加清楚，在建立了用例图后，应该用文字记录参与者与系统之间应该如何交互操作才能达到目的，即对用例进行描述。描述时可以根据其事件流进行，用户的事件流是对完成用例行为所需要事件的一种描述，事件流描述了系统应该做什么。在通常情况下，事件流的建立是在细化用例阶段进行的，开始只对用例的基本流所需的操作步骤进行简单描述，随着分析的进行，可以增加更多的详细信息，最后将例外添加到用例的描述中。

(1) 借阅图书用例描述，如表 11-1 所示。

表 11-1　借阅图书用例描述

Use Case 名称	Borrowbook
用例描述	图书管理员代理办理借阅图书手续
参与者	图书管理员
前置条件	图书管理员通过系统验证后，成功登录系统
事件流	A．输入读者的借阅证号
	B．系统验证借阅证的有效性
	若借阅者有超期的图书，提示超期未归还的图书进行超期处理
	C．输入要借阅图书的编号
	若借阅者所借阅图书超过了规定的数量，用例终止
	D. 添加新的借阅记录
后置条件	读者成功借阅图书，图书管理系统保存借阅记录并修改库存图书数量，读者借出数量

(2) 归还图书用例描述，如表 11-2 所示。

表 11-2　归还图书用例描述

Use Case 名称	ReturnBook
用例描述	图书管理员代理办理归还图书手续
参与者	图书管理员
前置条件	图书管理员通过系统验证后，成功登录系统
事件流	A．输入要还的图书编号
	B．系统验证借阅的有效性
	若归还的图书不合法，即不是本馆中的藏书，则用例终止
	若借阅者有超期的借阅信息，进行超期处理
	C．删除借阅记录，完成还书
后置条件	若读者成功完成还书，在图书管理系统中删除借阅记录，并修改库存图书数量和读者借出数量

(3) 查询读者借阅信息用例描述，如表 11-3 所示。

表 11-3　查询读者借阅信息用例描述

Use Case 名称	QueryBorrow
用例描述	查询读者所借阅的所有图书信息
参与者	系统管理员或读者
前置条件	系统管理员或读者通过系统验证后，成功登录系统
事件流	A．输入借阅者的借阅证号
	若借阅证号不存在，则用例终止
	B．检索借阅者信息
后置条件	找到相应的读者借阅信息

(4) 超期处理用例描述，如表 11-4 所示。

表 11-4　超期处理用例描述

Use Case 名称	Expire
用例描述	对于借阅者存有逾期未归还的图书进行处理
参与者	图书管理员
前置条件	找到有效的借阅者
事件流	A．根据借阅者检索借阅信息
	B．检索借阅信息的借阅日期，验证是否超期
	若超期，则通知图书管理员，同时计算超期天数、罚款金额
后置条件	显示借阅者所借阅的图书信息

(5) 新增入库图书用例描述，如表 11-5 所示。

表 11-5　新增入库用例描述

Use Case 名称	AddBook
用例描述	入库图书
参与者	系统管理员
前置条件	系统管理员通过系统验证后，成功登录系统
事件流	A．输入图书基本信息，如编号、作者、出版社等
	B．存储图书信息
后置条件	新增图书入库成功，图书管理系统可以查询到图书信息

(6) 删除读者信息用例描述，如表 11-6 所示。

表 11-6　删除读者信息用例描述

Use Case 名称	MaintenanceBookInfo
用例描述	删除读者信息
参与者	系统管理员
前置条件	系统管理员通过系统验证后，成功登录系统
事件流	A．查询图书信息 若读者有未归还的图书，则用例终止
	B．点击"更新"，则修改图书基本信息；点击"删除"，将该书从库中删除
后置条件	成功删除读者，读者信息从数据库中删除，该读者不能借阅图书

(7) 登录用例描述，如表 11-7 所示。

表 11-7　登录用例描述

Use Case 名称	Login
用例描述	系统管理员、图书管理员和读者登录系统
参与者	系统管理员、图书管理员和读者
前置条件	无
事件流	A．根据系统提示，输入用户名和密码
	B．系统验证用户名和密码 若正确，则登录系统，若错误，则重新输入 若取消，则用例终止
后置条件	登录到系统

11.2　静态结构建模

　　所有系统(包括软件系统)均可表示为两个方面：静态结构和动态行为。UML 的静态建模需要借助类图和对象图，使用 UML 进行静态建模，就是通过类图和对象图从一个相对静止的状态来分析系统中所包含的类和对象，以及它们之间的关系等。

11.2.1　系统对象类

系统对象的识别可以通过寻找系统需求陈述中的名词，结合图书管理的领域知识来进行，这里以高校图书管理为例。首先给出候选的对象类，经过筛选、审查，可确定"图书管理系统"的类有：管理员 LibAdmin、系统管理员 SysAdmin、读者 Reader、图书信息 Book、借阅记录 Loan、归还图书记录 Return、读者类别 ReaderType、图书类别 BookType 等。

1. 读者 Reader 类

读者 Reader 类主要描述了借阅者的基本信息，包括借阅证号、姓名、院系、读者类型等，这个类表征了读者在图书管理系统中的一个账户。

1) 私有属性

ReaderID：String	//借阅证号
Name：String	//姓名
Sex：String	//性别
Type：String	//读者类型
Data：Data	//办证日期
Phone：String	//联系电话
Dept：String	//学生所在院系
Adress：String	//住址
Brief：String	//备注说明

2) 公共操作或方法

NewReader(ReaderID:String, name:String, sex:String, stuLevel:String, data: Data, phone:String, dept:String, Adress:String, brief:String)　//创建一个读者对象

UpdateReader(ReaderID:String)　　　　　　//修改读者对象

DeleteReader(ReaderID:String)　　　　　　//删除读者对象

另外，还有以下获取对象属性值的一系列方法：

GetReaderID()

GetName()

GetDept()

GetType()

GctData()

2. 图书信息 Book 类

图书信息 Book 类描述了图书的名称、出版社、ISBN 以及作者等基本信息，对于某本具体的图书，在图书馆中都收藏有多本，这里用数量来表示。

1) 私有属性

BookID：String	//图书编号
BookName：String	//图书名称
Author：String	//作者

Publisher：String　　　//出版社

ISBN：String　　　//图书的 ISBN 编号

Type：String　　　//图书类别

Date：Data　　　//登记日期

Num：Int　　　//图书数量

2) 公共操作或方法

NewBook(bookID:string, bookname:String, author:String, publisher:String, ISBN: String, type: string, Date:Data, Date:Data)　　　//创建一个图书对象

FindBook(bookID:string)　　　//返回指定图书编号的 Book 对象

Removebook(bookID:string)　　　//删除指定图书编号的图书

UpdataBook(bookID:string)　　　//修改指定图书编号的图书

另外，还有以下获取对象属性值的一系列方法：

GetNum ()　　　//返回指定图书编号的图书数量

GetBookID()

GetType()

GetISBN()

3. 借阅记录 Loan 类

借阅记录 Loan 类指明了读者从图书馆内借阅图书时的借阅记录。

1) 私有属性

BookID：String　　　//图书编号

ReaderID：String　　　//借阅证号

Borrow_Date：Data　　　//借阅图书的日期

Return_Date：Data　　　//应归还图书的日期

Isreturn：String　　　//是否已经归还

Operator：String　　　//操作员

2) 公共操作或方法

NewLoan(BookID:String, ReaderID:String) //创建借阅对象 Loan

QueryLoanByRID(ReaderID:String)　　　//查询某位读者的借阅记录

QueryLoanByBID(BookID:String)　　　//查询某本图书的借阅记录

GeReader ()　　　//返回借阅者 Reader 对象

GetBook()　　　//返回图书 Book 对象

另外，还有以下获取对象属性值的一系列方法：

GetBorrowDate()　　　//返回借阅图书的日期

GetReturnDate()　　　//返回应归还图书的日期

4. 归还图书 Return 类

归还图书 Return 类指明了读者归还图书时的信息，包含是否超期、超期金额等信息。

1) 私有属性

BookID：String　　　//图书编号

   ReaderID：String   //借阅证号

   Borrow_Date：Data   //借阅图书的日期

   Return_Date：Data   //应归还图书的日期

   Punish：Dollar   //罚款金额

   Other：Dollar   //其他金额

   Operator：String   //操作员

2) 公共操作或方法

   NewReturn(BookID:String, ReaderID:String, Punish:Dollar, Other:Dollar)

                     //创建还书 Return 类

   FindReturn (BookID:String, ReaderID:String) //返回还书对象 Return 类

5. 图书类别 BookType 类

BookType 类指明了图书的类别信息，例如工具书类、小说、教学参考书，不同类别的图书，读者允许借阅的最长天数不同。

1) 私有属性

   Type：String   //图书类别

   Maxday：Int   //允许借阅的最长天数

2) 公共操作或方法

   GetMaxday(Type：String)   //返回指定图书类别的图书借阅的最长天数

6. 读者类别 ReaderType 类

ReaderType 类指明了读者的类别信息，例如教师、本科生、研究生等，不同类别的读者，允许借阅的最大图书数目不同。

1) 私有属性

   Type：String   //图书类别

   Maxnum：Int   //允许借阅的最大图书数量

2) 公共操作或方法

  GetMaxnum (Type：String) //返回指定类别的读者允许借阅的最大图书数目

  为了实施系统的安全和权限管理，还需要添加一个用户 User 类，该类保存了用户名和密码信息。在图书管理系统中，管理员分为图书管理员 LibAdmin 和系统管理员 SysAdmin。此外还有使用本系统的临时读者。为了简单起见，建立用户 User 类，通过属性 isadmin 和 issysadmin 来确定身份。

  通过上述分析，可以得出系统中五个重要的类：Reader、Book、Loan、Return 和 User，这五个类都是实体类，需要存储到数据库中。因此，这里我们抽象出一个代表持久性的父类 Persistent，该类可以实现数据的读、写、修改和删除操作。Persistent 类定义如图 11-5 所示。

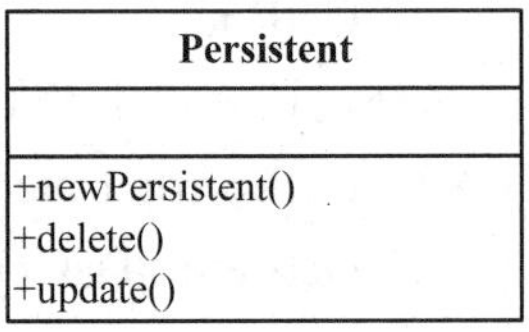

图 11-5　Persistent 类结构

11.2.2　系统用户界面类

  用户与系统之间的交互，需要通过用户界面来实现，友好易用的图形用户界面是必不

可少的。因此，还需要定义系统用户界面类。

1. MainWindows 类

MainWindows 类是图书管理员与系统交互的主界面。主界面具有菜单，当用户选择不同的菜单项时，MainWindows 类调用相应的方法完成对应的功能，如图 11-6 所示。该类所具备的公共操作介绍如下。

(1) LoginDialog()：当用户选择"登录"菜单项时，调用该操作。

(2) ReturnDialog()：当用户选择"归还图书"菜单项时，调用该操作。

(3) BorrowDialog()：当用户选择"借阅图书"菜单项时，调用该操作。

(4) QueryReaderDialog()：当用户选择"读者查询"菜单项时，调用该操作。

(5) QueryBorrowDialog()：当用户选择"借阅情况查询"菜单项时，调用该操作。

(6) QueryBookDialog()：当用户选择"图书查询"菜单项时，调用该操作。

(7) QuitDialog()：当用户选择"退出"菜单项时，调用该操作。

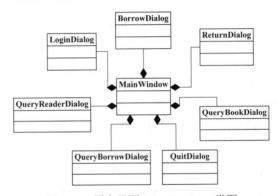

图 11-6　用户界面 MainWindows 类图

2. ManageWindow 类

ManageWindow 类是系统管理员登录系统后的操作界面，其中 LoginDialog()用于登录，AddReadeDialog()、DelReaderDialog()进行读者信息的添加、删除操作，NewBookDialog ()、MaintenanceBookDialog() 完 成 图 书 信 息 的 添 加 、 删 除 和 修 改 ， BookTypeDialog()、ReaderTypeDialog()完成图书类型、读者类型的设置，PunishDialog()完成超期返款的设置，如图 11-7 所示。

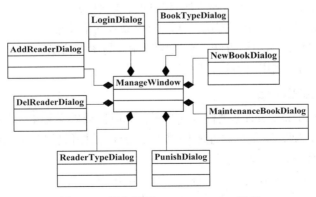

图 11-7　用户界面 ManageWindow 类图

3. ReaderWindow 类

ReaderWindow 类是读者登录系统后的操作界面，其中 LoginDialog()用于登录，QueryBookDialog()、QueryBorrowDialog()进行图书信息、借阅信息的查询操作，RenewBookDialog()完成图书的续借业务，SubcribeBookDialog()可以预约图书，如图 11-8 所示。

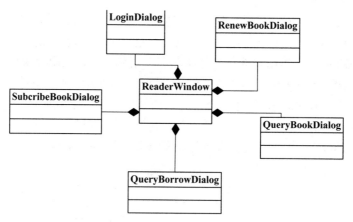

图 11-8   用户界面 ReaderWindow 类图

4. 类 LoginDialog()

管理员运行系统时，启用类 LoginDialog 打开登录对话框，当用户输入用户名和登录密码并单击"登录"按钮后，完成用户身份的验证。

5. 类 BorrowDialog()

界面类 BorrowDialog()是进行借阅操作时所需的对话框，图书管理员输入借阅者的信息和图书信息后便可创建借阅记录。该类所具备的公共操作介绍如下。

(1) InputReaderID()：调用该方法，获取用户输入借阅证号所对应的读者信息。

(2) InputBookID()：调用该方法，获取用户输入图书编号所对应的图书信息。

(3) BorrowBook ()：调用该方法，完成借书操作。

6. 类 ReturnDialog()

界面类 ReturnDialog() 完成还书操作时所需的对话框，图书管理员输入借阅者的信息和图书信息后便可删除借阅记录。该类所具备的公共操作介绍如下。

(1) InputReaderID()：调用该方法，获取用户输入的借阅证号信息。

(2) InputBookID()：调用该方法，获取用户输入的图书信息。

(3) ReturnBook()：调用该方法，完成还书操作。

7. 类 QueryBookDialog()

界面类 QueryBookDialog()是进行查询图书信息时需要的对话框，图书管理员在该对话框中输入图书编号，则该对话框将显示图书的信息(可以提供精确和模糊查询两种方式)。该类具有的公共操作方法介绍如下。

(1) SearchBook()：调用该方法，查询某编号的图书信息。

(2) SearchAllBook()：调用该方法，查询在馆的所有图书信息。

8. 类 QueryReaderDialog()

界面类 QueryReaderDialog()是进行查询读者信息时需要的对话框，图书管理员在该对话框中输入读者编号，则该对话框将显示某读者的所有基本信息。该类具有的公共操作方法介绍如下。

SearchReader()：调用该方法，查询某读者的所有信息。

9. 类 NewBookDialog()

界面类 NewBookDialog()完成添加图书任务，图书系统管理员在该对话框中输入图书编号、图书名称、出版社、图书价格、ISBN 等基本信息，则该对话框完成信息的保存入库。该类具有的公共操作方法介绍如下。

AddBook()：调用该方法，向系统中添加图书。

10. 类 MaintenanceBookDialog()

界面类 MaintenanceBookDialog()完成修改、删除图书任务，图书系统管理员在该对话框中输入图书编号，进行确认后选择修改或者删除该本书。该类具有的公共操作方法介绍如下。

(1) DelBook()：调用该方法，删除一本书。

(2) UpdateBook()：调用该方法，修改图书信息。

11. 类 AddReaderDialog()

界面类 AddReaderDialog()完成添加读者任务，图书系统管理员在该对话框中输入读者编号、姓名、所在院系，读者类型等基本信息，则该对话框完成信息的保存入库。该类具有的公共操作方法介绍如下。

AddReader()：调用该方法，添加一个读者。

12. 类 DelReaderDialog()

界面类 DelReaderDialog() 完成删除读者任务，图书系统管理员在该对话框中输入读者编号或读者类型信息，进行确认后删除该借阅者。该类具有的公共操作方法介绍如下。

(1) Check()：调用该方法，判断指定借阅证号的读者是否有未归还的图书。

(2) DelReader()：调用该方法，删除一个读者。

13. 类 ReaderTypeDialog()

界面类 ReaderTypeDialog()是进行读者类型设置所需的对话框，系统管理员根据读者类型的不同，设置其可以借阅的最大图书数量。该类所具备的公共操作方法介绍如下。

(1) ReaderTypeNew()：调用该方法，完成读者类型的添加。

(2) ReaderTypeModify()：调用该方法，完成读者类型的修改。

(3) ReaderTypeDelete()：调用该方法，删除指定的读者类型。

14. 类 BookTypeDialog()

界面类 BookTypeDialog()是进行图书类型设置所需的对话框，系统管理员根据不同类型的图书设置其可以借阅的最大天数。该类所具备的公共操作方法介绍如下。

(1) BookTypeNew()：调用该方法，完成某种图书类型最大借阅天数的添加。

(2) BookTypeModify()：调用该方法，完成某种图书类型最大借阅天数的修改。

(3) BookTypeDelete()：调用该方法，完成某种图书类型最大借阅天数的删除。

15. 类 PunishDialog()

界面类 PunishDialog()完成超期罚款额度的设置，图书系统管理员在该对话框中输入返款金额，设置图书每迟归还一天需要交纳的返款。该类具有的公共操作方法介绍如下。

ModifyPunish ()：调用该方法，设置返款额度。

16. 类 RenewBookDialog()

界面类 RenewBookDialog()完成图书的续借业务，读者输入待续借的图书编号便可续借图书。该类所具备的公共操作方法介绍如下。

(1) InputBookID()：调用该方法，获取用户输入图书编号所对应的图书信息。

(2) BorrowBook()：调用该方法，完成借书操作。

17. 类 SubcribeBookDialog()

界面类 SubcribeBookDialog()可以预约图书，读者输入预约的图书编号便可预约图书。并在指定期限内到图书馆完成图书借阅任务，如果超过指定期限，该预约借阅图书将自动撤销。该类所具备的公共操作方法介绍如下。

(1) InputBookID()：调用该方法，获取用户输入的图书信息。

(2) SubcribeBook()：调用该方法，完成预约图书操作。

18. 类 MessageBox()

当管理员操作系统时，如果发生错误，则该错误信息由界面类 MessageBox()负责显示。MessageBox()类具有的公共操作方法介绍如下。

(1) CreateDialog()：调用该方法，创建 MessageBox 对话框。

(2) DisplayMessage()：调用该方法，显示错误信息。

需要强调的是：在本阶段，类图还处于"草图"状态，定义的操作和属性不是最后的版本，只是在现阶段看来这些操作和属性是比较合适的。类图最终的操作和属性是由在设计顺序图以及随后的其他分析过程中不断修改和完善的。

11.3   动态结构建模

通常情况下，系统中对象的相互通信是通过相互发送消息来实现的。为了能够很好地描述软件系统中的动态特性，UML 提供了状态图、活动图、顺序图和协作图来描述系统的结构和行为。在本例中，状态图来对对象的动态行为进行刻画，顺序图进一步描述用例。

11.3.1   状态图

状态图通过建立对象的生存周期模型来描述对象随时间变化的动态行为，由于它可以清晰地描述状态之间的转换顺序以及状态转换时所需触发的事件和动作等影响转换的因素，因此可以避免程序员在开发程序时出现时间错序的情况，它已成为软件系统进行面向对象分析的一种常用工具。图书管理系统中，图书、读者的动态行为变化构成系统的主要活动。如图 11-9 所示，当购入新书时，图书管理员将其登记造册后入库，此时读者可以通过系统完成借阅图书的操作，若对象被借阅者丢失，借阅者需支付相应的赔款，同时图书管理员将该对象注销。

读者状态图如图 11-10 所示，借阅者只需要办理借书证，若没有超期的借阅信息并且所借阅图书没有达到规定的最大数量，则读者状态有效，可以借阅图书；若学生毕业则读者状态无效；若借阅证丢失，则读者可以办理相应的挂失手续。

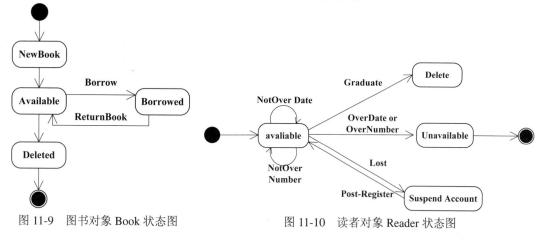

图 11-9　图书对象 Book 状态图　　　　　图 11-10　读者对象 Reader 状态图

11.3.2　顺序图

在描述了对象随时间变化的动态行为后，这些变化是怎样产生的，与哪些对象的交互有关？为了更好地描述对象之间传送消息的时间顺序，对系统行为建模，建立顺序图，是十分必须的。同时在建立顺序图时，如果发现新的操作，可以将它们加到类图中。此外操作仅仅是个草案，需要同用户沟通，以对系统有更好的了解。

1. 登录

登录过程：当图书管理员或系统管理员运行系统时，首先运行 Login 对话框，由图书管理员或系统管理员输入用户名和密码，并提交到系统，然后由系统查询数据库以完成对用户身份的验证。通过验证后，将根据登录的用户是图书管理员还是系统管理员来打开相应的对话框。图书管理员登录时的顺序图如图 11-11 所示。

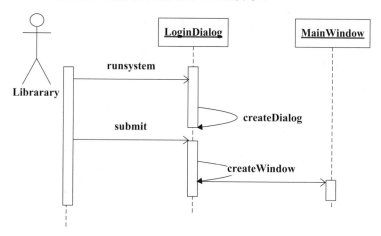

图 11-11　登录系统顺序图

2. 添加读者

系统管理员选择菜单项"读者登记",弹出 NewReaderDialog()对话框,在该对话框中输入读者的基本信息,同时系统完成读者信息验证,即查看输入的借阅号是否已经存在?若不存在,则创建账户,并存储信息。添加读者用例的顺序图如图 11-12 所示。

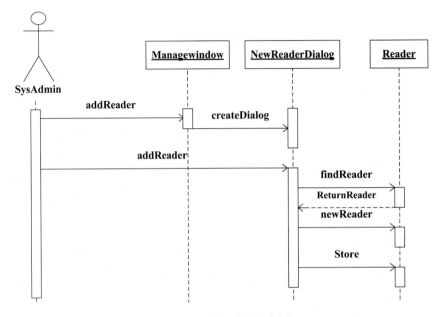

图 11-12　增加读者顺序图

3. 删除读者

系统管理员选择菜单项"删除读者",弹出 DelReaderDialog()对话框,输入待删除读者的借阅证号,系统查询数据库并显示相关读者信息。如果输入的读者信息不存在,则显示提示信息,结束删除操作。若存在与该读者相关的借阅信息,则给出提示信息,结束删除;若没有则系统删除该读者。删除读者顺序图如图 11-13 所示。

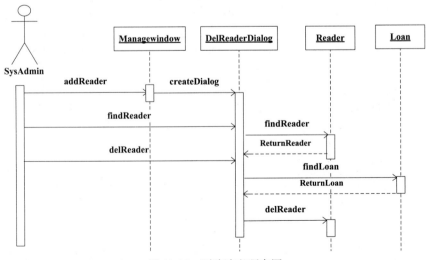

图 11-13　删除读者顺序图

4．添加图书

系统管理员选择菜单项"新书入库"，弹出 NewBookDialog()对话框，在该对话框中输入图书的信息，若书库中不存在与该书 ISBN 号相同的图书，则图书入库，否则结束。添加图书用例的顺序图如图 11-14 所示。

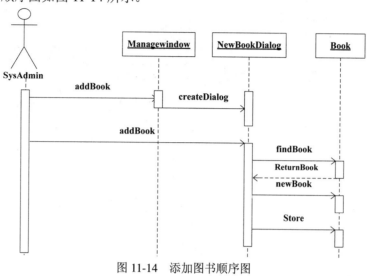

图 11-14　添加图书顺序图

5．维护图书

系统管理员选择菜单项"维护图书"，弹出 MaintainBookDialog()对话框，输入图书的信息，可以根据需要修改图书信息和删除图书。当选择删除图书时，顺序图如图 11-15 所示。

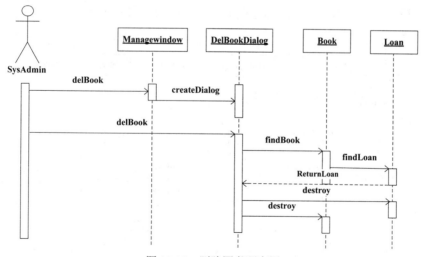

图 11-15　删除图书顺序图

6．借阅图书

图书管理员选择菜单项"借书"，弹出 BorrowDialog()对话框，输入读者的借阅证号，显示相关的读者信息。若读者所借阅的图书超过了其最大可以借阅图书的数目，则显示提示信息结束操作。若该书尚未借满，则保存借阅记录，否则结束操作。借阅图书顺序图如图 11-16 所示。

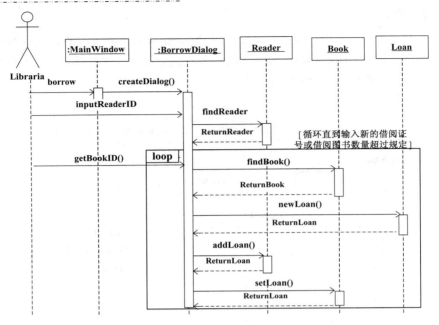

图 11-16   借阅图书顺序图

7. 归还图书

图书管理员选择菜单项"还书",弹出 ReturnDialog()对话框,输入借阅的图书编号,系统查询数据库并显示相关的图书信息,输入读者的借阅证号,系统查询借阅信息,若存在该借阅条目,则由系统判断是否超期,若超期则收取相应罚款金额,然后保存相应的归还记录,并更新相应的图书信息。归还图书顺序图如图 11-17 所示。

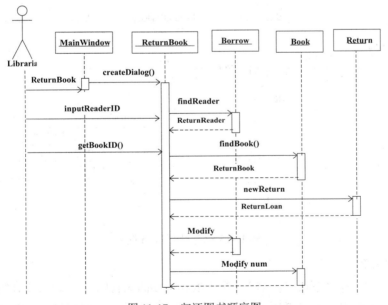

图 11-17   归还图书顺序图

8. 图书查询

读者可以通过选择菜单项"图书查询",在弹出的对话框中输入图书名称、作者或者出版社信息，实现图书基本信息的查询。图书查询顺序图如图 11-18 所示。

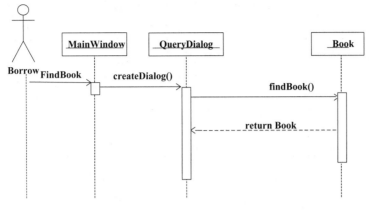

图 11-18　查询图书顺序图

这里，没有对所有的用例采用顺序图做进一步描述，读者可以结合本书第一部分的内容介绍，自行设计。

11.4　数据库设计与访问

11.4.1　数据库设计

Access 是 Office 系列软件中的一个专门用来开发数据库的软件。适用于小型商务活动，用以存储和管理商务活动所需要的数据。虽然不及 SQL Server，但它依然具有强大的数据管理功能，可以方便地利用各种数据源，生成窗体(表单)、查询、报表和应用程序等。另外，Access 环境要求配置不高，界面友好，使用方便，只需一些简单的操作就能完成一个结构完整、高效的数据库。对支持数据量不会很大，访问不太频繁的桌面应用软件，Access 有它自身很强的优势。

在本实例里，利用 Access 数据库存放如下信息：

(1) 图书资料信息：指图书编号、图书名称、作者、出版社、图书价格、ISBN、图书类别等信息。

(2) 借阅者信息：指读者编号、姓名、性别、类型、联系电话、所在院系、办证日期等信息。

(3) 读者类别：指读者属于教师读者、本科生还是研究生。

(4) 图书类别：指图书所属大的分类信息，如计算机类、小说类别等，不同类别的图书允许借阅的最大天数不同。

(5) 借阅信息：指借阅者所借阅图书的基本信息，如读者编号、图书编号、借阅时间等。

(6) 归还信息：指借阅者归还图书的基本信息，如读者编号、图书编号、归还时间、是否超期、返款额等。

(7) 用户信息：包括用户名、密码等信息。

表 11-8 列出了读者 readerInfo 表的结构。

表 11-8　readerInfo 表的结构

字段名称	字段名称	类　　型
readerID (key)	读者编号	文本
name	读者姓名	文本
sex	读者性别	文本
type	读者类型	文本
reg_date	办证日期	日期/时间
phone	联系电话	文本
dept	所在院系	文本
address	住址	文本
brief	备注	文本

表 11-9 列出了读者 readerType 表的结构。

表 11-9　readerType 表的结构

字段名称	字段名称	类　　型
type (key)	类别名称	文本
Number	借出天数	数字

表 11-10 列出了图书 bookInfo 表的结构。

表 11-10　bookInfo 表的结构

字段名称	字段名称	类　　型
bookID(key)	图书编号	文本
name	图书名称	文本
type	类别	文本
press	出版社	文本
writer	作者姓名	文本
price	书籍价格	货币
in_date	登记日期	日期/时间
ISBN	ISBN	文本
num	图书数量	数字

表 11-11 列出了图书类别 bookType 表的结构。

表 11-11　bookType 表的结构

字段名称	字段名称	类　　型
type (key)	读者类型	文本
number	借出册数	数字

表 11-12 列出了借阅 borrowInfo 表的结构。

表 11-12　borrowInfo 表的结构

字段名称	字段名称	类　型
ID (key)	借书记录号	自动编号
readerID (Foreign key)	读者编号	文本
bookID(Foreign key)	图书编号	文本
borrow_date	借书日期	日期/时间
return_date	应还书日期	日期/时间
isReturn	是否已经归还	是/否
operator	操作员	文本

表 11-13 列出了还书 returnInfo 表的结构。

表 11-13　returnInfo 表的结构

字段名称	字段名称	类　型
ID (key)	归还记录号	自动编号
readerID (Foreign key)	读者编号	文本
bookID(Foreign key)	图书编号	文本
borrow_date	借书日期	日期/时间
return_date	还书日期	日期/时间
punish	罚款金额	货币
other	其他金额	货币
operator	操作员	文本

表 11-14 列出了用户 user 表的结构。

表 11-14　user 表的结构

字段名称	字段名称	类　型
user (key)	用户名	文本
passwd	密码	文本
isadmin	是否图书管理员	是/否
supadmin	是否系统管理员	是/否

表 11-15 列出了罚款额度 punishType 表的结构。

表 11-15　punishType 表的结构

字段名称	字段名称	类　型
type (key)	罚款类型	文本
money	罚款金额	货币

11.4.2　数据库访问技术

数据库访问是数据库应用中的重要一环。Visual C++ 提供了多种多样的数据库访问技术。到目前为止主要有以下几种：

(1) ODBC(Open DataBase Connectivity，开放数据库互连)；

(2) DAO(Data Access Object，数据访问对象)；

(3) OLE DB(Object Link and Embedding DataBase，对象连接与嵌入)；

(4) ADO(ActiveX Data Object，ActiveX 数据对象)；

(5) MFC ODBC(Microsoft Foundation Classes ODBC，Visual C++ 的 MFC 基类库定义数据库类)。

这些技术各有自己的特点，应根据具体的情况来选择合适的访问方式。

1．ODBC 数据库接口

ODBC 是由 Microsoft 公司于 1991 年推出的支持开放数据库服务体系的重要组成部分，它定义了一组规范，提供了一组对数据库访问的标准 API，这些 API 是建立在标准化版本 SQL(Structed Query Language，结构化查询语言)基础上的。ODBC 位于应用程序和具体的 DBMS 之间，其目的是为了在 Windows 操作系统下实现异构数据库的互访和通信。也就是说，不论是 Access、FoxPro，还是 Oracle 数据库或其他数据库，均可用 ODBC 进行访问。由于出现得比较早，加之较为广泛的支持，所以 ODBC 也是目前应用最多的访问数据库的方式；但 ODBC 访问数据库的速度相对其他的访问方式是比较慢的，这限制了它在某些方面的使用。另外，ODBC 只能用于关系数据库，对于对象数据库及其他非关系数据库，ODBC 就无能为力了，需要借助其他的访问方式，如 OLE DB 和 ADO 技术。

2．DAO

Visual C++ 提供了对 DAO 的封装，MFC DAO 类封装了 DAO(数据访问对象)的大部分功能。正如 MFC ODBC 封装了 ODBC 一样，通过 Visual C++ 提供的 MFC DAO 类，可以方便地访问 Microsoft Jet 数据库。

3．OLE DB 的体系结构及 ADO 技术

OLE DB 把数据库的功能分为客户和提供者两个方面：对于客户而言，每一次针对数据库的操作只需要数据库管理的一部分功能。而 OLE DB 能把这些功能分离出来，从而减少了用户方面的数据开销；而对于提供者方面，提供者仅仅需要考虑怎样提供数据，即通过 OLE DB 把它们的数据陈列出来，而不需担心用户能否访问到这些数据，从而也减轻了编程和运行的开销。总体来说有两个优势：一是有较高的效率，二是可以访问多种类型的数据源。

4．MFC ODBC

MFC ODBC 的本质是 ODBC，只是 Visual C++ 中提供了 MFC ODBC 类，封装了 ODBC API，这样使得程序的编制更为方便，只需了解该类的一些属性和方法就可以访问数据库了，而无需了解 ODBC API 的具体细节。目前大部分的 ODBC 开发都使用 MFC ODBC。

在 Visual C++ 中提供的 MFC ODBC 数据库类封装了 ODBC API，这使得利用 MFC 来创建 ODBC 应用程序非常简便，避免了直接使用 ODBC API 要编写的大量代码，从而极大地减少轻软件开发的工作量，缩短了开发周期，提高了效率和软件的可靠性。

这里采用 MFC ODBC 的方式来实现对图书管理数据库的操作。为此，将详细说明 MFC ODBC。

进行 ODBC 编程，有三个非常重要的元素：环境(Enviroment)、连接(Connection)和语句(Statement)，它们都是通过句柄来访问的。在 MFC 的类库中，CDatabase(数据库类)封装了 ODBC 编程的连接句柄，CRecordset(记录集类)封装了对 ODBC 编程的语句句柄，而环境句柄被保存在一个全局变量中，可以调用一个全局函数 AfxGetHENV 来获得当前被 MFC 使用的环境句柄。此外 CRecordView(记录集视图类)负责记录集的用户界面，CFieldExchange 负责 CRecordset 类与数据源的数据交换。因此，在 VC++ 中，MFC 的 ODBC 数据库类 CDatabase、CRecordset 和 CRecordView 为用户管理提供了切实可行的解决方案。使用 AppWizard 生成应用程序框架过程中，只要选择了相应的数据库支持选项，就能够很方便地获得一个数据库应用程序的框架。

1) CDatabase 类

要访问数据源提供的数据，应用程序必须建立与数据源的连接，CDatabase 类的主要功能是建立与 ODBC 数据源的连接，连接句柄放在其数据成员 m_hdbc 中，并提供一个成员函数 GetConnect()用于获取连接字符串。

要建立与数据源的连接，首先创建一个 CDatabase 对象，再调用 CDatabase 类的 Open() 函数创建连接，当该对象与数据源连接后，可构造记录集。

Open()函数的原型定义如下：

```
virtul BOOL Open(LPCTSTR lpszDSN, BOOL bExclusive = FALSE,
                 BOOL bReadOnly = FALSE,
                 LPCTSTR lpszConnect = "ODBC;",
                 BOOL bUseCursorLib = TRUE);
```

其中：lpszDSN 指定数据源名，若 lpszDSN 的值为 NULL，则在程序执行时会弹出数据源对话框，供用户选择一个数据源；lpszConnect 指定一个连接字符串，连接字符串中通常包括数据源名、用户 ID、口令等信息，与特定的 DBMS 相关。

例如：

```
CDatabase db;
db.Open(NULL, FALSE, FALSE, "ODBC;
        DSN = HotelInfo; UID = SYSTEM; PWD = 111");
```

当数据源的连接使用完后，要断开与一个数据源的连接，可以调用 CDatabase 类的成员函数 Close()将其撤消。

2) CRecordset 类

CRecordset 类对象表示从数据源中抽取出来的一组记录集，它封装了大量操作数据库的函数，支持查询、存取、更新等数据库操作。CRecordset 类主要分为以下两种类型：

(1) 快照(Snapshot)记录集。快照记录集相当于数据库的一张静态视图，一旦从数据库中抽取出来，别的用户更新记录的操作是不会改变记录集的，只有调用 Requry()函数重新查询，才能反映数据的变化。自身用户的添加记录操作主要调用 Requry()函数来重新查询数据，但快照集能反应自身用户的删除和修改操作。

(2) 动态(Dynaset)记录集。动态记录集与快照记录集相反，是数据库的动态视图。当别的用户更新记录时，动态记录集能即时反映所作的修改。在一些实时系统中必须采用动态记录集，如火车票联网购票系统。但别的用户添加记录，也需要调用 Requry()函数重新查询后才能反映出来。

CRecordset 类有六个重要的数据成员，如表 11-16 所示。

表 11-16　CRecordset 类的数据成员

数据成员	类　型	说　　明
m_strFilter	CString	筛选条件字符串
m_strSort	CString	排序关键字字符串
m_pDatabase	CDatabase 类指针	指向 CDatabasec 对象的指针
m_hstmt	HSTMT	ODBC 语句句柄
m_nField	UINT	记录集中字段数据成员总数
m_nParams	UINT	记录集中参数数据成员总数

CRecordset 类的主要成员函数如表 11-17 所示。

表 11-17　CRecordset 类的主要成员函数

成员函数	类　型
Move	当前记录指针移动若干个位置
MoveFirst	当前记录指针移动到记录集第一条记录
MoveLast	当前记录指针移动到记录集最后一条记录
MoveNext	当前记录指针移动到记录集下一条记录
MovePrev	当前记录指针移动到记录集前一条记录
SetAbsolutePosition	当前记录指针移动到记录集特定一条记录
AddNew	添加一条新记录
Delete	删除一条记录
Edit	编辑一条记录
Update	更新一条记录
CancelUpdate	取消一条记录的更新操作
Requry	重新查询数据源
GetDefaultConnect	获得默认连接字符串
GetDefaultSQL	获得默认 SQL 语句
DoFieldExchange	记录集中的数据成员与数据源交换数据
GetRecordCount	获得记录集记录个数
IsEOF	判断当前记录指针是否在最后一个记录之后
IsBOF	判断当前记录指针是否在第一个记录之前
CanUpdate	判断记录集是否允许更新

3）CRecordview 类

CRecordview 类封装的是记录视图。记录视图基本上是一个表单视图，支持以控件视图来显示当前记录，并提供移动记录的默认菜单和工具栏，用户可以通过记录视图方便地浏览、修改、删除和添加记录，但具有几个增强功能，使得从记录中显示数据更为容易。记录视图使用对话数据交换(DDX)技术直接显示数据，并为移到记录集的第一行、最后一行、下一行和前一行提供默认操作。

CRecordView 类的主要成员函数如表 11-18 所示。

表 11-18　CRecordView 类的主要成员函数

成员函数	类　　型
OnGetRecordset	获得指向记录集的指针
OnMove	当前记录指针移动时，OnMove()函数更新对当前记录所做的修改，这是将更新记录保存的方式
IsOnFirstRecord	判断当前记录是否为记录集的第一条记录
IsOnLastRecord	判断当前记录是否为记录集的最后一条记录

4）CFieldExchange 类

CFieldExchange 类支持记录字段数据的自动交换，实现记录集中字段数据成员与相应的数据源中字段之间的数据交换，类似于对话框的数据自动交换机制。

11.4.3　数据库访问技术的实现

为了使 ODBC 能与数据库一起工作，必须把数据库注册到 ODBC 驱动程序管理器，这项工作可以通过定义一个 DSN 或数据源名字来完成。通常，可以通过系统控制面板，运行 ODBC 数据源管理器，手工配置数据源；也可以在 VC++中动态加载 ODBC。

1．手动配置数据源

步骤一：打开控制面板→管理工具→数据源(ODBC)。

由于所要连接的数据库是由 Microsoft Access 创建的，因此要求 ODBC 管理器中安装有 Microsoft Access 的 ODBC 驱动程序。一般来说，安装了 Microsoft Access 软件，则相应的 ODBC 驱动程序就已默认安装。

鼠标双击 ODBC 图标，弹出 ODBC 数据源管理器对话框，如图 11-19 所示。

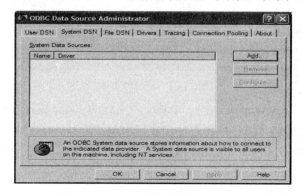

图 11-19　ODBC 数据源管理器对话框

在用户 DSN、系统 DSN、文件 DSN 标签页中都可以创建一个数据源，但所创建的数据源的应用范围是不同的，具体说明如下。

(1) 用户 DSN：用户数据源只对当前用户可见，而且只能用于当前机器上。

(2) 系统 DSN：系统数据源对当前机器上的所有用户可见。

(3) 文件 DSN：文件数据源可以由安装了相同驱动程序的用户共享。

可以根据所创建数据源的不同应用场合选择在不同的标签页下创建数据源，步骤为单击"Add"按钮，新建一个数据源，弹出创建新数据源对话框，在 ODBC 驱动程序列表中选择"Microsoft Access Driver(*.mdb)"。单击"Finish"按钮，弹出"ODBC Microsoft Access 安装"对话框，如图 11-20 所示。在"数据源名"文本框中输入"libdb"，单击"选择"按钮，弹出"选择数据库"对话框，如图 11-21 所示，选择项目文件夹下的"Library.mdb"文件，连续单击"确定"按钮，回到前一对话框。最后，在系统 DSN 标签中可以看到创建的数据源 libdb 出现在数据源列表中。

图 11-20   设置 Microsoft Access 数据源

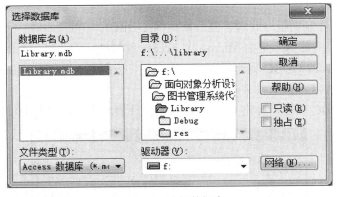

图 11-21   选择数据库

利用 VC++6.0 的 AppWizard 创建一个基于单文档的工程，选择数据库支持并根据提示加入所需数据库，这样就可以在应用程序中实现对该数据源的增加、修改和删除等操作。

步骤二：在 stdafx.h 文件中增加包含如下头文件。

```
#include <odbcinst.h>
#include <afxdb.h>
```

毫无疑问，采用上述方法就能方便地对指定数据库进行操作。但是，实际运用中，用户往往要求在同一个应用程序中能任意访问不同的数据源，开发人员无法确定要加载的数据源，采用一般的加载方法就有了无法克服的缺陷。显然，这时就要求动态地进行 ODBC 数据源加载，用户只要选择所需的数据源，应用程序就会自动地把它装载到 ODBC 管理器中。而且上述这项工作对用户而言又过于复杂，为此下面介绍如何在程序中动态配置数据源从而实现数据库的访问。

2．动态加载

Windows 系统子目录中的动态链接库 Odbcinstdll 提供了一个可以动态增加、修改和删除数据源的函数 SQLConfigDataSource()，可以使用 SQLConfigDataSource()函数动态加载数据源。由于 VC++ 的缺省库文件中不包含 SQLConfigDataSource()函数，因此使用该函数之前需要将 ODBCINST.h 文件包含在工程的头文件中，在工程的 Settings 属性对话框 Link 属性页的 Object/library modules 编辑框中增加 odbcp32.lib，同时保证 ODBCCP32.DLL 运行时处于系统子目录下。

步骤一：包含 ODBCINST.h 和 afxdb.h 头文件。

　　include "ODBCINST.h"

　　include "afxdb.h"

步骤二：使用动态创建数据源的函数 SQLConfig DataSource()。

该函数的原型如下：

　　BOOL SQLConfigDataSource (HWND hwndParent, WORD fRequest, LPCSTR lpszDriver, LPCSTR lpszAttributes);

参数说明如下：

(1) 参数 hwndParent 用于指定父窗口句柄，在不需要创建数据源对话框时，可以将该参数指定为 NULL。

(2) 参数 fRequest 用于指定函数的操作内容，取值如下：

ODBC_ADD_DSN：加入一个新的用户数据源；

ODBC_CONFIG_DSN：修改一个存在的用户数据源；

ODBC_REMOVE_DSN：删除一个存在的用户数据源；

ODBC_ADD_SYS_DSN：增加一个新的系统数据源；

ODBC_CONFIG_SYS_DSN：配置或者修改一个存在的系统数据源；

ODBC_REMOVE_SYS_DSN：删除一个存在的系统数据源；

ODBC_REMOVE_DEFAULT_DSN：删除缺省的数据源说明部分。

(3) 参数 lpszDriver 用于指定 ODBC 数据源的驱动程序类别，例如，为了指定 Access 数据源，该参数应赋以字符串"Microsoft Access Driver (*.mdb)\0"；对 SQL SERVER 数据源，则应赋以字符串"SQL Server"。

(4) 参数 lpszAttributes 用于指定 ODBC 数据源属性。

例如：对本节示例中的数据源，只需在需要动态加载数据源的地方加入下列代码即可。

　　SQLConfigDataSource(NULL, ODBC_ADD_DSN,

　　"Microsoft Access Driver (*.mdb)",

"DSN = LibraryDB\0"

"Description = LIB\0"

"FileType = Access\0"

"DBQ = .\\LibDB.mdb\0");

说明：该字符串指定数据源名称(DNS)为 LibraryDB；数据库文件(DBQ)为 .\\LibDB.mdb；数据库文件描述为 LIB；数据源类型为 Access。

注意：使用 MFC 提供的 CReordset 类，以及 Cdatabase 类必须包含 afxdb.h 头文件。

需要说明的是，CRecordset 的一个对象对应着数据库中的一张表或一个视图，我们在用的时候通常是从该类中继承一个子类出来，用这个子类来操作数据库。例如添加继承自 CRecordset 类的一个子类，对应 readerInfo 表，添加过程如下：

打开 StdAfx.h 文件，向文件中添加包含头文件的语句"#include <afxdb.h>"，该头文件包含了用到的类的定义和实现。按 Ctrl + W 键进入类向导，点击右上角的 Add Class 按钮，在弹出的下拉菜单中选择 new，弹出添加新类的对话框如图 11-22 所示，在 Name 对应的编辑框中输入新类名 CReaderInfoSet，在 Base class 对应的下拉框中选择基类 CRecordset，在选择时有一个快速选择的方法，首先鼠标点到下拉框上，然后快速输入要选择的基类的名称，即可快速选择出需要的基类。

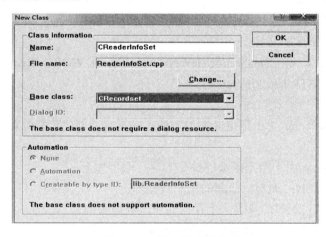

图 11-22   类向导对话框

在如图 11-22 所示的对话框中点击"OK"按钮，弹出选择数据源的窗口，选择 ODBC，在其下拉框中选择事先建立好的数据源 LibraryDB，如图 11-23 所示。

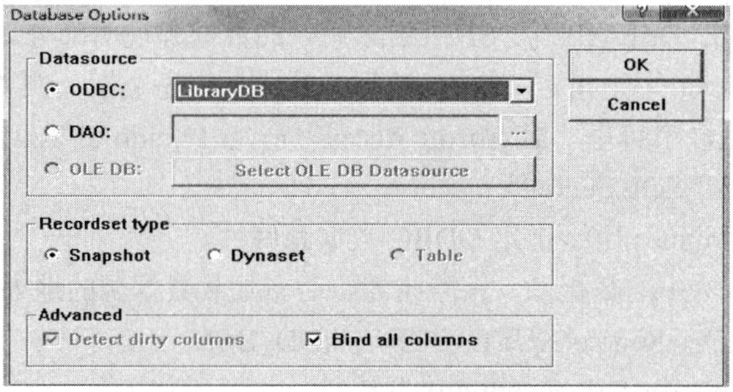

图 11-23   数据库选择对话框

在图 11-23 所示的对话框中单击 "OK" 按钮，进入选择数据集对应表的对话框，选择表 readerInfo，如图 11-24 所示。

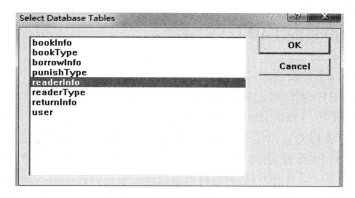

图 11-24 选择数据集对应表

单击图 11-24 所示对话框中的 "OK" 按钮完成新类的添加，可在类视图 ClassView 中看到，如图 11-25 所示。

图 11-25 添加的类的信息

这里，readerInfo 表中的每一列都以成员变量的方式映射到新添加的类中，成员变量的名称为 "m_" 加上列表的格式。在这里需要注意一下，当用 ODBC 操作数据库时，最好用英文字符串命名属性名，否则的话当该表映射到数据集类中时，对应的成员变量名自动命名为 m_column1、m_column2、… 等名称，不利于操作。下面就可以利用这个类对数据库中对应的表进行操作了。

同理，将系统中涉及的 LibraryDB 数据库中的所有数据表设计子类继承 CRecordset 类，从而在应用系统中可以访问操作数据表。

11.4.4 SQL 语言

记录集的建立实际上主要是一个查询过程，SQL 的 SELECT 语句用来查询数据源。在建立记录集时，CRecordset 会根据一些参数构造一个 SELECT 语句来查询数据源，并用查询的结果创建记录集。明白这一点对理解 CRecordset 至关重要。

SELECT 语句的句法如下：

SELECT [DISTINCT|ALL] <*|属性列表>

FROM <表名>

[WHERE <条件表达式>]

[GROUP BY <属性列> [HAVING <条件表达式>]]

[ORDER BY   <属性列> [ASC|DESC]]

SELECT 命令从 FROM 指定的表中检索出符合 WHERE 子句中指定条件的所有元组，并按后面的<属性列表>形成显示结果，其属性列的排列顺序可以与原始表中不一致，各属性列之间用逗号隔开，当选择*(星号)时表示显示结果中包含表中所有属性列。SELECT 命令中的选项[DISTINCT|ALL]决定在结果中是否显示重复的行，选项 DISTINCT 指出查询结果不包含重复行，而 ALL 选项下重复行是不被消除的，缺省情况是 ALL。

例如，教师表 teacher，结构定义如下：

CREATE TABLE teacher(

tno CHAR(9) PRIMARY KEY,

tname CHAR(8),

tsex CHAR(2),

tage   INTEGER,

tbirth DATE,

twork DATE,

tposition CHAR(6),

tpolit CHAR(6),

tedu CHAR(6))

其中，教师编号 tno 为 teacher 表的主码。

下面例子是从教师信息表 teacher 中查询所有教师的编号、姓名和职称。

例 11.1

SELECT tno, tname, tposition

FROM teacher

下面例子是列出所有教师信息记录。

例 11.2

SELECT * FROM teacher

下面例子是查找年龄在 50 岁以下教师的编号、姓名、职称和年龄。

例 11.3

SELECT tno, tname, tposition, tage

FROM teacher

WHERE tage < 50

此外，SQL 语言还具有强大的数据操作、数据控制能力，可以实现数据插入、删除、修改等功能。

下面例子是向教师信息表中插入教师"李丽"的信息。

例 11.4

    INSERT INTO teacher

    VALUES('200305313', '李丽', '女', 35, TO_DATE('1971-01-25', 'yyyy/mm/dd'),

    TO_DATE('1994-07-01', 'yyyy/mm/dd'), '副教授', '农工', '硕士');

下面例子是将教师"李丽"的职称修改为"教授"。

例 11.5

    UPDATE teacher

    SET tposition = '教授 '

    WHERE tname = '李丽 '

下面例子是从教师信息表 teacher 中删除编号为"200305310"的教师信息。

例 11.6

    DELETE FROM teacher WHERE tno = '200305310'

11.5　主窗体设计与实现

图书管理系统的主窗体界面包括：系统管理、基础数据管理、图书流通管理、图书管理、读者管理、信息查询、数据库管理和帮助 8 个菜单项，运行效果如图 11-26 所示。

图 11-26　主窗体运行效果

主窗体的实现步骤如下：

(1) 新建一个基于对话框的 MFC 工程。

从 VC++的菜单中执行 File→New 命令，将 VC++ 6.0 工程创建向导显示出来。如果当前的选项标签不是 Project，单击 Project 选项标签将它选中。在左边的列表里选择 MFC AppWizard(exe)项，在 Project Name 编辑区里输入工程名称 "lib"，并在 Location 编辑区里调整工程路径，如图 11-27 所示。

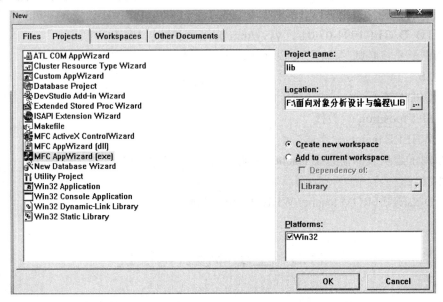

图 11-27　工程创建向导

(2) 选择应用程序的框架类型。单击 "工程创建向导" 窗口的 "OK" 按钮，进入 "MFC AppWizard – Step 1" 对话框。首先选择应用程序的框架类型，如图 11-28 所示。在本工程里，选择 "Single document"，保持资源的语言类型为中文，单击 "Next >" 按钮。

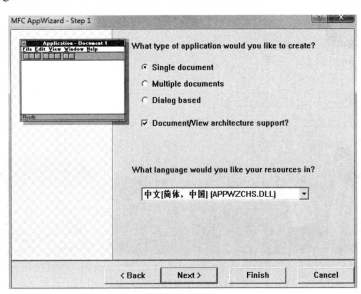

图 11-28　步骤一：选择应用程序的框架类型

(3) 进入 "MFC AppWizard – Step 2 of 6" 对话框，设置应用程序数据库特性。在对话框里选择 "None"，如图 11-29 所示。

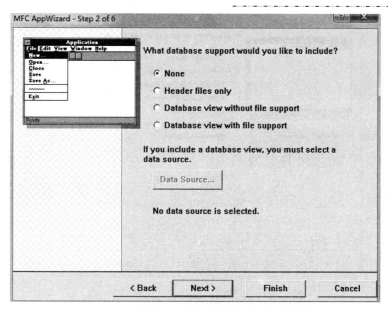

图 11-29　步骤二：设置应用程序数据库特性

（4）设置应用程序对复杂文档的支持。在"MFC AppWizard – Step 2 of 6"对话框里，单击"Next >"按钮，进入"MFC AppWizard – Step 3 of 6"对话框，如图 11-30 所示。在该对话框里选择"None"和"ActiveX Controls"。

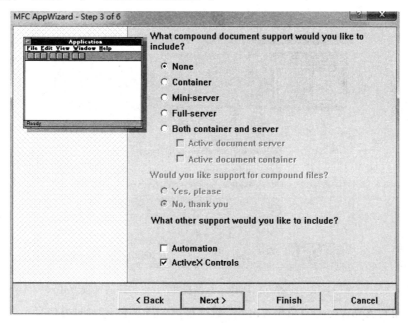

图 11-30　步骤三：设置应用程序数据库特性

（5）进入"MFC AppWizard – Step 4 of 6"对话框，设置应用程序的特征信息。如图 11-31 所示的对话框是工程的特征信息，其中：Docking toolbar 是工具栏选项，Initial status bar 是初始化工具栏，Printing and print preview 是打印文档选项，Windows Sockets 是网络编程选项。

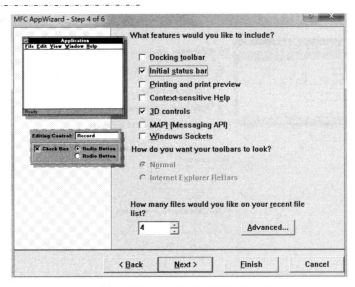

图 11-31 步骤四：设置应用程序特征信息

(6) 在"MFC AppWizard – Step 4 of 6"对话框里单击"Next >"按钮，进入如图 11-32 所示的"MFC AppWizard – Step 5 of 6"对话框，选择工程风格和 MFC 类库的加载方式。在该对话框里设置"MFC Standard"、"Yes, Please"和"As shared DLL"选项。

在图 11-32 所示的对话框中单击"Next >"按钮，进入"MFC AppWizard – Step 6 of 6"对话框。

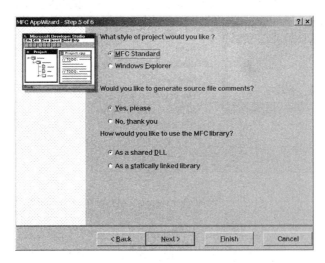

图 11-32 步骤五：选择工程风格和 MFC 类库的加载方式

(7) "MFC AppWizard – Step 6 of 6"对话框显示工程创建中的类信息。在该对话框中单击"Next >"按钮，就可以产生一个标准的 MFC 文本文件框了。同时产生系统 classview、resourceview、fileview，即类视图、资源视图和源文件视图。

(8) 设计应用程序界面。

我们利用工程创建向导已经创建了一个基于单文档界面的工程，本节应用程序界面的设计工作主要是菜单和按钮的添加。

新建菜单资源，更改 ID 为 IDR_MAINFRAME，并添加菜单项。在 Resourceview 中主要生成 MFC 文本文件所用到的控件，单击其中 Menu 前面的加号出现"IDR_MAINF-RAME"，将其双击即可进入框架编辑页面，如图 11-33 所示。

图 11-33　创建菜单项

删除系统自定的菜单项，在页面编辑区双击小方框就会弹出属性对话框，如图 11-34 所示，在 Caption 处填写菜单名称，ID 处填写 ID 变量，方便以后编程使用。继续依次设置菜单项及其下拉菜单。

注意：在 VC++ 中编程以及变量调用时，千万注意大小写的区分，因为 VC++ 是区分大小写的。

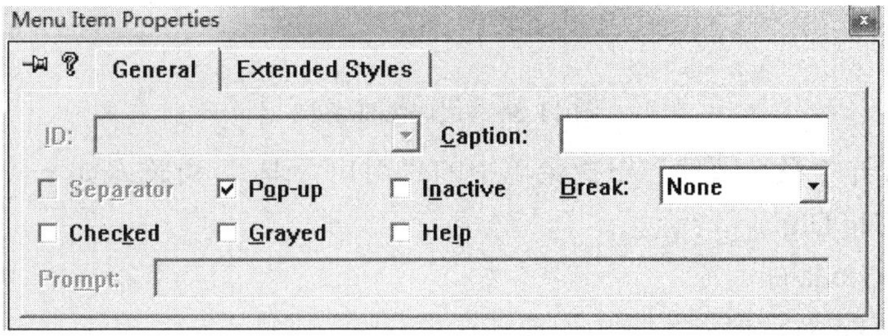

图 11-34　属性对话框

当子菜单名称添加完成后，右击子菜单出现浮动菜单选择 classWizard，如图 11-35 所示，然后在 Message 选项栏中选择"COMMAND"，定义它的(COMMAND)控制函数，这样在单击子菜单的时候，就能触发控制函数。单击"Add function"按钮添加控制函数，然后单击"Edit Code"按钮。

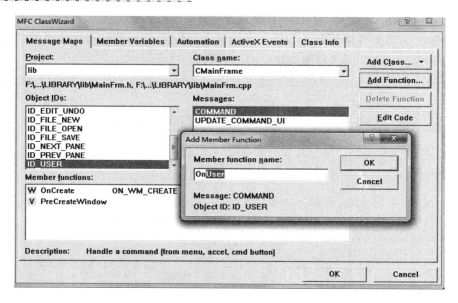

图 11-35　classWizard 对话框

从 图 11-35 中 可 以 看 到，菜 单 项 支 持 两 种 消 息：COMMAND 消 息 和
UPDATE_COMMAND_UI 消息。COMMAND 消息是鼠标单击菜单项时应用程序发出的消
息，UPDATE_COMMAND_UI 消息是菜单项形成或者发生改变时应用程序发出的消息。

在如图 11-36 所示的编码区输入代码。

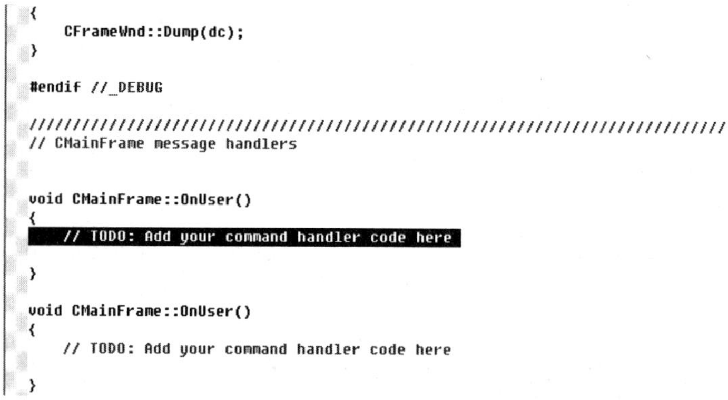

```
    {
        CFrameWnd::Dump(dc);
    }

#endif //_DEBUG

/////////////////////////////////////////////////////////////////////
// CMainFrame message handlers

void CMainFrame::OnUser()
{
    // TODO: Add your command handler code here

}

void CMainFrame::OnUser()
{
    // TODO: Add your command handler code here

}
```

图 11-36　代码编写界面

例如，若打开"系统管理"下拉菜单中的"用户管理"，可输入如下代码：

CUserDlg Dlg;

Dlg.DoModal();

从而打开 CUserDlg 对话框。

在本节实例中应用程序类 CLibApp 已重载了 CWinApp::InitInstance()，在 InitInstance()
函数中，设定在初始化主窗口之前先调用用户登录对话框 CLoginDlg。

CLoginDlg loginDlg;　　　　　　　　//打开登录对话框

if(loginDlg.DoModal() != IDOK)　　　　//判断是否成功登录

　　return FALSE;

```
CSingleDocTemplate* pDocTemplate;
pDocTemplate = new CSingleDocTemplate(
IDR_MAINFRAME,
RUNTIME_CLASS(CLibraryDoc),
RUNTIME_CLASS(CMainFrame),          // main SDI frame window
RUNTIME_CLASS(CLibraryView));
AddDocTemplate(pDocTemplate);
CCommandLineInfo cmdInfo;
ParseCommandLine(cmdInfo);
if (!ProcessShellCommand(cmdInfo))
    return FALSE;
m_pMainWnd->ShowWindow(SW_SHOWMAXIMIZED);      //窗口最大化
m_pMainWnd->SetWindowText("图书管理系统");       //设置窗口标题
m_pMainWnd->UpdateWindow();                    //刷新窗口
return TRUE;
```

11.6　部分表单设计与实现

11.6.1　系统登录

运行系统首先需要启动系统登录界面。登录模块是验证系统使用者合法身份的模块，只有输入合法的用户名和密码，才能启动图书管理系统。系统根据登录用户的不同级别，提供不同的交互界面，进而达到控制权限的目的。

系统登录模块 CLoginDlg 是一个对话框类，ID 号为 IDD_DIALOG_LOGIN，如图 11-37 所示。

图 11-37　登录界面图

具体步骤如下：

步骤一：插入如图 11-38 所示的对话框 IDD_DIALOG_LOGIN，按照表 11-19 所示设置控件。

图 11-38 IDD_DIALOG_LOGIN 对话框

表 11-19 账户登录模块控件设置

控件名	数据变量	消 息	响应函数
IDC_COMBO1	m_strUser		
IDC_EDIT1	m_strPass		
IDOK		BN-CLICKED	OnOK()
IDCANCEL		BN-CLICKED	OnCancel()

步骤二：修改控件属性。

步骤三：为该对话框生成类 CLoginDlg 并对该对话框控件添加变量关联。按 Ctrl+W 键打开 ClassWizard，选择 Member Variable。在 Class Name 中选择对话框对应的类，下面会列出此对话框中的所有控件。双击需要的控件 ID，弹出 Add Member Variable 对话框，在其中 Variable type 中选择变量类型，然后输入关联的变量名称即可。

响应 IDOK 按钮命令，实现用户身份的认证，实现代码如程序清单 11-1 所示。

程序清单 11-1：响应 IDOK 按钮命令

```
void CLoginDlg::OnOK()
{
    CUserSet recordset;
    CString strSQL;
    UpdateData(TRUE);
    if(m_strUser.IsEmpty())
    {
        AfxMessageBox("请输入用户名！");
        m_ctrUser.SetFocus();
        return;
    }
    //检查密码是否输入
    if(m_strPass.IsEmpty())
    {
        AfxMessageBox("请输入密码！");
```

```
        m_ctrPass.SetFocus();
        return;
        }
    CLibraryApp*    ptheApp = (CLibraryApp *) AfxGetApp();
    strSQL.Format("select * from user where user = '%s' AND passwd = '%s'", m_strUser, m_
strPass);
    if(!recordset.Open(AFX_DB_USE_DEFAULT_TYPE, strSQL))
    {
        MessageBox("打开数据库失败!", "数据库错误", MB_OK);
        return ;
    }
    if(recordset.GetRecordCount() == 0)
    {
        recordset.Close();
        MessageBox("密码错误，请重新输入！");
        m_strPass = "";
        m_ctrPass.SetFocus();
        UpdateData(FALSE);
    }
    else
    {
        ptheApp->m_bIsAdmin = recordset.m_isadmin;
        ptheApp->m_strOperator = recordset.m_user;
        recordset.Close();
        CDialog::OnOK();
    }
}
```

响应 IDCANCEL 按钮命令，实现关闭窗口，退出登录，实现代码如程序清单 11-2 所示。

程序清单 11-2：响应 IDCANCEL 按钮命令

```
    void CLoginDlg::OnCancel()
    {
        CDialog::OnCancel();
    }
```

响应 WM_ INITDIALOG 消息，在响应函数里添加初始化代码，实现代码如程序清单 11-3 所示。

程序清单 11-3：WM_ INITDIALOG 消息处理函数

```
    BOOL CLoginDlg::OnInitDialog()
    {
        CDialog::OnInitDialog();
```

```
    CUserSet recordset ;
    CString strSQL;
    UpdateData(TRUE);
    strSQL = "select * from user";
    if(!recordset.Open(AFX_DB_USE_DEFAULT_TYPE, strSQL))
    {
        MessageBox("打开数据库失败!", "数据库错误", MB_OK);
        return FALSE;
    }
    while(!recordset.IsEOF())
    {
        m_ctrUser.AddString(recordset.m_user);
        recordset.MoveNext();
    }
    recordset.Close();
    return TRUE;    // return TRUE unless you set the focus to a control
                    // EXCEPTION: OCX Property Pages should return FALSE
}
```

11.6.2   图书资料管理

1. 新书入库

新书入库这一功能属于系统管理员的管理权限，当有新进图书需要入库，可由管理员在图书操作菜单中选择新书入库命令，如图 11-39 所示。

图 11-39   主窗口对话框

进入新图书档案资料入库管理界面，如图 11-40 所示。

图 11-40 新图书档案资料入库管理

管理员可以录入图书编号、名称、作者、出版日期等各种图书信息，登记添入后台图书资料数据库。

建立对话框 IDD_DIALOG_NEW_BOOK，按照表 11-20 所示设置控件，并建立数据变量或函数。

表 11-20 图书入库模块控件设置

控件名	数据变量	消息	响应函数
IDC_EDIT_BOOK_CODE	m_strBookCode		
IDC_EDIT_BOOK_NAME	m_strBookName		
IDC_EDIT_WRITER	m_strWriter		
IDC_COMBO_BOOKTYPE	m_strBookType		
IDC_EDIT_PRESS	m_strPress		
IDC_EDIT_BOOK_PRICE	m_strPrice		
IDC_EDIT_ISSN	m_strISSN		
IDC_EDIT_NUM	m_strBookNum		
IDC_LIST1	m_ctrlist		
IDC_BUTTON_NEW		BN-CLICKED	OnButtonNew()
IDC_BUTTON_DELETE		BN-CLICKED	OnButtonDelete()
IDC_BUTTON_ALL		BN-CLICKED	OnButtonAll()
IDCANCEL		BN-CLICKED	OnCancel()

在对话框初始化时，建立图书信息列表 IDC_LIST1，设定每一列标题、文字对齐方式和宽度。同时打开数据表，初始化图书类型列表，详见程序清单 11-4。

程序清单 11-4：IDC_LIST1 属性设置和初始化

```
m_ctrList.InsertColumn(0, "图书编号");

m_ctrList.InsertColumn(1, "图书名称");

m_ctrList.InsertColumn(2, "图书类别");

m_ctrList.InsertColumn(3, "作者");

m_ctrList.InsertColumn(4, "出版社");

m_ctrList.InsertColumn(5, "图书价格");

m_ctrList.InsertColumn(6, "登记日期");

m_ctrList.InsertColumn(7, "备注说明");

m_ctrList.InsertColumn(8, "图书数量");

m_ctrList.SetColumnWidth(0, 60);

m_ctrList.SetColumnWidth(1, 120);

m_ctrList.SetColumnWidth(2, 80);

m_ctrList.SetColumnWidth(3, 80);

m_ctrList.SetColumnWidth(4, 80);

m_ctrList.SetColumnWidth(5, 80);

m_ctrList.SetColumnWidth(6, 80);

m_ctrList.SetColumnWidth(7, 80);

m_ctrList.SetColumnWidth(8, 80);

m_ctrList.SetExtendedStyle(LVS_EX_FULLROWSELECT|LVS_EX_GRIDLINES);

//初始化图书类型

CBookTypeSet recordset ;

if(!recordset.Open(AFX_DB_USE_DEFAULT_TYPE, "select * from bookType"))

{

    MessageBox("打开数据库失败!", "数据库错误", MB_OK);

    return FALSE;

}

while(!recordset.IsEOF())

{

    m_ctrBookType.AddString(recordset.m_type);

    recordset.MoveNext();

}

recordset.Close();

return TRUE;
```

响应"登记"按钮命令，实现新书入库登记工作，代码详见程序清单 11-5。

程序清单 11-5：实现图书入库的函数

```
void CNewBookDlg::OnButtonNew()

{

    UpdateData();
```

```
if(m_strBookCode.IsEmpty())
{
    AfxMessageBox("请输入图书编号！");
    return;
}
if(m_strBookType.IsEmpty())
{
    AfxMessageBox("请输入图书类型！");
    return;
}
if(m_strBookName.IsEmpty())
{
    AfxMessageBox("请输入图书名称！");
    return;
}
CString strSQL;
CTime current = CTime::GetCurrentTime();
strSQL.Format("select * from bookInfo where code = '%s'", m_strBookCode);
if(!m_recordset.Open(AFX_DB_USE_DEFAULT_TYPE, strSQL))
{
    MessageBox("打开数据库失败!", "数据库错误", MB_OK);
    return ;
}
if(m_recordset.GetRecordCount()!=0)
{
    m_recordset.Close();
    AfxMessageBox("该图书编号已经存在，请重新输入！");
    return;
}
m_recordset.Close();
if(!m_recordset.Open(AFX_DB_USE_DEFAULT_TYPE))
{
    MessageBox("打开数据库失败!", "数据库错误", MB_OK);
    return ;
}
//添加图书记录
m_recordset.AddNew();
m_recordset.m_code = m_strBookCode;
m_recordset.m_name = m_strBookName;
```

```
            m_recordset.m_type = m_strBookType;
            m_recordset.m_in_date = current;
            m_recordset.m_price = m_strPrice;
            m_recordset.m_press = m_strPress;
            m_recordset.m_writer = m_strWriter;
            m_recordset.m_ISSN = m_strISSN;
            m_recordset.m_BookNum = atoi(m_strBookNum);
            m_recordset.Update();
            m_recordset.Close();
            //更新列表
            CString strTime, strNum;
            m_ctrList.InsertItem(0, m_strBookCode);
            m_ctrList.SetItemText(0, 1, m_strBookName);
            m_ctrList.SetItemText(0, 2, m_strBookType);
            m_ctrList.SetItemText(0, 3, m_strWriter);
            m_ctrList.SetItemText(0, 4, m_strPress);
            m_ctrList.SetItemText(0, 5, m_strPrice);
            strTime.Format("%d-%d-%d", current.GetYear(), current.GetMonth(), current.GetDay());
            m_ctrList.SetItemText(0, 6, strTime);
            m_ctrList.SetItemText(0, 7 m_str ISSN);
            m_ctrList.SetItemText(0, 8, m_strBookNum);
            //更新界面显示
            m_strBookType = _T("");
            m_strBookCode = _T("");
            m_strBookName = _T("");
            m_strPrice = _T("");
            m_strPress = _T("");
            m_strWriter = _T("");
            m_str ISSN = _T("");
            m_strBookNum = _T("");
            UpdateData(FALSE);
        }
```

响应"显示全部"按钮命令，实现代码如程序清单 11-6 所示。

程序清单 11-6：实现将数据库中登记的图书全部显示在列表框中

```
        void CNewBookDlg::OnButtonAll()
        {
            m_ctrList.DeleteAllItems();
            m_ctrList.SetRedraw(FALSE);
            UpdateData(TRUE);
```

```
        CString strSQL;
        strSQL.Format( "select * from bookInfo ");
        if(!m_recordset.Open(AFX_DB_USE_DEFAULT_TYPE, strSQL))
        {
            MessageBox("打开数据库失败!", "数据库错误", MB_OK);
            return ;
        }
        int i = 0;
        CString strTime, strNum;
        while(!m_recordset.IsEOF())
        {   m_ctrList.InsertItem(i, m_recordset.m_code);
            m_ctrList.SetItemText(i, 1, m_recordset.m_name);
            m_ctrList.SetItemText(i, 2, m_recordset.m_type);
            m_ctrList.SetItemText(i, 3, m_recordset.m_writer);
            m_ctrList.SetItemText(i, 4, m_recordset.m_press);
            m_ctrList.SetItemText(i, 5, m_recordset.m_price);
            strTime.Format("%d-%d-%d", m_recordset.m_in_date.GetYear(),
            m_recordset.m_in_date.GetMonth(), m_recordset.m_in_date.GetDay());
            m_ctrList.SetItemText(i, 6, strTime);
            m_ctrList.SetItemText(i, 7, m_recordset.m_ISSN);
            strNum.Format("%d", m_recordset.m_BookNum );
            m_ctrList.SetItemText(i, 8, strNum);
            i++;
            m_recordset.MoveNext();
        }
        m_recordset.Close();
        m_ctrList.SetRedraw(TRUE);
    }
```

响应"删除"按钮命令，实现代码如程序清单 11-7 所示。

程序清单 11-7：实现列表框中图书资料的删除

```
    void CNewBookDlg::OnButtonDelete()
    {
        int i = m_ctrList.GetSelectionMark();
        if(0 > i)
        {
            AfxMessageBox("请选择一条记录进行删除! ");
            return;
        }
        CString strSQL;
```

```
strSQL.Format("select * from bookInfo where code = '%s' ", m_ctrList.GetItemText(i, 0));
if(!m_recordset.Open(AFX_DB_USE_DEFAULT_TYPE, strSQL))
{
    AfxMessageBox("打开数据库失败! ");
    return ;
}
m_recordset.Delete();
m_recordset.Close();
m_ctrList.DeleteItem(i);
//更新界面显示
m_strBookType = _T("");
m_strBookCode = _T("");
m_strBookName = _T("");
m_strPrice = _T("");
m_strPress = _T("");
m_strWriter = _T("");
m_strISSN = _T("");
m_strBookNum = _T("");
UpdateData(FALSE);
}
```

2. 图书维护

图书维护的功能主要实现对图书进行维护，也属于系统管理员的管理权限，其操作界面如图 11-41 所示。

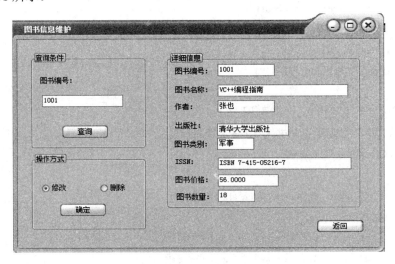

图 11-41　图书信息维护

首先需要系统管理员输入图书编号对图书资料数据进行搜索定位，如果找到，在右侧列出该图书的详细信息，可以选择两种操作方式：修改和删除。管理员可以修改图书编号、名称、作者、出版日期等各种图书信息，并登记添入后台图书资料数据库；此外系统管理员可以删除图书。

建立对话框 IDD_DIALOG_UPDATE_BOOK，按照表 11-21 所示设置控件，并建立数据变量或函数。

表 11-21　图书入库模块控件设置

控件名	数据变量	消息	响应函数
IDC_EDIT_BOOK_CODE	m_strCode		
IDC_EDIT_BOOK_CODE1	m_strBookCode		
IDC_EDIT_BOOK_NAME1	m_strBookName		
IDC_EDIT_WRITER1	m_strBookWriter		
IDC_EDIT_PRESS1	m_strBookPress		
IDC_EDIT_BOOK_TYPE1	m_strBookType		
IDC_EDIT_ISSN1	m_strISSN		
IDC_EDIT_BOOK_PRICE1	m_strBookPrice		
IDC_EDIT_NUM1	m_strBookNum		
IDC_RADIO_UPDATE			
IDC_RADIO_DELETE			
IDC_BUTTON_SEARCH		BN-CLICKED	OnButtonSearch()
IDC_BUTTON_OK		BN-CLICKED	OnButtonOk()
IDCANCEL		BN-CLICKED	OnCancel()

在对话框初始化时，默认选择"修改"按钮，其代码如程序清单 11-8 所示。

程序清单 11-8：实现"修改"按钮作为默认选项

```
BOOL CBookUpdateDlg::OnInitDialog()
{
    ((CButton *)GetDlgItem(IDC_RADIO_UPDATE))->SetCheck(TRUE);    //选上
    return TRUE;   // return TRUE unless you set the focus to a control
                   // EXCEPTION: OCX Property Pages should return FALSE
}
```

输入图书编号，便可查询到相关详细信息，其代码如程序清单 11-9 所示。

程序清单 11-9：输入图书编号，实现图书查询

```
void CBookUpdateDlg::OnButtonSearch()
{
    UpdateData();
    CString strSQL;
    if(m_strCode.IsEmpty())
        strSQL = "select * from bookInfo";
    else
```

```
            strSQL.Format("select * from bookInfo where code = '%s'", m_strCode);
        RefreshData(strSQL);

    }
```

成员函数 RefreshData()的定义见程序清单 11-10。

程序清单 11-10：成员函数 RefreshData()定义

```
    void CBookUpdateDlg::RefreshData(CString strSQL)
{
    UpdateData(TRUE);
    if(!m_recordset.Open(AFX_DB_USE_DEFAULT_TYPE, strSQL))
    {
        MessageBox("打开数据库失败!", "数据库错误", MB_OK);
        return ;
    }
    if (m_recordset.IsEOF() && m_recordset.IsBOF())
    {
        MessageBox("查无此书!", "错误", MB_OK);
        m_strBookCode = "";
        m_strBookName = "";
        m_strBookType = "";
        m_strBookPrice = "";
        m_strBookPress = "";
        m_strBookWriter = "";
        m_strISSN = "";
        m_strBookNum = "";
    }
    else
    {
    if (m_recordset.IsBOF())
      {
          m_recordset.MoveNext();
      }
      else
      {
        if (m_recordset.IsEOF())
        {
            m_recordset.MovePrev();
        }
      }
        CString strNum;
```

```
            m_strBookCode = m_recordset.m_code ;
            m_strBookName = m_recordset.m_name ;
            m_strBookType = m_recordset.m_type ;
            m_strBookPrice = m_recordset.m_price ;
            m_strBookPress = m_recordset.m_press;
            m_strBookWriter = m_recordset.m_writer;
            m_strISSN    = m_recordset.m_ISSN ;
            strNum.Format("%d", m_recordset.m_BookNum );
            m_strBookNum        = strNum ;
        }
        UpdateData(FALSE);
        m_recordset.Close();
    }
```

单击"修改"或者"删除",按下"确定"按钮,调用 OnButtonOk()函数,实现代码详见程序清单 11-11。

程序清单 11-11:实现图书资料修改或删除操作

```
    void CBookUpdateDlg::OnButtonOk()
    {
        if (IsDlgButtonChecked(IDC_RADIO_UPDATE))
        {
            UpdateData();
            if(m_strBookCode.IsEmpty())
            {
                AfxMessageBox("请输入图书编号! ");
                return;
            }
            if(m_strBookType1.IsEmpty())
            {
                AfxMessageBox("请输入图书类型! ");
                return;
            }
            if(m_strBookName.IsEmpty())
            {
                AfxMessageBox("请输入图书名称! ");
                return;
            }
            if(m_strBookPress.IsEmpty())
            {
                AfxMessageBox("请输入出版社! ");
```

```
        return;
    }
    if(m_strBookWriter.IsEmpty())
    {
        AfxMessageBox("请输入作者! ");
        return;
    }
    CString strSQL;
    CTime current = CTime::GetCurrentTime();
    strSQL.Format("select * from bookInfo where code = '%s'", m_strBookCode);
    if(!m_recordset.Open(AFX_DB_USE_DEFAULT_TYPE, strSQL))
    {
        MessageBox("打开数据库失败!", "数据库错误", MB_OK);
        return ;
    }
    //修改图书记录
    m_recordset.Edit();;
    m_recordset.m_code = m_strBookCode;
    m_recordset.m_name = m_strBookName;
    m_recordset.m_type = m_strBookType;
    m_recordset.m_in_date = current ;
    m_recordset.m_price = m_strBookPrice;
    m_recordset.m_press = m_strBookPress;
    m_recordset.m_writer = m_strBookWriter;
    m_recordset.m_ISSN = m_strISSN;
    m_recordset.m_BookNum = atoi(m_strBookNum);
    m_recordset.Update();
    m_recordset.Close();
    UpdateData(FALSE);
    AfxMessageBox("此图书信息已成功修改! ", MB_ICONINFORMATION );
}
else
{ //删除图书
    UpdateData();
    if(m_strCode.IsEmpty())
    {
        AfxMessageBox("请输入待删除的图书编号! ");
        return;
    }
```

```
        CString strSQL;
        strSQL.Format("select * from bookInfo where code = '%s' ", m_strCode);
        if(!m_recordset.Open(AFX_DB_USE_DEFAULT_TYPE, strSQL))
        {
            AfxMessageBox("打开数据库失败!");
            return ;
        }
        if(m_recordset.GetRecordCount() == 0)
        {
            AfxMessageBox("没有找到该类图书! ");
            m_recordset.Close();
            return;
        }
        m_recordset.Delete();
        m_recordset.Close();
        AfxMessageBox("此图书已成功下架! ", MB_ICONINFORMATION );
        m_ctrList.DeleteAllItems();
        //更新界面显示
        m_strCode = _T("");
        UpdateData(FALSE);
    }
}
```

该函数首先判断 IDC_RADIO_UPDATE 和 IDC_RADIO_DELETE 哪个按钮处于选中状态，若 IDC_RADIO_UPDATE 选中，则修改图书信息，在数据输入完整的情况下，将该图书信息保存入库；若 IDC_RADIO_DELETE 选中，则将该图书下架。

11.6.3　读者信息管理

读者信息管理可以对读者数据表进行添加、删除、查询等操作，实现页面如图 11-42、11-43 和图 11-44 所示，代码与图书资料管理类似，故不再赘述。

图 11-42　增加读者对话框

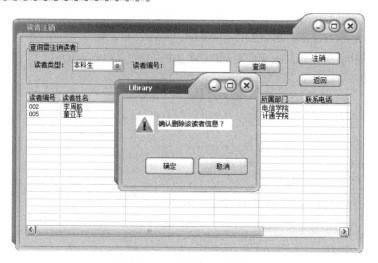

图 11-43   删除读者对话框

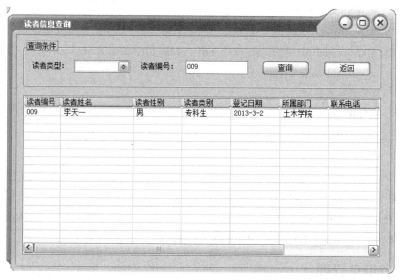

图 11-44   查询读者对话框

11.6.4   基础数据管理

在详细设计中得知：对读者可以按照不同的身份进行归类，制定出不同的借阅待遇，比如最多可借阅图书的数量。同时不同类型的图书最多可借阅的天数，也可在基础数据管理中进行设置。此外当读者借阅图书超期后，需要交纳的罚款额也可修改。这主要是对图书类别 BookType 类和读者类别 ReaderType 类的实例进行添加、删除和修改。属于超级管理员所管理的权限。

1. 图书类型管理

建立对话框 IDD_DIALOG_BOOKTYPE，按照表 11-22 所示设置控件，并建立数据变量或函数，如图 11-45(a)所示。图 11-45(b)所示是单击图 11-45(a)中的"增加"按钮后打开的界面效果图。

表 11-22　图书类型模块控件设置

控件名	数据变量	消息	响应函数
IDC_LIST1	m_ctrlist		
IDC_BUTTON_NEW		BN-CLICKED	OnButtonNew()
IDC_BUTTON_MODIFY		BN-CLICKED	OnButtonModify()
IDC_BUTTON_DELETE		BN-CLICKED	OnButtonDelete()
IDCANCEL		BN-CLICKED	OnCancel()

(a)　"图书"类型设置

(b)　单击"增加"按钮后

图 11-45　图书类型设置对话框

单击图 11-45(a)中的"增加"按钮,调用 OnButtonNew()函数,其代码详见程序清单 11-12。

程序清单 11-12：实现图书类型的增加

```
void CBookTypeDlg::OnButtonNew()
{
    CInputDlg dlg;
    dlg.m_strTypeNo = "图书类型：";
    dlg.m_strNumberNo = "可借天数：";
    if(dlg.DoModal() == IDOK)
    {
    //打开记录集
    CString strSQL;
    strSQL.Format("select * from bookType where type = '%s'", dlg.m_strType);
    if(!m_recordset.Open(AFX_DB_USE_DEFAULT_TYPE, strSQL))
    {
     MessageBox("打开数据库失败!", "数据库错误", MB_OK);
     return ;
    }
    //判断记录是否已经存在
```

```
              if(m_recordset.GetRecordCount() != 0)
              {
               m_recordset.Close();
               MessageBox("该记录已经存在! ");
               return;
              }
              m_recordset.AddNew();
              m_recordset.m_type = dlg.m_strType;
              m_recordset.m_number = dlg.m_nNumber;
              m_recordset.Update();
              m_recordset.Close();
              //更新列表
              RefreshData();
          }
      }
```

其中 CInputDlg 是自定义对话框，如图 11-46 所示，实现图书类型 bookType、读者类型 readerType 表的修改。

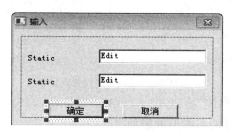

图 11-46   自定义对话框

单击图 11-45(a)中的"修改"按钮，调用 OnButtonModify()函数，其代码详见程序清单 11-13。

程序清单 11-13：实现图书类型的修改

```
      void CBookTypeDlg::OnButtonModify()
      {
          int i = m_ctrList.GetSelectionMark();
          if(i<0)
          {
          AfxMessageBox("请选取要修改的记录! ");
              return;
          }
          //初始化信息输入对话框
          CInputDlg dlg;
          dlg.m_strTypeNo = "图书类型：";
```

```
        dlg.m_strNumberNo = "可借天数：";
        dlg.m_strType = m_ctrList.GetItemText(i, 0);
        dlg.m_nNumber = atoi(m_ctrList.GetItemText(i, 1));
        //等待用户输入
        if(dlg.DoModal() == IDOK)
        {
            //打开记录集
            CString strSQL;
            strSQL.Format("select * from bookType where type = '%s'", dlg.m_strType);
            if(!m_recordset.Open(AFX_DB_USE_DEFAULT_TYPE, strSQL))
            {
                MessageBox("打开数据库失败!", "数据库错误", MB_OK);
                return ;
            }
            //判断记录是否不存在
            if(m_recordset.GetRecordCount() == 0)
            {
                m_recordset.Close();
                MessageBox("该记录不存在! ");
                return;
            }
            m_recordset.Edit();
            m_recordset.m_type = dlg.m_strType;
            m_recordset.m_number = dlg.m_nNumber;
            m_recordset.Update();
            m_recordset.Close();
            //更新列表
            RefreshData();
        }
    }
```

单击图 11-45(a)中的"删除"按钮，调用 OnButtonDelete()函数，其代码详见程序清单 11-14。

程序清单 11-14：实现图书类型的删除

```
    void CBookTypeDlg::OnButtonDelete()
    {
        int i = m_ctrList.GetSelectionMark();
        if(i<0)
        {
            AfxMessageBox("请选取要删除的记录！ ");
            return;
```

```
        }
        //打开记录集
        CString strSQL;
        strSQL.Format("select * from bookType where type = '%s'", m_ctrList.GetItemText(i, 0));
        if(!m_recordset.Open(AFX_DB_USE_DEFAULT_TYPE, strSQL))
        {
            MessageBox("打开数据库失败!", "数据库错误", MB_OK);
            return ;
        }
        //判断记录是否不存在
        if(m_recordset.GetRecordCount() == 0)
        {
            m_recordset.Close();
            MessageBox("该记录不存在！ ");
            return;
        }
        //删除记录
        m_recordset.Delete();
        m_recordset.Close();
        //更新列表
        RefreshData();
    }
```

打开对话框时将已有的数据显示在窗口中，实现代码如程序清单 11-15 所示。

程序清单 11-15：OnInitDialog()函数

```
    BOOL CBookTypeDlg::OnInitDialog()
    {
        CDialog::OnInitDialog();
        //设置数据列表
        m_ctrList.InsertColumn(0, "类别名称");
        m_ctrList.SetColumnWidth(0, 120);
        m_ctrList.InsertColumn(1, "可借天数");
        m_ctrList.SetColumnWidth(1, 60);
        m_ctrList.SetExtendedStyle(LVS_EX_FULLROWSELECT|LVS_EX_GRIDLINES);
        //显示数据到列表中
        RefreshData();
        return TRUE;   // return TRUE unless you set the focus to a control
                       // EXCEPTION: OCX Property Pages should return FALSE
    }
```

成员函数 RefreshData()定义见程序清单 11-16。

程序清单 11-16：成员函数 RefreshData()定义

```
void CBookTypeDlg::RefreshData()
{
    m_ctrList.SetFocus();
    //清空列表
    m_ctrList.DeleteAllItems();
    m_ctrList.SetRedraw(FALSE);
    CString strSQL;
    UpdateData(TRUE);
    //打开记录集
    strSQL = "select * from bookType";
    if(!m_recordset.Open(AFX_DB_USE_DEFAULT_TYPE, strSQL))
    {
        MessageBox("打开数据库失败!", "数据库错误", MB_OK);
        return ;
    }
    //添加记录到列表中
    int i = 0;
    char buffer[20];
    while(!m_recordset.IsEOF())
    {
        m_ctrList.InsertItem(i, m_recordset.m_type);
        itoa(m_recordset.m_number, buffer, 10);
        m_ctrList.SetItemText(i, 1, buffer);
        i++;
        m_recordset.MoveNext();
    }
    m_recordset.Close();
    m_ctrList.SetRedraw(TRUE);
}
```

2. 罚款设置

可以设置超期一天的罚款金额，界面如图 11-47 所示。

图 11-47 罚款设置

3. 读者类型管理

读者类型设置界面如图 11-48 所示，代码同图书类型管理，故省略。

(a) 输入"读者类"和"可借册"   (b) 单击"确定"按钮后

图 11-48   读者类型设置

11.6.5   图书流通管理

1. 图书借阅功能的实现

图书借阅功能的实现属于图书管理员权限，可以进行图书的借出操作。借书时，管理员输入借阅者的借阅证编号，系统查询出读者姓名，统计出已借阅的图书数目，计算出还可借阅的图书数目，若借阅者还可以借阅，则再输入借阅者要借的图书编号，系统查询该书是否还在库中，然后执行相关操作，如图 11-49 所示。

图 11-49   借阅图书对话框

此操作需要访问后台图书资料数据表、读者信息表和借阅信息数据表。

图书借阅管理界面是一个对话框类，ID 号为 IDD_DIALOG_BORROW，按照表 11-23 所示设置控件。

表 11-23 图书借阅模块控件设置

控件名	数据变量	消息	响应函数
IDC_EDIT_READER_CODE	m_strReaderCode	EN_CHANGE	OnChangeEditReaderCode()
IDC_EDIT_READER_NAME	m_strReaderName		
IDC_EDIT_READER_TYPE	m_strReaderType		
IDC_EDIT_ALLOW	m_nAllow		
IDC_EDIT_ALEADY	m_nAlready		
IDC_EDIT_LEFT	m_nLeft		
IDC_EDIT_BOOK_CODE	m_strBookCode	EN_CHANGE	OnChangeEditBookCode()
IDC_EDIT_BOOK_NUM	m_sBookNum		
IDC_EDIT_DAYS	m_nDays		
IDC_EDIT_BOOK_NAME	m_strBookName		
IDC_EDIT_BOOK_TYPE	m_strBookType		
IDC_EDIT_BOOK_PRICE	m_strBookPrice		
IDC_LIST1	m_ctrlist		
IDOK		BN-CLICKED	OnOK()
IDCANCEL		BN-CLICKED	OnCancel()

在对话框初始化时，建立图书信息列表，设定每一列标题、文字对齐方式和宽度。同时打开数据表，初始化图书类型列表，其实现代码如程序清单 11-17 所示。

程序清单 11-17：IDC_LIST1 属性设置和初始化

```
m_ctrList.InsertColumn(0, "图书编号");
m_ctrList.InsertColumn(1, "读者编号");
m_ctrList.InsertColumn(2, "借出日期");
m_ctrList.InsertColumn(3, "应还日期");
m_ctrList.InsertColumn(4, "是否归还");
m_ctrList.InsertColumn(5, "操作员");
m_ctrList.SetColumnWidth(0, 60);
m_ctrList.SetColumnWidth(1, 120);
m_ctrList.SetColumnWidth(2, 80);
m_ctrList.SetColumnWidth(3, 80);
m_ctrList.SetColumnWidth(4, 100);
m_ctrList.SetColumnWidth(5, 100);
m_ctrList.SetExtendedStyle(LVS_EX_FULLROWSELECT|LVS_EX_GRIDLINES);
return TRUE;
```

输入读者代码后，当编辑框 IDC_EDIT_READER_CODE 内容发生改变时，查询显示读者基本信息，判断该读者是否具有借阅资格，其实现代码如程序清单 11-18 所示。

程序清单 11-18：判断该读者是否具有借阅资格

```cpp
void CBorrowDlg::OnChangeEditReaderCode()
{
    UpdateData();
    //获取读者基本信息
    CReaderInfoSet rs_reader;
    CString strSQL;
    strSQL.Format("select * from readerInfo where code = '%s'", m_strReaderCode);
    if(!rs_reader.Open(AFX_DB_USE_DEFAULT_TYPE, strSQL))
    {
        MessageBox("打开数据库失败!", "数据库错误", MB_OK);
        return ;
    }
    if(rs_reader.GetRecordCount() == 0)
    {
        rs_reader.Close();
        return;
    }
    m_strReaderName = rs_reader.m_name;
    m_strReaderType = rs_reader.m_type;
    rs_reader.Close();
    //根据读者类型获取读者可借阅册数
    CReaderTypeSet rs_readerType;
    strSQL.Format("select * from readerType where type = '%s'", m_strReaderType);
    if(!rs_readerType.Open(AFX_DB_USE_DEFAULT_TYPE, strSQL))
    {
        MessageBox("打开数据库失败!", "数据库错误", MB_OK);
        return ;
    }
    if(rs_readerType.GetRecordCount() == 0)
    {
        rs_readerType.Close();
        return;
    }
    m_nAllow = rs_readerType.m_number;
    rs_readerType.Close();
    //根据读者编号读取读者已借阅册数
```

```
CBorrowInfoSet rs_BorrowInfoSet;
strSQL.Format("select * from BorrowInfo where reader_code = '%s'", m_strReaderCode);
if(!rs_BorrowInfoSet.Open(AFX_DB_USE_DEFAULT_TYPE, strSQL))
{
    MessageBox("打开数据库失败!", "数据库错误", MB_OK);
    return ;
}
if(!rs_BorrowInfoSet.IsBOF())
rs_BorrowInfoSet.MoveFirst();
while (!rs_BorrowInfoSet.IsEOF())
rs_BorrowInfoSet.MoveNext();
m_nAlready = rs_BorrowInfoSet.GetRecordCount();
m_nLeft = m_nAllow - m_nAlready;
rs_BorrowInfoSet.Close();
if (m_nLeft>0)
m_bReaderEnable = TRUE;
else
m_bReaderEnable = FALSE;
UpdateData(FALSE);
}
```

输入图书代码后，当编辑框 IDC_EDIT_BOOK_CODE 内容发生改变时，查询显示图书信息，判断数据库中该本图书的库存，其代码如程序清单 11-19 所示。

程序清单 11-19：判断数据库中该本图书的库存

```
void CBorrowDlg::OnChangeEditBookCode()
{
    UpdateData();
    //获取图书基本信息
    CBookInfoSet rs_book;
    CString strSQL, strNum;
    strSQL.Format("select * from bookInfo where code = '%s'", m_strBookCode);
    if(!rs_book.Open(AFX_DB_USE_DEFAULT_TYPE, strSQL))
    {
        MessageBox("打开数据库失败!", "数据库错误", MB_OK);
        return ;
    }
    if(rs_book.GetRecordCount() == 0)
    {
        rs_book.Close();
        return;
```

```
      }
      m_strBookName = rs_book.m_name;
      m_strBookType = rs_book.m_type;
      m_strBookPrice = rs_book.m_price;
      m_sBookNum = rs_book.m_BookNum;
      m_bBookEnable = TRUE;
      if(rs_book.m_BookNum == 0)
      {
         AfxMessageBox("此图书尚无库存！ ");
         m_bBookEnable = FALSE;
      }
      rs_book.Close();
      //根据图书类型获取图书可借阅天数
      CBookTypeSet rs_bookType;
      strSQL.Format("select * from bookType where type = '%s'", m_strBookType);
      if(!rs_bookType.Open(AFX_DB_USE_DEFAULT_TYPE, strSQL))
      {
         MessageBox("打开数据库失败!", "数据库错误", MB_OK);
         return ;
      }
      if(rs_bookType.GetRecordCount() == 0)
      {
         rs_bookType.Close();
         return;
      }
      m_nDays = rs_bookType.m_number;
      rs_bookType.Close();
      UpdateData(FALSE);
   }
```

响应 IDOK 按钮命令，添加代码如程序清单 11-20 所示。

程序清单 11-20：实现图书借阅功能

```
   void CBorrowDlg::OnOK()
   {
      // 判断读者是否具有借阅资格，以及图书是否可以被借出
      if(!m_bReaderEnable)
      {
         MessageBox("已超过最大借阅册数!", "错误", MB_OK);
         return;
      }
```

```
if(!m_bBookEnable)
{
    MessageBox("此书已借出!", "错误", MB_OK);
    return;
}
CLibraryApp*    ptheApp = (CLibraryApp *) AfxGetApp();
//修改图书库存信息
CBookInfoSet rs_book;
CString strSQL;
strSQL.Format("select * from bookInfo where code = '%s'", m_strBookCode);
if(!rs_book.Open(AFX_DB_USE_DEFAULT_TYPE, strSQL))
{
    MessageBox("打开数据库失败!", "数据库错误", MB_OK);
    return ;
}
if(rs_book.m_BookNum == 0)
{
    MessageBox("此图书尚无库存!", "错误", MB_OK);
    rs_book.Close();
    return;
}
else    //并修改此图书库存
{
    int num;
    num = rs_book.m_BookNum-1;
    rs_book.Edit();
    rs_book.m_BookNum = num;
    rs_book.Update();
    rs_book.Close();
}
if(!m_recordset.Open(AFX_DB_USE_DEFAULT_TYPE))
{
    AfxMessageBox("打开数据库失败!");
    return ;
}
//添加借书记录
m_recordset.AddNew();
m_recordset.m_book_code = m_strBookCode;
m_recordset.m_borrow_date = CTime::GetCurrentTime() ;
```

```
        m_recordset.m_operator = ptheApp->m_strOperator ;
        m_recordset.m_reader_code = m_strReaderCode;
        m_recordset.m_return_date = CTime::GetCurrentTime() + m_nDays*24*3600 ;
        m_recordset.m_isReturn = FALSE;
        m_recordset.Update();
        m_recordset.Close();
        //更新界面显示
        m_strBookCode = "";
        m_nDays = 0;
        m_nAlready++;
        m_nLeft--;
        m_bBookEnable = FALSE;
        UpdateData(FALSE);
        RefreshData();
    }
```

借阅图书后即可调用成员函数 RefreshData()，查询借阅信息表 borrowInfo，获取当前读者的借阅信息并显示在列表中，代码如程序清单 11-21 所示。

程序清单 11-21：

```
    void CBorrowDlg::RefreshData()
    {
        m_ctrList.DeleteAllItems();
        m_ctrList.SetRedraw(FALSE);
        UpdateData(TRUE);
        CString strSQL;
        strSQL.Format( "select * from borrowInfo where reader_code = '%s'", m_strReaderCode);
        if(!m_recordset.Open(AFX_DB_USE_DEFAULT_TYPE, strSQL))
        {
            MessageBox("打开数据库失败!", "数据库错误", MB_OK);
            return ;
        }
        int i = 0;
        CString strTime, strLogic;
        while(!m_recordset.IsEOF())
        {
            m_ctrList.InsertItem(i, m_recordset.m_book_code);
            m_ctrList.SetItemText(i, 1, m_recordset.m_reader_code);
            strTime.Format("%d-%d-%d", m_recordset.m_borrow_date.GetYear(),
                        m_recordset.m_borrow_date.GetMonth(),
                        m_recordset.m_borrow_date.GetDay());
```

```
                    m_ctrList.SetItemText(i, 2, strTime);
        strTime.Format("%d-%d-%d", m_recordset.m_return_date.GetYear(),
                        m_recordset.m_return_date.GetMonth(),
                        m_recordset.m_return_date.GetDay());
                m_ctrList.SetItemText(i, 3, strTime);
                strLogic.Format("%d", m_recordset.m_isReturn);
                m_ctrList.SetItemText(i, 4, strLogic);
                m_ctrList.SetItemText(i, 5, m_recordset.m_operator);
                i++;
                m_recordset.MoveNext();
        }
        m_recordset.Close();
        m_ctrList.SetRedraw(TRUE);
    }
```

2. 图书归还功能的实现

图书归还功能的实现属于图书管理员管理权限,在该界面中可以进行图书的还书操作。管理员输入借阅者的图书编号,系统查询出图书信息,再输入借阅者读者编号,系统查询一下该书是否已超期,若超期则统计出超期的天数和罚款金额,然后再执行相关的操作,运行界面如图 11-50 所示。

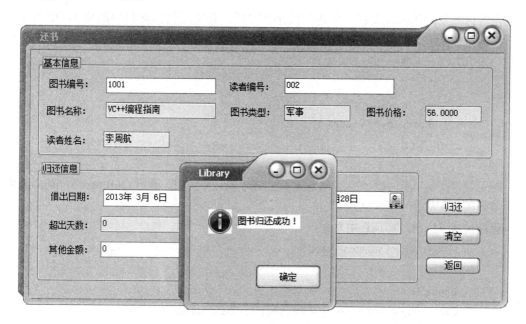

图 11-50　还书对话框

此操作需要访问后台图书资料数据表、读者信息表和借阅信息数据表。

建立对话框 IDD_DIALOG_RETURN,按照表 11-24 所示设置控件,并建立数据变量或函数。

表 11-24　还书模块控件设置

控件名	数据变量	消息	响应函数
IDC_EDIT_BOOKCODE	m_strBookCode	EN_CHANGE	OnChangeEditBookCode()
IDC_EDIT_READERCODE	m_strReaderCode	EN_CHANGE	OnChangeEditReadercode()
IDC_EDIT_BOOKNAME	m_strBookName		
IDC_EDIT_BOOKTYPE	m_strBookType		
IDC_EDIT_PRICE	m_strPrice		
IDC_EDIT_READERNAME	m_strReaderName		
IDC_DATETIMEPICKER_BORROW	m_tmBorrow		
IDC_DATETIMEPICKER_RETURN	m_tmReturn		
IDC_EDIT_OVERTIME	m_nOverDays		
IDC_EDIT_PUNISH	m_fPunish		
IDC_EDIT_OTHER	m_fOther		
IDC_EDIT_TOTAL	m_fTotal		
IDC_BUTTON_RETURN	m_bntReturn	BN-CLICKED	OnButtonReturn()
IDC_BUTTON_CLEAR		BN-CLICKED	OnButtonClear()
IDCANCEL		BN-CLICKED	OnCancel()

在对话框初始化时，设置"归还"按钮不可用，其实现代码如程序清单 11-22 所示。

程序清单 11-22：初始化窗口

```
BOOL CReturnDlg::OnInitDialog()
{
    CDialog::OnInitDialog();
    m_bntReturn.EnableWindow(FALSE);
    return TRUE;
}
```

图书管理员输入图书编号、读者编号后点击"归还"按钮，调用 OnButtonReturn()函数，其实现代码如程序清单 11-23 所示。

程序清单 11-23：实现还书功能

```
void CReturnDlg::OnButtonReturn()
{
    UpdateData();
    CLibraryApp*    ptheApp = (CLibraryApp *) AfxGetApp();
    //修改图书库存信息
    CBookInfoSet rs_book;
    CString strSQL;
    strSQL.Format("select * from bookInfo where code = '%s'", m_strBookCode);
```

```
if(!rs_book.Open(AFX_DB_USE_DEFAULT_TYPE, strSQL))
{
    MessageBox("打开数据库失败!", "数据库错误", MB_OK);
    return ;
}
if(rs_book.GetRecordCount() == 0)
{
    rs_book.Close();
    return;
}
rs_book.Edit();
rs_book.Update();
rs_book.Close();
//修改借阅信息
strSQL.Format("select * from borrowInfo where book_code = '%s' and isReturn = False ",
m_strBookCode);
if(!m_BorrowSet.Open(AFX_DB_USE_DEFAULT_TYPE, strSQL))
{
    AfxMessageBox("打开数据库失败!");
    return ;
}
//判断是否借出
if(m_BorrowSet.GetRecordCount() != 0)
{
    m_BorrowSet.Edit();
    m_BorrowSet.m_isReturn = TRUE;
    m_BorrowSet.Update();
}
m_BorrowSet.Close();
//保存还书信息到数据库中
if(!m_ReturnSet.Open(AFX_DB_USE_DEFAULT_TYPE))
{
    AfxMessageBox("打开数据库失败!");
    m_bntReturn.EnableWindow(FALSE);
    return ;
}
char buffer[20];
m_ReturnSet.AddNew();
m_ReturnSet.m_book_code = m_strBookCode;
```

```
            m_ReturnSet.m_borrow_date = m_tmBorrow;
            m_ReturnSet.m_operator = ptheApp->m_strOperator;
            gcvt(m_fOther, 7, buffer);
            m_ReturnSet.m_other = buffer;
            m_ReturnSet.m_punish = buffer;
            m_ReturnSet.m_reader_code = m_strReaderCode;
            m_ReturnSet.m_return_date = CTime::GetCurrentTime();
            m_ReturnSet.Update();
            m_ReturnSet.Close();
            AfxMessageBox("图书归还成功！", MB_ICONINFORMATION);
            //恢复到初始状态
            OnButtonClear();
        }
```

若需要清空输入信息，则点击"清空"，调用 OnButtonClear()函数，其实现代码如程序清单 11-24 所示。

程序清单 11-24：实现文本框清空

```
        void CReturnDlg::OnButtonClear()
        {
            m_tmBorrow = 0;
            m_tmReturn = 0;
            m_strBookCode = _T("");
            m_strBookName = _T("");
            m_strBookType = _T("");
            m_nOverDays = 0;
            m_strPrice = _T("");
            m_strReaderCode = _T("");
            m_strReaderName = _T("");
            m_fPunish = 0.0f;
            m_fOther = 0.0f;
            m_fTotal = 0.0f;
            UpdateData(FALSE);
            //设置按钮状态
            m_bntReturn.EnableWindow(FALSE);
        }
```

当输入图书代码后，系统自动查询显示图书信息，其实现代码如程序清单 11-25 所示。

程序清单 11-25：显示图书的基本信息

```
        void CReturnDlg::OnChangeEditBookcode()
        {
            UpdateData();
```

```
        CString strSQL;
        strSQL.Format("select * from bookInfo where code = '%s'", m_strBookCode);
        //打开记录集
        if(!m_BookSet.Open(AFX_DB_USE_DEFAULT_TYPE, strSQL))
        {
            AfxMessageBox("打开数据库失败!");
            m_bntReturn.EnableWindow(FALSE);
            return ;
        }
        //判断库中是否有该书
        if(m_BookSet.GetRecordCount() == 0)
        {
            m_BookSet.Close();
            m_bntReturn.EnableWindow(FALSE);
            return;
        }
        //显示图书基本信息
        m_strBookName = m_BookSet.m_name;
        m_strBookType = m_BookSet.m_type;
        m_strPrice = m_BookSet.m_price;
        m_BookSet.Close();
        UpdateData(FALSE);
        m_bntReturn.EnableWindow();            //设置按钮状态
    }


    void CReturnDlg::OnChangeEditOther()
    {
        UpdateData();
        m_fTotal = m_fOther + m_fPunish;
        UpdateData(FALSE);
    }
```

当输入读者借阅证号后，系统自动查询显示图书信息，并判断是否超期，若超期则计算相应的罚款金额，其实现代码如程序清单 11-26 所示。

程序清单 11-26：图书超期的判定及罚款额的计算

```
    void CReturnDlg::OnChangeEditReadercode()
    {
        UpdateData();
        CString strSQL;
        strSQL.Format("select * from borrowInfo where book_code = '%s' and reader_code = '%s' and
```

```
isReturn = False ", m_strBookCode, m_strReaderCode);
    //打开记录集
    if(!m_BorrowSet.Open(AFX_DB_USE_DEFAULT_TYPE, strSQL))
    {
        AfxMessageBox("打开数据库失败!");
        m_bntReturn.EnableWindow(FALSE);
        return ;
    }
    //判断是否借出
    if(m_BorrowSet.GetRecordCount() == 0)
    {
        m_BorrowSet.Close();
        m_bntReturn.EnableWindow(FALSE);
        return;
    }
    //显示图书借阅信息
    m_tmBorrow = m_BorrowSet.m_borrow_date;
    m_tmReturn = m_BorrowSet.m_return_date;
    CTime    tmCurrent = CTime::GetCurrentTime();
    if(tmCurrent > m_tmReturn)
    m_nOverDays = (int)(tmCurrent - m_tmReturn).GetDays();
    else
        m_nOverDays = 0;
    CPunishTypeSet rs;
    //显示罚款数据
    rs.Open(AFX_DB_USE_DEFAULT_TYPE, "select * from punishtype");
    m_fPunish = (float)( m_nOverDays*(atof(rs.m_money)));
    m_fTotal = m_fOther + m_fPunish;
    m_BorrowSet.Close();
    //显示图书基本信息
    strSQL.Format("select * from readerInfo where code = '%s'", m_strReaderCode);
    //打开记录集
    if(!m_readerSet.Open(AFX_DB_USE_DEFAULT_TYPE, strSQL))
    {
        AfxMessageBox("打开数据库失败!");
        m_bntReturn.EnableWindow(FALSE);
        return ;
    }
    m_strReaderName = m_readerSet.m_name;
```

```
            m_readerSet.Close();
            UpdateData(FALSE);
            m_bntReturn.EnableWindow();    //设置按钮状态
        }
```

11.6.6　信息查询

信息查询是唯一一个对读者开放权限的功能，它主要有两大功能，一个是实现读者查询，查询读者的个人借阅情况；另外一个是实现图书查询，查询图书的馆藏情况，如馆内是否有某本图书，是否已被借阅，实现预借功能等。在图书查询中，实现了精确查询和语音模糊查询相结合的方法。

1. 图书查询

图书查询功能是一项非常重要的功能，它能帮助读者在书库中查阅图书信息情况，如查阅某本图书是否在馆等。图书查阅提供了根据图书名称、出版社、作者关键字的查询，查询分为精确查询和模糊查询两种方式，如图 11-51 和图 11-52 所示。

图 11-51　精确查询

图 11-52　模糊查询

具体设计过程如下：建立对话框 IDD_DIALOG_BOOK_QUERY，如图 11-53 所示，按照表 11-25 所示设置控件，并建立数据变量或函数。

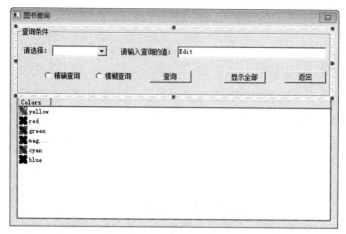

图 11-53 图书查询 IDD_DIALOG_BOOK_QUERY 对话框

表 11-25 查询图书模块控件设置

控件名	数据变量	消息	响应函数
IDC_COMBO1			
IDC_EDIT1	m_text		
IDC_RADIO1			
IDC_RADIO2			
IDC_LIST1	m_ctrlist		
IDC_BUTTON_SELECT		BN-CLICKED	OnButtonquery()
IDC_BUTTON_ALL		BN-CLICKED	OnButtonAll()
IDCANCEL		BN-CLICKED	OnCancel()

其中，combox 控件属性设置如图 11-54 所示。

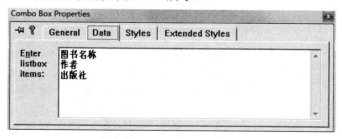

图 11-54 combox 控件属性

对话框初始化时，默认查询方式为精确查询，列表框定义的实现代码如程序清单 11-27 所示。

程序清单 11-27：列表框属性的设置

```
((CButton *)GetDlgItem(IDC_RADIO1))->SetCheck(TRUE);    //选上
CDialog::OnInitDialog();
```

//设置列表

```
m_ctrList.InsertColumn(0, "图书编号");
m_ctrList.InsertColumn(1, "图书名称");
m_ctrList.InsertColumn(2, "图书类别");
m_ctrList.InsertColumn(3, "作者");
m_ctrList.InsertColumn(4, "出版社");
m_ctrList.InsertColumn(5, "图书价格");
m_ctrList.InsertColumn(6, "登记日期");
m_ctrList.InsertColumn(7, "备注说明");
m_ctrList.InsertColumn(8, "图书数量");
m_ctrList.SetColumnWidth(0, 60);
m_ctrList.SetColumnWidth(1, 120);
m_ctrList.SetColumnWidth(2, 80);
m_ctrList.SetColumnWidth(3, 80);
m_ctrList.SetColumnWidth(4, 80);
m_ctrList.SetColumnWidth(5, 80);
m_ctrList.SetColumnWidth(6, 80);
m_ctrList.SetColumnWidth(7, 80);
m_ctrList.SetColumnWidth(8, 80);
m_ctrList.SetExtendedStyle(LVS_EX_FULLROWSELECT|LVS_EX_GRIDLINES);
return TRUE;
```

输入完查询条件后，点击"查询"按钮，执行如程序清单 11-28 所示的操作。

程序清单 11-28：图书查询

```
void CBookQueryDlg::OnButtonQueryt()
{
    UpdateData(TRUE);
    CString field, strSQL;
    switch(m_Combo1.GetCurSel())
    {
      case 0:
        field = "name";
        break;
      case 1:
        field = "writer";
        break;
      case 2:
        field = "press";
        break;
    }
```

```
if (IsDlgButtonChecked(IDC_RADIO1))
    strSQL.Format("select * from bookInfo where %6s = '%s'",   field,   m_text);
else
    strSQL.Format("select * from bookInfo where %6s like '%%%s%%'", field, m_text);
CBookInfoSet rs_book;
if(!rs_book.Open(AFX_DB_USE_DEFAULT_TYPE, strSQL))
{
    MessageBox("打开数据库失败!", "数据库错误", MB_OK);
    return ;
}
if(rs_book.GetRecordCount() == 0)
{
    MessageBox("查无此书!", "错误", MB_OK);
    rs_book.Close();
    return;
}
RefreshData(strSQL);
}
```

增加成员函数 RefreshData()实现数据显示，其代码详见程序清单 11-29。

程序清单 11-29：增加成员函数 RefreshData，实现数据显示

```
void CBookQueryDlg::RefreshData(CString strSQL)
{
    m_ctrList.DeleteAllItems();
    m_ctrList.SetRedraw(FALSE);
    UpdateData(TRUE);
    if(!m_recordset.Open(AFX_DB_USE_DEFAULT_TYPE, strSQL))
    {
        MessageBox("打开数据库失败!", "数据库错误", MB_OK);
        return ;
    }
    int i = 0;
    CString strTime, strNum;
    while(!m_recordset.IsEOF())
    {
        m_ctrList.InsertItem(i, m_recordset.m_code);
        m_ctrList.SetItemText(i, 1, m_recordset.m_name);
        m_ctrList.SetItemText(i, 2, m_recordset.m_type);
        m_ctrList.SetItemText(i, 3, m_recordset.m_writer);
        m_ctrList.SetItemText(i, 4, m_recordset.m_press);
```

```
        m_ctrList.SetItemText(i, 5, m_recordset.m_price);
        strTime.Format("%d-%d-%d", m_recordset.m_in_date.GetYear(), m_recordset.m_in_date.GetMonth(),
    m_recordset.m_in_date.GetDay());
            m_ctrList.SetItemText(i, 6, strTime);
            m_ctrList.SetItemText(i, 7, m_recordset.m_brief);
            strNum.Format("%d", m_recordset.m_BookNum );
            m_ctrList.SetItemText(i, 8, strNum);
            i++;
            m_recordset.MoveNext();
        }
        m_recordset.Close();
        m_ctrList.SetRedraw(TRUE);
    }
```

若用户想查询所有图书信息，则点击"全部显示"，执行代码详见程序清单 11-30。

程序清单 11-30：所有图书信息显示

```
    void CBookQueryDlg::OnButtonAll()
    {
        CString strSQL;
        strSQL.Format( "select * from bookInfo ");
        RefreshData( strSQL);
    }
```

2. 借阅查询

借阅查询模块可以查询图书和读者的借阅情况，运行结果如图 11-55 和图 11-56 所示。

建立对话框 IDD_DIALOG_BORROW_SEARCH，按照表 11-26 所示设置控件，并建立数据变量或函数。

图 11-55　根据读者编号进行借阅情况查询

图 11-56 根据图书编号完成借阅情况查询

表 11-26 系统管理模块控件设置

控件名	数据变量	消息	响应函数
IDC_EDIT_READERCODE	m_strReaderCode		
IDC_EDIT_BOOKCODE	m_strBookCode		
IDC_RADIO1			
IDOK		BN-CLICKED	OnButtonSearch()
IDCANCEL		BN-CLICKED	OnCancel()

窗口初始化及点击"查询"执行操作代码详见程序清单 11-31 和 11-32。

程序清单 11-31：初始化窗口

```
BOOL CBorrowSearchDlg::OnInitDialog()
{
    CDialog::OnInitDialog();
    m_ctrList.InsertColumn(0, "读者编号");
    m_ctrList.InsertColumn(1, "图书编号");
    m_ctrList.InsertColumn(2, "借出日期");
    m_ctrList.InsertColumn(3, "应还日期");
    m_ctrList.InsertColumn(4, "是否归还");
    m_ctrList.InsertColumn(5, "操作员");
    m_ctrList.SetColumnWidth(0, 80);
    m_ctrList.SetColumnWidth(1, 80);
    m_ctrList.SetColumnWidth(2, 100);
    m_ctrList.SetColumnWidth(3, 100);
    m_ctrList.SetColumnWidth(4, 100);
    m_ctrList.SetColumnWidth(5, 100);
    m_ctrList.SetExtendedStyle(LVS_EX_FULLROWSELECT|LVS_EX_GRIDLINES);
    return TRUE;
}
```

程序清单 11-32：图书借阅情况查询

```
void CBorrowSearchDlg::OnButtonSearch()
{   UpdateData();
    CString strSQL;
    if (IsDlgButtonChecked(IDC_RADIO1))
    {
        if(!m_strReaderCode.IsEmpty()&!m_strBookCode.IsEmpty())
            strSQL.Format("select * from borrowInfo where reader_code = '%s'
                        and book_code = '%s' and   isreturn = FALSE",
                        m_strReaderCode, m_strBookCode);
        else if(!m_strReaderCode.IsEmpty())
            strSQL.Format("select * from borrowInfo where reader_code = '%s'
                        and isreturn = FALSE", m_strReaderCode);
            else if(!m_strBookCode.IsEmpty())
                strSQL.Format("select * from borrowInfo where book_code = '%s'
                            and isreturn = FALSE", m_strBookCode);
                else
                    strSQL = "select * from borrowInfo where and m_isReturn = TRUE";
    }   else
    {   if(!m_strReaderCode.IsEmpty()&!m_strBookCode.IsEmpty())
            strSQL.Format("select * from borrowInfo where reader_code = '%s'
                        and book_code = '%s'", m_strReaderCode, m_strBookCode);
        else if(!m_strReaderCode.IsEmpty())
            strSQL.Format("select * from borrowInfo where reader_code = '%s'",
                        m_strReaderCode);
            else if(!m_strBookCode.IsEmpty())
                strSQL.Format("select * from borrowInfo where book_code = '%s'",
                            m_strBookCode);
                else
                    strSQL = "select * from borrowInfo";
    }
    m_ctrList.DeleteAllItems();
    m_ctrList.SetRedraw(FALSE);
    if(!m_recordset.Open(AFX_DB_USE_DEFAULT_TYPE, strSQL))
    {   MessageBox("打开数据库失败!", "数据库错误", MB_OK);
        return ;
    }
    int i = 0;
    CString strTime, strLogic, strLogicDemo;
```

```
                while(!m_recordset.IsEOF())
                {
                    m_ctrList.InsertItem(i, m_recordset.m_reader_code);
                    m_ctrList.SetItemText(i, 1, m_recordset.m_book_code);
                    strTime.Format("%d-%d-%d", m_recordset.m_borrow_date.GetYear(),
                            m_recordset.m_borrow_date.GetMonth(), m_recordset.m_borrow_date.GetDay());
                    m_ctrList.SetItemText(i, 2, strTime);
                strTime.Format("%d-%d-%d", m_recordset.m_return_date.GetYear(),
                            m_recordset.m_return_date.GetMonth(), m_recordset.m_return_date.GetDay());
                    m_ctrList.SetItemText(i, 3, strTime);
                    strLogic.Format("%d", m_recordset.m_isReturn);
                    if (strLogic == "0")
                        strLogicDemo = "尚未归还";
                    else
                        strLogicDemo = "已归还";
                    m_ctrList.SetItemText(i, 4, strLogicDemo);
                    m_ctrList.SetItemText(i, 5, m_recordset.m_operator);
                    i++;
                    m_recordset.MoveNext();
                }
                m_recordset.Close();
                m_ctrList.SetRedraw(TRUE);
            }
```

11.6.7 系统管理

系统管理同样属于超级管理者所管理权限，在这里系统管理员可以根据需要将不同的用户进行不同的权限设置，可设置的权限为系统管理员、图书管理员和用户三种，它们将具有不同的管理权限。这主要是对应用户的信息数据库进行操作，可以进行添加、删除和修改操作，其界面如图 11-57 所示。

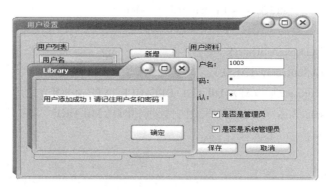

图 11-57   用户设置界面

建立对话框 IDD_DIALOG_USER，按照表 11-27 所示设置控件，并建立数据变量或函数。

表 11-27 系统管理模块控件设置

控件名	数据变量	消息	响应函数
IDC_EDIT1	m_strUser		
IDC_EDIT2	m_strPass		
IDC_EDIT3	m_strRePass		
IDC_CHECK1	m_bIsAdmin		
IDC_CHECK2	m_supAdmin		
IDC_LIST_USERNAME		EN_CHANGE	OnClickListUsername()
IDC_BUTTON_NEW		BN-CLICKED	OnButtonNew()
IDC_BUTTON_DELETE		BN-CLICKED	OnButtonDelete()
IDOK		BN-CLICKED	OnOK()
IDC_BUTTON_CANCEL		BN-CLICKED	OnButtonCancel()
IDCANCEL		BN-CLICKED	OnCancel()

在对话框初始化时，用户列表中显示当前系统所有用户名，其实现代码如程序清单 11-33 所示。

程序清单 11-33：初始化窗口

```
BOOL CUserDlg::OnInitDialog()
{
    CDialog::OnInitDialog();
    //创建用户列表
    m_ctrList.InsertColumn(0, "用户名");
    m_ctrList.SetExtendedStyle(LVS_EX_FULLROWSELECT|LVS_EX_GRIDLINES);
    m_ctrList.SetColumnWidth(0, 120);
    //在添加用户列表中添加用户名
    RefreshData();
    return TRUE;
}
```

自定义数据更新 RefreshData()函数：

```
void CUserDlg::RefreshData()
{
    m_ctrList.SetFocus();
    //清空用户列表
    m_ctrList.DeleteAllItems();
    m_ctrList.SetRedraw(FALSE);
    CString strSQL;
```

```
    UpdateData(TRUE);
    //打开记录集
    strSQL = "select * from user";
    if(!m_recordset.Open(AFX_DB_USE_DEFAULT_TYPE, strSQL))
    {
        MessageBox("打开数据库失败!", "数据库错误", MB_OK);
        return ;
    }
    //添加用户名到用户列表中
    int i = 0;
    while(!m_recordset.IsEOF())
    {
        m_ctrList.InsertItem(i++, m_recordset.m_user);
        m_recordset.MoveNext();
    }
    m_recordset.Close();
    m_ctrList.SetRedraw(TRUE);
}
```

单击"用户列表"，相关用户信息会显示在编辑框中，其实现代码如程序清单 11-34 所示。

程序清单 11-34：编辑区显示选定用户详细信息

```
void CUserDlg::OnClickListUsername(NMHDR* pNMHDR, LRESULT* pResult)
{
    CString strSQL;
    UpdateData(TRUE);
    //从数据库中获取选择用户名的资料
    int i = m_ctrList.GetSelectionMark();
    m_strUser = m_ctrList.GetItemText(i, 0);
    strSQL.Format("select * from user where user = '%s'", m_strUser);
    if(!m_recordset.Open(AFX_DB_USE_DEFAULT_TYPE, strSQL))
    {
        MessageBox("打开数据库失败!", "数据库错误", MB_OK);
        return ;
    }
    //显示用户资料
    m_strPass = m_recordset.m_passwd;
    m_strRePass = m_strPass;
    m_bIsAdmin = m_recordset.m_isadmin;
    m_supAdmin = m_recordset.m_supadmin;
    m_recordset.Close();
```

```
            UpdateData(FALSE);
            *pResult = 0;
        }
```

增加用户代码如程序清单 11-35 所示。

程序清单 11-35：增加用户

```
    void CUserDlg::OnButtonNew()
    {
        //清空用户资料
        m_strUser = "";
        m_strPass = "";
        m_strRePass = "";
        m_bIsAdmin = FALSE;
        m_supAdmin = FALSE;
        //设置用户名编辑框为可用
        m_ctrUser.EnableWindow(TRUE);
        m_ctrUser.SetFocus();
        //更新数据到界面
        UpdateData(FALSE);
    }
```

删除用户代码如程序清单 11-36 所示。

程序清单 11-36：删除用户

```
    void CUserDlg::OnButtonDelete()
    {
        UpdateData(TRUE);
        //判断是否指定用户
        if(m_strUser == "")
        {
            MessageBox("请选择一个用户！");
            return;
        }
        CString strSQL;
        strSQL.Format("select * from user where user = '%s'", m_strUser);
        if(!m_recordset.Open(AFX_DB_USE_DEFAULT_TYPE, strSQL))
        {
            MessageBox("打开数据库失败!", "数据库错误", MB_OK);
            return ;
        }
        //删除该用户
        m_recordset.Delete();
```

```
        m_recordset.Close();
    //刷新用户列表
    RefreshData();
    m_strUser = "";
    m_strPass = "";
    m_strRePass = "";
    m_bIsAdmin = FALSE;
    m_supAdmin = FALSE;
    UpdateData(FALSE);
}
```

单击"保存"按钮，调用 OnOK()函数，其代码详见程序清单 11-37。

程序清单 11-37：保存修改信息

```
    void CUserDlg::OnOK()
    {
        UpdateData();
        if(m_ctrUser.IsWindowEnabled())
        {//增加新用户的输入检查
            if(m_strUser == "")
            {
                MessageBox("请填写用户名！");
                m_ctrUser.SetFocus();
                return;
            }
        }
        else
        {//修改用户信息的输入检查
            if(m_strUser == "")
            {
                MessageBox("请选择一个用户！");
                return;
            }
        }
        //限制密码不能为空
        if(m_strPass == "")
        {
            MessageBox("密码不能为空，请输入密码！");
            m_ctrPass.SetFocus();
            return;
        }
```

```
//验证密码与确认密码是否一致
if(m_strPass != m_strRePass)
{
    MessageBox("两次输入的密码不一致，请重新输入密码！");
    m_ctrPass.SetFocus();
    m_strPass = "";
    m_strRePass = "";
    UpdateData(FALSE);
    return;
}
//打开记录集
CString strSQL;
strSQL.Format("select * from user where user = '%s'", m_strUser);
if(!m_recordset.Open(AFX_DB_USE_DEFAULT_TYPE, strSQL))
{
    MessageBox("打开数据库失败!", "数据库错误", MB_OK);
    return ;
}
if(m_ctrUser.IsWindowEnabled())
{   //增加新用户
    //判断用户是否已经存在
    if(m_recordset.GetRecordCount() != 0)
    {
        m_recordset.Close();
        MessageBox("该用户已经存在！");
        return;
    }
    m_recordset.AddNew();
    m_recordset.m_user = m_strUser;
    m_recordset.m_passwd = m_strPass;
    m_recordset.m_isadmin = m_bIsAdmin;
        m_recordset.m_supadmin = m_supAdmin;
    m_recordset.Update();
    MessageBox("用户添加成功！请记住用户名和密码！");
    m_recordset.Close();
}
else
{//修改用户信息
    //判断用户是否不存在
```

```
            if(m_recordset.GetRecordCount() == 0)
            {
                m_recordset.Close();
                MessageBox("该用户不存在！请更新数据库");
                return;
            }
            m_recordset.Edit();
            m_recordset.m_user = m_strUser;
            m_recordset.m_passwd = m_strPass;
            m_recordset.m_isadmin = m_bIsAdmin;
            m_recordset.m_supadmin = m_supAdmin;
            m_recordset.Update();
            MessageBox("用户修改成功！请记住用户名和密码！");
            m_recordset.Close();
        }
        m_ctrUser.EnableWindow(FALSE);
        //更新用户列表
        RefreshData();
    }
```

单击"取消"按钮，调用 OnButtonCancel()函数，其代码详见程序清单 11-38。

程序清单 11-38：

```
    void CUserDlg::OnButtonCancel()
    {
        // TODO: Add your control notification handler code here
        m_strUser = "";
        m_strPass = "";
        m_strRePass = "";
        m_bIsAdmin = FALSE;
        m_supAdmin=FALSE;
        m_ctrUser.EnableWindow(FALSE);
        UpdateData(FALSE);
    }
```

11.6.8　数据库管理

　　数据备份是图书管理系统不可或缺的功能，它要求系统管理员每天都要对数据库所有的数据表进行数据拷贝，以免由于硬件的原因致使数据丢失。单击窗体的数据备份按钮，会出现备份对话框，如图 11-58 所示，单击"确定"按钮，系统就会将所有的数据表拷贝到相应的地址中，其

图 11-58　备份对话框

实现代码如程序清单 11-39 所示。

程序清单 11-39：备份数据

```
void CMainFrame::OnDatabaseBackup()
{
    if(AfxMessageBox("您确定要备份数据库吗?", MB_OKCANCEL)==IDCANCEL)
    {
        return;
    }
    if(CopyFile(".\\libDB.mdb", ".\\libDB.bak", FALSE))
        AfxMessageBox("数据库备份成功！");
    else
        AfxMessageBox("数据库备份失败！");
}


void CMainFrame::OnDatabaseRecover()
{
    if(AfxMessageBox("还原数据库将覆盖原来的数据库。您确定要还原吗?", MB_ OKCANCEL)
== IDCANCEL)
    {
        return;
    }
    if(CopyFile(".\\libDB.bak", ".\\libDB.mdb", FALSE))
        AfxMessageBox("数据库还原成功！");
    else
        AfxMessageBox("数据库还原失败！");
}
```

参 考 文 献

[1]　张基温. C++程序开发教程[M]. 北京：清华大学出版社，2002.

[2]　吴祖峰，等. C++语言教程[M]. 成都：电子科技大学出版社，2008.

[3]　陈维兴. C++面向对象程序设计教程[M]. 3 版. 北京：清华大学出版社，2009.

[4]　谭浩强. C 语言程序设计[M]. 2 版. 北京：清华大学出版社，1999.

[5]　王育坚，等. Visual C++ 面向对象编程教程[M]. 2 版. 北京：清华大学出版社，2007.

[6]　年福忠，庞淑侠，朱红蕾. 面向对象技术(C++)[M]. 北京：清华大学出版社，2015.

[7]　李师贤，等. 面向对象程序设计基础[M]. 北京：高等教育出版社，2005.

[8]　温秀梅，等. Visual C++ 面向对象程序设计教程与实验[M]. 北京：清华大学出版社，2005.

[9]　麻志毅. 面向对象分析与设计[M]. 2 版. 北京：机械工业出版设计，2013.

[10]　邵维忠，杨芙清. 面向对象的系统分析[M]. 2 版. 北京：清华大学出版社，2007.

[11]　(美)乔治(George J.)，等. 面向对象的系统分析与设计[M]. 龚晓庆，等，译. 北京：清华大学出版社，2008.

[12]　朱丽平，等. UML 面向对象设计与分析基础教程[M]. 北京：清华大学出版社，2007.

[13]　冀振燕. UML 系统分析设计与应用案例[M]. 北京：人民邮电出版社，2004.

[14]　王欣，张毅. UML 系统建模及系统分析与设计[M]. 北京：中国水利水电出版社，2013.